Adobe Illustrator CC 2018
中文版经典教程
（彩色版）

[美] 布莱恩·伍德（Brian Wood）著

侯晓敏 译

人民邮电出版社
北京

图书在版编目（CIP）数据

Adobe Illustrator CC 2018中文版经典教程：彩色版 / （美）布莱恩·伍德（Brian Wood）著；侯晓敏译. -- 北京：人民邮电出版社，2019.4（2020.2重印）
ISBN 978-7-115-49786-4

Ⅰ. ①A… Ⅱ. ①布… ②侯… Ⅲ. ①图形软件—教材 Ⅳ. ①TP391.412

中国版本图书馆CIP数据核字(2018)第243706号

版权声明

◆ 著　　　[美] 布莱恩·伍德（Brian Wood）
　　译　　　侯晓敏
　　责任编辑　陈聪聪
　　责任印制　焦志炜

◆ 人民邮电出版社出版发行　　北京市丰台区成寿寺路 11 号
　　邮编　100164　电子邮件　315@ptpress.com.cn
　　网址　http://www.ptpress.com.cn
　　北京瑞禾彩色印刷有限公司印刷

◆ 开本：800×1000　1/16
　　印张：30
　　字数：709 千字　　　　　　　　2019 年 4 月第 1 版
　　印数：12 001 – 14 000 册　　　　2020 年 2 月北京第 7 次印刷

　　著作权合同登记号　图字：01-2017-9351 号

定价：138.00 元

读者服务热线：(010)81055410　印装质量热线：(010)81055316
反盗版热线：(010)81055315
广告经营许可证：京东工商广登字 20170147 号

内容提要

　　本书是 Adobe Illustrator CC 2018 软件的正规学习用书。全书包括 15 课，涵盖了了解工作区，选择图稿的技巧，使用形状创建明信片图稿，编辑和合并形状与路径，变换图稿，使用绘图工具创建插图、使用颜色改善标志，为海报添加文字，使用图层组织图稿，渐变、混合和图案，使用画笔制作海报，效果和图形样式的创意应用，创建 T 恤图稿，将 Illustrator CC 2018 和其他 Adobe 应用程序相结合，以及导出资源等内容。

　　本书语言通俗易懂并配以大量图示，特别适合 Illustrator 新手阅读；有一定使用经验的用户从中也可学到大量高级功能和 Illustrator CC 2018 新增的功能。本书还适合各类相关培训班学员及广大自学人员学习和参考。

作者简介

　　布莱恩·伍德（Brian Wood）是一名 Web 开发人员，编写了十多本培训手册（Adobe Illustrator、Adobe InDesign、Adobe Muse、Adobe XD 和 Adobe DPS），并发布了众多有关 Dreamweaver、InDesign、Illustrator、Acrobat 和 Adobe Muse 等内容的培训视频。

　　除了培训众多大中小客户外，布莱恩还定期发表演讲（比如 Adobe MAX 和 HOW Design 会议），以及由 AIGA 和其他行业组织举办的活动。

资源与支持

本书由异步社区出品，社区（https://www.epubit.com/）为您提供相关资源和后续服务。

配套资源

本书提供如下资源：

- 本书配套资源请到异步社区本书购买页处下载。

要获得以上配套资源，请在异步社区本书页面中点击 配套资源 ，跳转到下载界面，按提示进行操作即可。注意：为保证购书读者的权益，该操作会给出相关提示，要求输入提取码进行验证。

提交勘误

作者和编辑尽最大努力来确保书中内容的准确性，但难免会存在疏漏。欢迎您将发现的问题反馈给我们，帮助我们提升图书的质量。

当您发现错误时，请登录异步社区，按书名搜索，进入本书页面，点击"提交勘误"，输入勘误信息，单击"提交"按钮即可。本书的作者和编辑会对您提交的勘误进行审核，确认并接受后，您将获赠异步社区的 100 积分。积分可用于在异步社区兑换优惠券、样书或奖品。

扫码关注本书

扫描下方二维码，您将会在异步社区微信服务号中看到本书信息及相关的服务提示。

与我们联系

我们的联系邮箱是 contact@epubit.com.cn。

如果您对本书有任何疑问或建议，请您发邮件给我们，并请在邮件标题中注明本书书名，以便我们更高效地做出反馈。

如果您有兴趣出版图书、录制教学视频，或者参与图书翻译、技术审校等工作，可以发邮件给我们；有意出版图书的作者也可以到异步社区在线提交投稿（直接访问 www.epubit.com/selfpublish/submission 即可）。

如果您是学校、培训机构或企业，想批量购买本书或异步社区出版的其他图书，也可以发邮件给我们。

如果您在网上发现有针对异步社区出品图书的各种形式的盗版行为，包括对图书全部或部分内容的非授权传播，请您将怀疑有侵权行为的链接发邮件给我们。您的这一举动是对作者权益的保护，也是我们持续为您提供有价值的内容的动力之源。

关于异步社区和异步图书

"异步社区"是人民邮电出版社旗下 IT 专业图书社区，致力于出版精品 IT 技术图书和相关学习产品，为作译者提供优质出版服务。异步社区创办于 2015 年 8 月，提供大量精品 IT 技术图书和电子书，以及高品质技术文章和视频课程。更多详情请访问异步社区官网 https://www.epubit.com。

"异步图书"是由异步社区编辑团队策划出版的精品 IT 专业图书的品牌，依托于人民邮电出版社近 30 年的计算机图书出版积累和专业编辑团队，相关图书在封面上印有异步图书的 LOGO。异步图书的出版领域包括软件开发、大数据、AI、测试、前端、网络技术等。

异步社区

微信服务号

目　录

入门

Adobe® Illustrator® CC 软件是设计印刷品、多媒体资料和在线图形的行业标准插图应用程序。无论您是出版物印刷制作图稿的设计师、插图制作技术人员、设计多媒体图形的美工，还是网页或在线内容制作者，Adobe Illustrator 都将为您提供专业级的作品制作工具。

关于经典教程

本书是由 Adobe 产品专家编写的 Adobe 图形和出版软件官方培训系列丛书之一。本书中的功能和练习都基于 Illustrator CC（2018 版本）。

本课程经过精心设计，方便读者按照自己的节奏阅读。如果读者是 Adobe Illustrator 新手，将从中学到该应用程序所需的基础知识和操作；如果读者有一定的 Illustrator 使用经验，将会发现本书介绍了许多高级技能，包括针对最新版本软件的使用技巧和操作提示。

本书不仅在每课中提供完成特定项目的具体步骤，还为读者预留了探索和试验的空间。读者可以从头到尾按顺序阅读全书，也可以针对个人兴趣和需要阅读对应章节。此外，每课都包含了复习部分，以便读者总结该课程的内容。

先决条件

在阅读本书前，您应该了解自己的计算机和操作系统。确保您知道如何使用鼠标和标准的菜单与命令，以及如何打开、保存和关闭文件。如果您需要了解这些技术，请参见 Windows 或 Mac 操作系统的打印或联机文档。

安装软件

在阅读本书前，请确保您的系统设置正确，并且成功安装所需的硬件和软件。

 注意：当不同平台的指令不同时，macOS 命令先出现，然后是 Windows 命令，同时在括号中注明平台。例如，按住 Option（macOS）或 Alt（Windows）键并避开图稿进行单击。

您必须单独购买 Adobe Illustrator CC 软件，从 Adobe Creative Cloud 将 Illustrator 安装到硬盘上。按照屏幕上的说明进行操作。

本书使用的字体

本书课程文件中使用的字体都是 Creative Cloud 订阅所包含的 Typekit 组合计划的一部分，Creative Cloud 试用会员可以获取部分 Typekit 字体，以便在 Web 和桌面应用程序中使用。

恢复默认设置

首选项文件控制打开 Adobe Illustrator 程序时命令设置如何显示在屏幕上。每次退出 Adobe Illustrator 时，都会在不同的首选项文件中记录面板的位置和某些命令设置。如果您想将工具和设置都恢复为其原来的默认设置，则可以删除当前的 Adobe Illustrator CC 首选项文件。如果某个首选项文件不存在，Adobe Illustrator 会创建一个首选项文件，下次启动程序时会保存此文件。

每课开始前，必须恢复 Illustrator 的默认首选项设置。这样做将确保工具和面板的功能如本书所述。完成这本书后，如果您愿意，可以恢复您保存的设置。

删除或保存当前的 Illustrator 首选项文件

首次退出程序时会创建首选项文件，之后会不断更新文件。启动 Illustrator 后，可以按照这些步骤进行操作。

 注意：在 Windows 中，AppData 文件夹默认是隐藏的。很可能需要启用 Windows 来显示隐藏的文件和文件夹。有关说明，请参见 Windows 文档。

1 退出 Adobe Illustrator CC。
2 对于 Mac 操作系统，Adobe Illustrator 首选项文件的位置如下。
 • [启动驱动器]/Users/[用户名]/Library/Preferences/Adobe Illustrator 22 Settings/zh_CN**。

 提示：每次开始新课时要快速查找和删除 Adobe Illustrator 首选项文件，请为 Adobe Illustrator 22 Settings 文件夹创建一个快捷方式（Windows）或别名（macOS）。

3 对于 Windows 系统，Adobe Illustrator 首选项文件的位置如下。
 • [启动驱动器]\Users\[用户名]\AppData\Roaming\Adobe\Adobe Illustrator 22 Settings\zh_CN**\x86 或 x64。

* 在 Mac 操作系统上，默认情况下 Library 文件夹是隐藏的。要访问此文件夹，在 Finder 中，按住 Option 键，然后从 Finder 的 "前往" 菜单中选择 Library。

** 根据您安装的语言版本，文件夹名称可能会有所不同。

如果您找不到文件，可能是您还未启动 Adobe Illustrator CC，或者是您已经移动了首选项文件。首次退出程序时会创建首选项文件，之后会不断更新文件。

4 复制文件并将它保存到硬盘上的另一个文件夹（如果您想恢复这些首选项），或者删除文件。

5 启动 Adobe Illustrator CC。

完成课程后恢复保存的首选项设置

1 退出 Adobe Illustrator CC。

| Ai | **注意**：可以移动原始首选项文件，而不是对它进行重命名。 |

2 删除当前的首选项文件。查找您保存的原始首选项文件并将它移动到 Adobe Illustrator 22 Settings 文件夹。

其他资源

本书并不是要取代应用程序自带的文档或者是作为一个全面的功能参考文档。本书只解释课程中使用的命令和选项。有关程序功能和教程的全面信息，请参见以下这些资源。

Adobe Illustrator 学习和支持：（在 Illustrator 中通过选择"帮助" > "Illustrator 支持中心"访问）您在 Adobe 官网上可以查找和浏览教程，并获得帮助和支持的页面。

Adobe 论坛：让您实现同行之间的讨论、提出有关 Adobe 产品的问题并获得答案。

Adobe Create Magazine：提供有关设计的有见地的文章，是一个展示顶级设计师的作品、教程等更多内容的画廊。

教育资源：为教授 Adobe 软件课程的教师提供有用的信息。寻找各级教育的解决方案，包括可用于准备 ACA 考试的免费课程。

Adobe Illustrator CC 产品主页：查看有关 Illustrator 产品的信息。

Adobe 插件资源页：查找工具、服务、扩展、代码示例等内容的中心资源，用于补充和扩展您的 Adobe 产品。

Adobe 授权培训中心

Adobe 授权培训中心提供有关 Adobe 产品的教师主导课程和培训，其中提供了一个 AATC 目录。

第0课 Adobe Illustrator CC 2018 快速浏览

本课概述

通过本课对 Adobe Illustrator CC 2018 的交互演示，您将对该软件的主要功能有大致的了解。

学习本课内容大约需要 45 分钟，请从配套资源中将文件夹 Lesson00 复制到您的硬盘中。

本课将会以交互的方式演示 Adobe Illustrator CC 2018，您将学习一些关于 Adobe Illustrator CC 2018 的基本知识。

0.1 打开图稿示例

本书的第 0 课将会对 Adobe Illustrator CC 使用较广泛的工具和功能进行大致讲解，为之后的更多操作提供便利。同时，还将制作一张关于公寓的传单。首先，打开最终图稿，查看本课将要创建的内容。

1 为了确保工具和面板中的功能如本课所述，请删除或重命名 Adobe Illustrator CC 的首选项文件。

2 启动 Adobe Illustrator CC。

3 选择"文件">"打开"，或者在"开始"工作区中单击"打开"。打开 Lessons>Lesson00 文件夹中的 L00_end.ai 文件。

 注意： 如果打开文档出现了浏览窗口，关闭窗口就可以了。

4 选择"视图">"画板适合窗口大小"，查看您将在本课中创建的图稿示例，如图 0-1 所示。如果您愿意的话，可将此文件保持为打开状态，以供参考。

图0-1

0.2 创建新文档

在 Illustrator 中，可以根据您的需求使用一系列的预设选项创建新文档。在本例中，您会将制作的图稿印刷为明信片，因此，您将选择"打印"预设来开始创建新文档。

 注意： 有关创建和编辑画板的更多信息，请参见第 5 课。

1 选择"文件">"新建"。

2 在"新建文档"对话框中，选择对话框顶部的"打印"类别，如图 0-2 所示。单击 Letter

文档预设。在右侧的"预设详细信息"区域，更改下列内容。

图0-2

- 名称：TheLofts。
- 单位（宽度的右侧）：英寸。
- 宽度：8.5 in（默认设置）。
- 高度：11 in（默认设置）。

3　单击"创建"，打开一个新的空白文档。

4　选择"文件" > "存储为"，在"存储为"对话框中，保留 TheLofts.ai 作为名称，并导航到 Lessons>Lesson00 文件夹。将"格式"选项设置为 Adobe Illustrator（ai）（macOS）或者将"保存类型"选项设置为 Adobe Illustrator（*.AI）（Windows），然后单击"保存"按钮。

　注意：如果在"工作区"菜单中没有看到"重置基本功能"，请在选择"窗口" > "工作区" > "重置基本功能"之前选择"窗口" > "工作区" > "基本功能"。

5　在出现的"Illustrator 选项"对话框中，将 Illustrator 选项保留为其默认设置，然后单击"确定"按钮。

6　选择"窗口" > "工作区" > "重置基本功能"。

0.3　绘制形状

绘制形状是 Illustrator 的基石，在本书中还会创建很多形状。下面开始制作您的项目，您将创建一个矩形。

　注意：有关创建和编辑形状的更多信息，请参见第 3 课。

1　选择"视图" > "画板适合窗口大小"。

您看到的白色区域称为画板，如图0-3所示，它就是您打印图稿的位置。画板类似于 Adobe InDesign® 中的页。

图0-3

 注意：可以通过绘制形状或使用形状工具单击画板来创建形状，并在创建形状之前修改形状属性。

2. 在左侧的工具面板中选择"矩形工具"（ ▭ ），如图0-4所示。将鼠标指针放在画板的左上角（见图0-5中的红色 ×），单击并向右下方拖动。当鼠标指针旁边的灰色测量标签显示宽大约是 6.5in 且高是 7in 时，释放鼠标左键。此形状仍处于选中状态，如图 0-5 所示。

图0-4

图0-5

0.4 编辑形状

Illustrator 中创建的大多数形状都是实时形状，这意味着在使用绘制工具（比如矩形工具）创建了形状之后仍可以编辑它们。接下来，将圆化所创建的矩形的角。

1. 仍选中矩形，将矩形底部中央的点向下拖动，直到看到高为大约 7.6in 为止，如图 0-6 所示。

图0-6

2 将鼠标指针放在形状的中心（蓝色圆）。当鼠标指针变为 ▶⊞ 时，将矩形拖动到画板中心，如图 0-7 所示。

图0-7

Ai | **提示**：可以圆化所有的角。第 3 课将介绍有关创建和编辑实时形状的更多信息。

---

3 仍选中此矩形，单击右上角部件（◉）并将其朝矩形中心拖动。当灰色测量标签显示的值为大约 0.4in 时，则释放鼠标左键，如图 0-8 所示。

许多不同形状类型都有小部件，如角部件，用于编辑多边形的边数等属性，为椭圆添加饼角等。

图0-8

4 选择"文件">"存储"，保存文档。

0.5 应用和编辑颜色

对作品着色是 Illustrator 中的常见操作。创建的形状可以选择一种颜色描边（边框）和填色。默认情况下，在 Illustrator 中有很多方法可以创建您自己的颜色并编辑每个文档中出现的颜色（称为色板）。在本节中，您将更改所选形状的填色并编辑应用的颜色。

Ai **注意：** 第 7 课将介绍有关填色和描边的更多信息。

1　仍然选中此矩形，单击文档窗口右侧"属性"面板中的"填色"一词左侧的填色框。在打开的面板中，确保选择了顶部的"色板"选项（），以便显示默认色板。将鼠标指针悬停在橙色上。当出现工具提示"C=0 M=50 Y=100 K=0"时，单击将橙色应用于形状的填色，如图 0-9 所示。

图0-9

虽然可以使用预定义的色板，但是还可以创建自己的颜色并将它们保存为色板，以便稍后使用。

2　仍显示填色的色板，双击刚才应用于矩形的橙色色板，进行编辑。

3　在"色板选项"对话框中，将值更改为"C=0 M=0 Y=0 K=8"并选择"预览"，查看更改。单击"确定"，编辑矩形的色板，如图 0-10 所示。按 Esc 键隐藏"色板"面板。

图0-10

Ai 注意：继续操作，您会发现在继续之前可能需要隐藏色板等面板。可以按 Esc 键来执行此操作。

0.6 编辑描边

描边可以是形状和路径等图稿的可见轮廓（边框）。描边的很多外观属性都可以更改，包括宽度、颜色和虚线等。在本节中，将调整矩形的描边。

Ai 注意：第 3 课将介绍有关描边的更多信息。

1 仍选中矩形，在"属性"面板中单击"描边"一词左侧的颜色框（▣），在出现的面板中，确保选择了"色板"选项（▦），显示文档的默认色板。单击应用一种中灰色，如图 0-11 所示。

图0-11

2 单击"属性"面板中的"描边"，打开描边面板，如图 0-12 所示，更改下列选项。

- 描边粗细：3 pt。
- 对齐描边：使描边外侧对齐（▣）。
- 虚线：选中此选项。
- 虚线：50 pt；间隙：3 pt。输入间隙值后，按 Enter 或 Return 键。

图0-12

3　选择"对象">"锁定">"所选对象",暂时锁定矩形,使其无法被选中。

0.7　使用图层

使用图层能够更简单、有效地组织和选择图稿。下面将通过使用"图层"面板来组织自己的图稿。

 注意：第 9 课将介绍有关使用图层和"图层"面板的更多信息。

1　选择"窗口">"图层",在文档右侧显示"图层"面板。
2　在"图层"面板中双击文本"图层 1"(图层名称)。键入 Background,如图 0-13 所示,然后按 Enter 或 Return 键,更改图层名。
　　为图层命名可以更好地组织整个作品内容。目前,您创建的矩形位于该图层上。
3　在"图层"面板底部单击"创建新图层"按钮(▣),创建一个新的空白图层,如图 0-14 所示。
4　双击新图层名称"图层 2"并键入 Content。按 Enter 或 Return 键,更改图层名称,如图 0-15 所示。

图0-13　　　　　　　　　　图0-14　　　　　　　　　　图0-15

5　单击 Content 图层,确保在"图层"面板中选择了它。稍后绘制的新图稿都将位于此所选图层上。

0.8　变换图稿

在 Illustrator 中,有许多方法可以移动、旋转、斜切、缩放、扭曲和剪切图稿,可以按照自己想要的方式执行操作。这就是变换图稿,就是接下来您将执行的操作。

 注意：第 5 课将介绍有关变换图稿的更多信息。

1　在左侧的工具面板中选择直线段工具(╱)。在画板的中心从左向右拖动,创建一条直线。拖动时,按住 Shift 键,确保是直线。
　　当看到鼠标指针旁边的灰色标签显示 D 为大约 1.5in 时,先释放鼠标左键,然后释放 Shift 键,如图 0-16 所示。

图0-16

2 按 D 键，将线段设置为默认填色（白）、描边色（黑）和描边粗细（1 pt），如图 0-17 所示。

> **Ai** **提示**：还可以选择"窗口">"属性"，打开"属性"面板。

3 选择"视图">"放大"，放大所选线段。

4 在工作区右侧单击"属性"面板选项卡来查看"属性"面板。从描边粗细菜单中选择 14 pt，更改所选线段的描边粗细，如图 0-18 所示。

图0-17   图0-18

5 将鼠标指针移动到线段上方，按住 Shift 键并从线段的左边缘向右拖动，创建一条直线，如图 0-19 所示。先释放鼠标左键，然后释放 Shift 键。

图0-19

6 在"属性"面板中，从描边粗细菜单中选择，将新线段的描边粗细更改为 3 pt。现在将制作线段的副本。

7 选中线段。选择"对象">"变换">"移动"。在"移动"对话框中，将"垂直"值更改为 −0.3in。选择"预览"，然后单击"复制"，如图 0-20 所示。

图0-20

8 选择"对象">"变换">"再次变换",重复上一次对所选线段应用的移动变换,并再次复制线段。

9 选择最后一个线段副本,在左侧的工具面板中选择旋转工具(↻)。单击线段的左端,设置旋转点。将鼠标指针移动到线段右端并逆时针拖动,稍微旋转一下线段。当在鼠标指针旁边的灰色标签中看到角度为大约10°时,停止拖动,如图0-21所示。

图0-21

10 选择"选择">"取消选择"。

0.9 创建混合

可通过混合两个对象,在它们之间创建多个形状并使它们均匀分布。例如,创建一个围栏,您可以将两个矩形混合在一起,而 Illustrator 会在两个原始矩形之间创建所有副本。接下来,您将使用混合创建建筑图标的底部。

 注意:第 10 课将介绍有关使用混合的更多信息。

1 再次在工具面板中选择直线段工具(✎)。将鼠标指针移动到旋转的顶部线段上。垂直向下拖动,创建一个新线段。拖动时按住 Shift 键,如图 0-22 所示。保持线段笔直。当鼠标指针与底部最细的线段接触时，依次释放鼠标左键和 Shift 键，如图 0-22 所示。

图0-22

2 在右侧的"属性"面板中将描边粗细更改为 1。

3 将鼠标指针放在所选线段的中心部件（中心圆）上。当鼠标指针变为 时，按住"Option+Shift"（macOS）或"Alt+Shift"（Windows）组合键并向右拖动，直到拖动到接近线段右端为止。依次释放鼠标左键和组合键，如图 0-23 所示。

图0-23

> **Ai** 提示：有很多的键盘命令可以帮助您在 Illustrator 中更高效地工作。在本例中，Option（Alt）键用于制作形状副本，Shift 键将移动限制为 0°、45° 或 90°。

4 将鼠标指针移动到新线段上并垂直向上拖动，让此线段与顶部线段相交。当此线段与顶部线段接触时，则会出现"交叉"一词，如图 0-24 所示。

5 在工具面板中双击混合工具（ ）设置此工具。在"混合选项"对话框中，从"间距"菜单选择"指定的步数"，并将右侧的值更改为 5，单击"确定"按钮，如图 0-25 所示。

图0-24　　　　　　　　　　　　　图0-25

6 当看到鼠标指针变为 时，单击左侧的垂直线段。然后将鼠标指针移动到右侧的垂直线段上，当鼠标指针变为 时，则进行单击，如图 0-26 所示。这将创建两条线段的混合，在它们之间会创建 5 个副本。

图0-26

7 在工具面板中选择选择工具（▶），拖动选择此建筑图标的所有图稿。在"属性"面板中
   单击"编组"按钮，将它们变为一组并视为一个对象，如图 0-27 所示。

图0-27

0.10 用铅笔工具绘图

铅笔工具（）允许您绘制包含曲线和直线的自由路径。用铅笔工具绘制的路径在未来是可编辑的。现在将使用铅笔工具绘制一个灌木丛。

> **Ai** **注意**：第 6 课将介绍有关使用铅笔工具和其他绘制工具的更多信息。

1 在左侧的工具面板中单击并按住 Shaper 工具（�🖌），在出现的
   工具菜单中，选择铅笔工具（✏），如图 0-28 所示。
   对于下一步，不要担心与看到的图不一致。

2 在建筑图标左侧，单击并拖动创建灌木丛。当鼠标指针接近开
   始绘制的位置时，在铅笔工具旁边会出现一个圆圈（✏），表示
   路径是闭合的。释放鼠标左键来闭合路径，如图 0-29 所示。保
   持选中路径。

图0-28

图0-29

3 在右侧的"属性"面板中单击填色框，显示色板面板，确保选择了"色板"选项（），单击将蓝绿色应用于形状的填色，如图0-30所示。

图0-30

4 在"属性"面板的填色下面将描边粗细更改为0。

Ai **注意：**缩放时按住Shift键，可以保持图稿的比例。

5 在工具面板选中选择工具，将灌木丛形状拖动到建筑图标的左侧。按住Shift键并拖动灌木丛周围边界框的一角，使其与建筑图标的比例相称（见图0-31）。调整大小之后，依次释放鼠标左键和Shift键。

6 选中灌木丛，选择"编辑">"复制"，然后选择"编辑">"粘贴"，将灌木丛副本拖动到建筑图标的右侧。

7 在"属性"面板中单击"水平轴翻转"选项（），如图0-32所示。

图0-31   图0-32

8 拖动选框选中建筑图标和两个灌木丛形状。选择"对象">"编组"，如图0-33所示。

图0-33

Ai **提示：**也可以像本课之前介绍的那样在"属性"面板中单击"编组"按钮。

0.11 使用形状生成器工具创建形状

形状生成器工具（ ）是一种交互式工具，可以通过合并和擦除简单的形状来创建复杂的形状。接下来，将通过创建一些圆圈并使用形状生成器工具来组合它们，以便生成云朵。

> **Ai**   **注意**：第4课将介绍有关使用形状生成器工具的更多信息。

1 在左侧的工具面板中单击并按住矩形工具（▢），从出现的菜单中选择椭圆工具（⬭）。

2 按住 Shift 键并在建筑图标和灌木丛上方拖动，当鼠标指针旁边的灰色测量标签显示高和宽均为 1in 时，依次释放鼠标左键和 Shift 键来绘制一个完美的圆形，如图 0-34 所示。

图0-34

3 选中此圆形，选择"编辑">"复制"，然后选择"编辑">"粘贴"，粘贴副本。再选择"编辑">"粘贴"，创建更多副本。

4 选中选择工具（▶），将圆彼此重叠，形成一个云朵形状，如图 0-35 所示。

5 选中一个圆，拖动圆周围边界框的一角，使其更小一些。为其他几个圆进行重复同样的操作，使它们大小不一。拖动重新排列它们，形成一个云朵形状，如图 0-36 所示。

图0-35   图0-36

6 将鼠标指针移动到这些圆形的左上方。拖动选框，选择这些圆。

7 在右侧的"属性"面板中单击填色框，确保选择了"色板"选项（▦），并单击白色，应用它，如图 0-37 所示。保持选中这些圆形。

图0-37

8　在左侧的工具面板中选择形状生成器工具（）。将鼠标指针放在所选圆形的左上方（见图 0-38 中的红色 ×）。按住 Shift 键并向右下方拖动，选择所有所选的圆形。依次释放鼠标左键和 Shift 键来合并这些形状。

9　选择"对象">"隐藏">"所选对象"，暂时隐藏云。

10　选择"文件">"存储"。

图0-38

0.12　在 Illustrator 中置入图像

在 Illustrator 中，可以置入栅格图像，比如 JPEG 和 Adobe Photoshop 文件，可以采用链接方式或直接嵌入图像方式。接下来，将置入一个手绘文本图像。

Ai | **注意**：第 14 课将介绍有关置入图像的更多信息。

1　选择"视图">"画板适合窗口大小"。

2　选择"文件">"置入"，在"置入"对话框中，浏览 Lessons>Lesson00 文件夹，并选择 HandLettering.psd 文件。确保选中了对话框中的"链接"选项，并单击"置入"，如图 0-39 所示。

图0-39

3　使用载入图形光标，在矩形的左上角单击置入图像，如图 0-40 所示。保持选中此图像。

图0-40

0.13 使用图像描摹

可以使用图像描摹将栅格图像转换为矢量图。接下来，会描摹刚才置入的 Photoshop 图像文件。

> **Ai** **注意**：第 3 课将介绍有关图像描摹的更多信息。

1   选中手写体图像，在右侧的"属性"面板中单击"图像描摹"按钮，并从菜单中选择"黑白徽标"，如图 0-41 所示。

图0-41

> **Ai** **提示**：另一种转换手写体的方法是使用 Adobe Capture CC 应用。

2   在"属性"面板中单击"图像描摹"面板按钮（▦），如图 0-42 所示。在打开的"图像描摹"面板中，单击"高级"左侧的切换箭头（图 0-43 中使用红色圈出的位置），选择面板底部的"忽略白色"来移除白色。单击顶部的小 ×，关闭"图像描摹"面板。

> **Ai** **注意**：本项目的手写体是 Danielle Fritz 创建的。

图0-42

图0-43

3 仍选中文字，单击"属性"面板"快速操作"部分的"扩展"按钮，使对象变为一系列可编辑的矢量形状，组合在一起。

4 选中选择工具（▶）。将鼠标指针移动到文字上并将它拖动到建筑图标和灌木丛的上方，如图 0-44 所示。保持选中手写体形状。

图0-44

0.14 创建和编辑渐变

渐变是两种或多种颜色的颜色混合，可以应用于图稿的填色或描边。接下来，将为文字应用渐变。

 注意：第 10 课将介绍有关使用渐变的更多信息。

---

1 仍选中文字，在右侧的"属性"面板中单击填色框，确保选择了"色板"选项（▦），并选择工具提示为"白色，黑色"的白色到黑色色板，如图 0-45 所示。保持显示此面板。

图0-45

2 在带有色板的面板底部，单击"渐变选项"，打开"渐变"面板。上图中箭头指向的按钮。

可能需要拖动"渐变"面板底部的标题栏来查看整个面板。

3 在"渐变"面板中，单击填色框来确保正在编辑填色（图 0-46 中使用红色圈出的部分）。在"渐变"面板中，双击渐变滑块左侧的白色色标（）（图 0-46 中箭头指示的位置）。在出现的面板中，单击"色板"按钮（▦）（如果尚未选中的话），并选择深灰色，工具提示为"C=0 M=0 Y=0 K=70"，如图 0-46 所示。

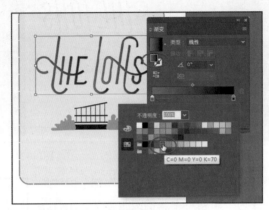

图0-46

4 按 Esc 键隐藏色板。

5 在左侧的工具面板中选择渐变工具（▬）。按住 Shift 键，单击并拖动，从图 0-47 中的红色 × 开始，纵跨字母在画板上进行绘制，重新定位和调整渐变。释放鼠标左键，然后释放 Shift 键，如图 0-48 所示。

图0-47

图0-48

6 选择"选择">"取消选择"，并单击"渐变"面板顶部的 × 关闭它。

0.15 使用文字

接下来，将向项目添加一些文本并更改格式。您将选择一种需要互联网连接的 Typekit 字体。如果您没有连接互联网，则可以选择另一种安装的字体。

Ai | **注意**：第 8 课将介绍有关使用文字的更多信息。

---

1 在左侧的工具面板中选择文字工具（**T**），在文字 THE LOFTS 上方的空白画板区域单击。

将显示一个带有选中文本的文本区域，键入 on59th，如图 0-49 所示。

图0-49

2　仍将光标放在文本中，选择"选择">"全部"，选中所有文字。

3　在右侧的"属性"面板中，单击填色框。在出现的面板中，确保选择了"色板"选项，单击选择工具提示为"C=0 M=0 Y=0 K=70"的深灰色色板，如图 0-50 所示。

图0-50

4　在"属性"面板的"字符"部分，选择字体大小，键入 20，如图 0-51 所示。按 Return 或 Enter 键来接受大小更改。
接下来将应用一种 Typekit 字体。这需要连接互联网。如果没有连接互联网或者无法访问 Typekit 字体，可以从"字体系列"菜单中选择任意一种字体。

5　在"属性"面板中单击"字体系列"字段右侧的箭头。单击"从 Typekit 添加字体"按钮，同步 Typekit 字体，如图 0-52 所示。

图0-51

图0-52

这将打开浏览器，进入 Typekit 网站，并需要使用 Creative Cloud ID 登录到该网站。

 注意：如果您进入 Typekit 主页，可以单击 Browse Fonts 按钮，这会要求您使用自己的 Creative Cloud ID 进行登录。

6　在 Search Typekit 框中输入 Raleway（或另一种字体），在显示的页面中单击 Raleway，如图 0-53 所示。

图0-53

7　如果有必要，向下滚动页面，查找 Raleway Light 字体。单击 Raleway Light 右侧的 SYNC 按钮，将它同步到您的计算机上，如图 0-54 所示。

图0-54

如果遇到同步问题，则在 Creative Cloud 桌面应用中，您将能够看到表明字体同步关闭（在这种情况下，打开它）或任何其他问题的所有信息。

 注意：可能需要几分钟的时间才能让字体与您的计算机同步。

8　关闭浏览器窗口并返回到 Illustrator。仍选中文本，在右侧"属性"面板的"字体系列"字段中单击输入 Raleway。

9　在显示的菜单中，将鼠标指针悬停在 Raleway Light 上，显示所选文本的实时预览。单击 Raleway Light 来应用此字体，如图 0-55 所示。

图0-55

10 选择文字工具，在文本中单击，然后拖动，选择文本 59 并在右侧的"属性"面板中，将字体大小更改为 50。

 注意：以这种方式选择文本时，可能会意外添加新文本。如果出现这种情况，选择"编辑">"还原键入"，将鼠标指针移动到 n 和 5 之间，向左拖动，选择文本。

11 拖动选择文本 on，在右侧的"属性"面板"字符"部分中单击"更多选项"（ ··· ），显示更多选项。将"基线偏移"更改为 18pt，如图 0-56 所示。

图0-56

12 拖动选择文本 th，在右侧的"属性"面板"字符"部分中单击"更多选项"（ ··· ），显示更多选项。将"基线偏移"更改为 18pt，如图 0-57 所示。

13 在工具面板选中选择工具（ ▶ ），将文本拖动到手写体文本和建筑图标与灌木丛之间。如果需要，可以拖动所有内容。

14 选择"文件">"存储"，结果如图 0-58 所示。

图0-57

图0-58

0.16 对齐图稿

Illustrator 支持轻松对齐或分布多个对象，或者将多个对象与画板或关键对象对齐。在本节中，您会将几个对象与画板中心对齐。

1 选择"对象">"全部解锁"，解锁背景中的矩形。
2 在工具面板选中选择工具（▶），然后选择"选择">"全部"。
3 在文档右侧的"属性"面板中单击"对齐所选对象"按钮 ⊕（▦），选择"对齐画板"，如图 0-59 所示。现在，所选内容将与画板对齐。

图0-59

4 单击"水平居中对齐"按钮（▦），将选定的图稿与画板的水平中心对齐，如图 0-60 所示。

图0-60

5 选择"选择">"取消选择"。

0.17 使用画笔

画笔支持您对路径的外观进行风格化。可以对现有路径应用画笔描边，或者使用画笔工具（🖌）绘制路径并同时应用画笔描边。

1 选中选择工具（▶），单击背景中的灰色矩形选中它。
2 选择"窗口">"画笔库">"边框">"边框_线条"，打开"边框_线条"面板。

注意：应用的画笔是一种图案画笔，（在本例中）这意味着它会沿着路径重复图稿。会根据描边粗细在路径上缩放画笔图稿。

3　在面板中单击名为"多线 1.4"的画笔，将它应用于形状的描边，如图 0-61 所示。

4　单击"边框 _ 线条"面板角落的 × 来关闭它。

5　选择"选择" > "取消选择"。

图0-61

0.18　使用符号

符号是存储在"符号"面板中的可重用的艺术对象。符号是有用的，因为它们有助于节省时间，也可以减少文件大小。现在，将从云朵图稿创建一个符号。

 提示：第 13 课将介绍有关使用符号的更多信息。

1　选中选择工具（▶），选择"对象" > "显示全部"，查看云朵。应选中云朵形状。

2　选择"窗口" > "符号"，打开"符号"面板。单击"符号"面板底部的"新建符号"按钮（▣），将选中的云朵存储为符号，如图 0-62 所示。

3　在出现的"符号选项"对话框中，将符号命名为 Cloud，单击"确定"按钮，如图 0-63 所示。如果出现警告对话框，请单击"确定"按钮。

图0-62

图0-63

现在，图稿作为一个保存的符号出现在"符号"面板中，而用来创建符号的云朵现在就是一个符号实例。

 注意：您的符号实例可能与图中的位置不一样，没关系的。

4　将云朵符号缩览图从"符号"面板拖动到画板上，如图 0-64 所示，拖动 3 次，按照自己喜欢的方式在背景中排列它们。单击"符号"面板组顶部的 × 来关闭它。

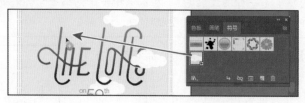

图0-64

5 调整一些云朵的大小使它们大小不一。其方法是按住 Shift 键并拖动符号实例的一角，然后依次释放鼠标左键和 Shift 键，如图 0-65 所示。

图0-65

6 双击画板上的其中一个云朵实例，进入隔离模式。在出现的对话框中，单击"确定"按钮。

Ai | 提示：*也可以在文档右侧的"属性"面板中单击"编辑符号"按钮。*

7 单击选择云朵形状。在文档右侧的"属性"面板中单击填色框，选择"颜色混合器"选项（ ），以便看到 CMYK 滑块。将值更改为"C=20 M=0 Y=0 K=0"来生成一种浅蓝色，如图 0-66 所示。按 Esc 键隐藏面板。

图0-66

Ai | 注意：*您的云朵符号实例可能与图中所示的位置不同，这也是可以的。*

8 在文档窗口的空白区域双击退出编辑（隔离）模式，请注意其他云朵的填色也改变了。

9 单击画板上的其中一个云朵实例，并选择"选择">"相同">"符号实例"，选择所有 3 个云朵实例。选择"对象">"编组"。

10 在"属性"面板中单击"排列"按钮，选择"置于底层"，如图 0-67 所示。

图0-67

0.19 使用效果

效果会改变对象的外观，但是不会改变基底对象。接下来，您将为之前描摹的文字应用一种细微的投影效果。

 注意：第 12 课将介绍有关效果的更多信息。

1　使用选择工具单击文字 THE LOFTS。

 注意：在"效果"菜单的"Illustrator 效果"部分选择"风格化"选项。

2　在右侧的"属性"面板中单击效果选项（ fx ），选择"风格化">"投影"。如图 0-68 所示，在"投影"对话框中，设置以下选项（如果需要的话）。

- 模式：正片叠底（默认设置）。
- 不透明度：10%。
- X 位移和 Y 位移：0.1 in。
- 模糊：0in。

3　选择"预览"，查看它应用于图稿的效果，如图 0-69 所示，然后单击"确定"按钮。

图0-68

图0-69

4　选择"选择">"取消选择"。

5　选择"文件">"存储"，然后选择"文件">"关闭"。

第1课 了解工作区

本课概述

在本课中，您将探索工作区，并学习如何执行下列操作：

- 打开 Adobe Illustrator CC 文件；
- 使用工具面板；
- 使用面板；
- 重置和保存工作区；
- 使用视图选项更改显示放大倍率；
- 在多个画板和文档之间导航；
- 了解文档组；
- 查找有关如何使用 Illustrator 的资源。

学习本课内容大约需要 45 分钟，请从配套资源中将文件夹 Lesson01 复制到您的硬盘中。

为了充分利用 Adobe Illustrator CC
丰富的绘图、上色和编辑功能，学习如
何在工作区中导航至关重要。工作区由
应用程序栏、菜单栏、工具面板、属性
面板、文档窗口和一组默认面板组成。

1.1 Adobe Illustrator 简介

在 Illustrator 中，主要工作是创建和使用矢量图（有时称为矢量形状或矢量对象）。矢量图由一系列直线和曲线组成，数学中称之为矢量。如图 1-1 所示，用户可以随意移动或修改矢量图而不会丢失细节或清晰度，因为它们与分辨率无关。

矢量图稿示例   编辑矢量图稿

图1-1

换句话说，无论是缩放矢量图、使用 PostScript 打印机打印、保存在 PDF 文件中，还是导入到一个基于矢量图的应用程序中，都可以保持清晰的边缘。因此，矢量图适合用来创作图稿，比如徽标，可用于各种尺寸和各种输出介质。

 提示：要了解有关位图的更多信息，请在 Illustrator 帮助（"帮助" > "Illustrator 帮助"）中搜索"导入位图图像"。

Illustrator 还允许包含位图图像（在技术上称为栅格图像），它由图像元素（像素）的矩形网格组成，如图 1-2 所示。每个像素都有其特定的颜色值和位置。使用手机摄像头拍摄的照片被视为栅格图像。可以在 Adobe Photoshop 等程序中创建栅格图像。

栅格图像和放大以显示像素的部分示例

图1-2

1.2 启动 Illustrator 和打开文件

让我们先来了解 Illustrator。在本课中您将打开一些图稿文件，但在此之前需要恢复 Adobe Illustrator CC 的默认首选项。在本书的每一课开始时，都要恢复 Adobe Illustrator CC 的默认首选项，以确保工具和面板的功能与本书内容一致。

1 要删除或禁用（重命名）Adobe Illustrator CC 首选项文件，参见本书"入门"部分的"恢复默认设置"。

2 双击 Adobe Illustrator CC 图标，启动 Adobe Illustrator。

Illustrator 打开后，很可能会看到一个"开始"屏幕，显示了最近打开的文件清单和 Illustrator 的其他资源。

3 选择"文件">"打开"或者单击"开始"屏幕中的"打开"按钮。在硬盘上的 Lessons>Lesson01 文件夹中，选择 L1_start1.ai 文件，然后单击"打开"。将使用 L1_start1.ai 文件来练习导航、缩放操作，并研究 Illustrator 文档和工作区。

4 选择"窗口">"工作区">"基本功能"，确保选中了它，然后选择"窗口">"工作区">"重置基本功能"，重置工作区。

此命令确保包含所有工具和面板的工作区设置为默认设置。

5 选择"视图">"画板适合窗口大小"。

画板是包含可打印图稿的区域，类似于 Adobe InDesign 中的页。此命令会使整个画板适合文档窗口大小，以便您可以看到整个画板。

打开该文件后，Illustrator 软件便完全启动了，屏幕的窗口中包括应用程序栏、菜单栏、工具面板和面板组，如图 1-3 所示。

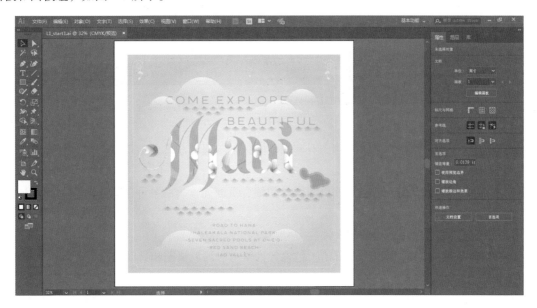

图1-3

1.3 了解工作区

创建和操作文档时，可使用多种元素，比如面板、各种栏和窗口。这些元素的排列称为工作区。首次启动 Illustrator 时，看到的就是默认工作区，它还可以根据任务需要自行定制。例如，可以创建和保存两个分别用于编辑和查看的工作区，并实现它们之间的切换。

图 1-4 是默认工作区各组成部分的描述。

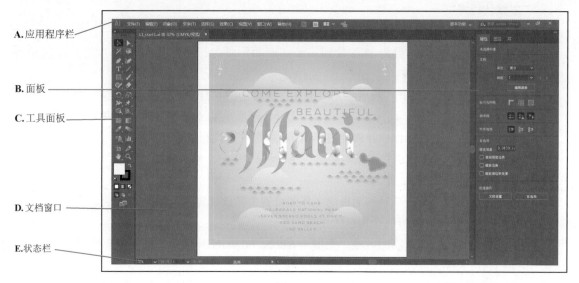

图1-4

A. 应用程序栏：默认位于工作区顶部，包括应用控件、用于切换工作区的下拉菜单和搜索框。在 Windows 操作系统上，菜单项与应用程序栏一起显示，如图 1-5 所示。

图1-5

B. 面板：帮助您监控和修改图稿。有些面板默认处于显示状态，但可从"窗口"菜单中选择显示任何面板。

C. 工具面板：包含用于创建和编辑图像、图稿、页面元素等的各种工具。而相关的工具放在一组中。

D. 文档窗口：显示当前处理的文件。

E. 状态栏：位于文档窗口的左下角，包含各种信息、缩放情况和导航控件。

1.3.1 了解工具面板

工作区左侧的工具面板包括选择工具、绘图和上色工具、编辑工具、视图工具、填色与描边框、绘图模式以及屏幕模式，如图 1-6 所示。在本书的课程中，您将会学习每个工具的功能。

> **Ai** | **注意：**本课中所展示的工具面板均为两列，也会出现一列的情况，这取决于个人计算机的屏幕分辨率和工作区的情况。

图1-6

提示：可以修改 Illustrator 自带的默认快捷键，选择"编辑">"键盘快捷键"即可。更多信息，请参见"Illustrator 帮助"（"帮助">"Illustrator 帮助"）中的"键盘快捷键"。

1　将鼠标指针放在工具面板的选择工具（▶）上。注意：工具提示中会显示名称（选择工具）和键盘快捷键（V），如图 1-7 所示。

图1-7

 提示：可以在"编辑">"首选项">"常规"（Windows）或者"Illustrator">"首选项">"常规"（macOS）中选择是否取消显示工具提示。

2　将鼠标指针放置在直接选择工具（▶）上，单击并按住鼠标左键，直到工具菜单出现。释放鼠标左键，然后单击编组选择工具选择它，如图 1-8 所示。
如果工具面板中工具的右下方显示一个小三角，说明该工具包含其他附加工具，这些附加工具也都可以使用这种方法操作。

3　单击矩形工具（▢）并按住鼠标左键以显示更多工具。单击隐藏工具面板右边缘的箭头，将工具与工具面板分离，以便随时访问它们，如图 1-9 所示。

图1-8

图1-9

 提示：可以自行选择隐藏某些工具，操作是按住 Alt（Windows）或者 Option（macOS）键的同时，单击工具面板中的相应工具，每次单击都将选择下一个被隐藏的工具。

4 单击浮动工具面板标题栏左上角（macOS）或右上角（Windows）的关闭按钮（×）关闭它，如图 1-10 所示，会返回到工具面板。

图1-10

 提示：还可以折叠浮动工具面板或将它们停靠到工作区一侧。

接下来，您将学习如何调整工具面板大小并使它浮动。

5 单击工具面板左上角的双箭头，可将面板由一列扩展为两列或将两列折叠为一列（取决于屏幕分辨率），如图 1-11 所示。

图1-11

6 再次单击双箭头以扩展（或折叠）工具面板。

7 单击工具面板顶部的深灰色标题栏或标题栏下方的虚线，并将工具面板拖动到工作区中，这样工具面板就悬浮在工作区中，如图 1-12 所示。

 提示：还可以单击工具面板顶部的双箭头或者双击工具面板顶部的标题栏，切换单双列。不要单击到关闭按钮 ×。

---

8 若要再次停靠工具面板，请将其标题栏或其下方的虚线拖到应用程序窗口的左侧。当鼠标指针到达左侧边缘时，会出现一个带蓝色边框的半透明区（停放区）。此时，释放鼠标左键即可将工具面板整齐地停放到工作区左侧，如图 1-13 所示。

图1-12

图1-13

自定义工具面板

您可能发现自己大部分时间都在使用一套特定的工具。在Illustrator中，您可以创建自定义工具面板来包含您最常使用的工具。

选择"窗口">"工具">"新建工具面板"，可以创建一个自定义工具面板。Illustrator会保存它们，无论哪个文档打开，都可以打开或关闭自定义面板。它们是自由浮动的，也可以停靠并保存在所创建的自定义工作区中。

每个新的自定义工具面板在底部都有填色和描边控件以及一个加号（+），可以将工具从主工具面板拖到自定义面板上，如图1-14所示。

图1-14

1.3.2 使用属性面板

首次启动 Illustrator 并打开文档时，会在工作区右侧看到"属性"面板。未选择任何内容时，"属性"面板显示当前文档的属性；而当选中内容时，会显示所选内容的外观属性。它会将最常用的选项放在一个位置，这是一个会频繁用到的面板。

图1-15

1 在工具面板选中选择工具（▶），查看右侧的"属性"面板，如图 1-15 所示。在"属性"面板顶部，将看到"未选择对象"字样。这是选择指示符，是查看所选内容类型（如果有的话）的位置。"属性"面板中的属性是针对当前文档和程序首先项的属性。

2 将鼠标指针移动到图稿的蓝色背景上，单击选择它，如图 1-16 所示。

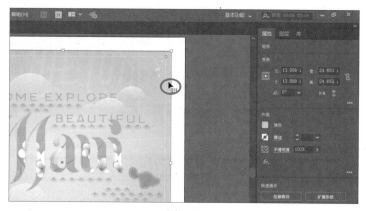

图1-16

在"属性"面板中，现在应看到所选图稿的外观选项。可以更改所选图稿的大小、颜色和更多内容。所选图稿是矩形，因此"属性"面板顶部显示"矩形"一词。

3 在"属性"面板中单击带有下划线的"不透明度"一词，打开"透明度"面板选项。"属性"面板中带有下划线的单词在单击后会显示更多选项，如图 1-17 所示。

4 按 Esc 键，隐藏"透明度"面板（如果需要的话）。

5 选择"选择">"取消选择"，取消选中矩形。
未选中任何内容时，"属性"面板会再次显示默认属性，如图 1-18 所示。

图1-17

图1-18

1.3.3 使用面板

Illustrator 中的面板（比如"属性"面板）可以快速访问许多工具和选项，让修改图稿变得更加容易。Illustrator 中的所有面板都位于"窗口"菜单中。下面将练习隐藏、关闭和打开面板。

1 单击"属性"面板选项卡右侧的"图层"面板选项卡，如图 1-19 所示。

图1-19

"图层"面板与另外两个面板（"属性"面板和"库"面板）一起显示，它们属于同一个面板组。

 提示：要查找隐藏的面板，从"窗口"菜单选择面板名称。面板名称左侧出现选中标记表示此面板已打开，并且在其面板组中位于其他面板之前。如果在"窗口"菜单中选择已选中的面板名称，则此面板及其组将会关闭或折叠起来。

 注意：要展开或折叠停靠的面板，还可以双击顶部的面板停靠标题栏。

2 单击停靠区顶部的双箭头，以便折叠这些面板，如图 1-20 所示。

图1-20

可以使用这种方法折叠面板，这样就拥有更多的空间来处理文档。

3 将停靠面板的左边缘向右拖动，直到面板文本重新消失，如图 1-21 所示。

图1-21

这样做会隐藏面板名称并将停靠的面板折叠为仅显示图标。要打开折叠为图标的面板，可以单击面板图标，如图 1-22 所示。

图1-22

4 再次单击双箭头，展开面板。

5 选择"窗口">"工作区">"重置基本功能"，以重置工作区。

1.3.4 停靠面板

Illustrator 中的面板可以在工作区中四处移动并重新排列以匹配工作需要。接下来，将打开一个新面板，将它与默认面板一起停靠在工作区的右侧。

1 单击屏幕顶部的"窗口"菜单，以便查看 Illustrator 中的所有面板。在"窗口"菜单中选择"对齐"，打开"对齐"面板，默认情况下会显示与它一组的其他面板。

打开的面板不会显示在默认工作区中，它们是自由浮动的。这意味着它们不是停靠的，可以四处移动。可以将自由浮动的面板停靠在工作区的左侧或右侧。

2 拖动"对齐"面板组的标题栏，将它拖动到右侧停靠面板的附近，如图 1-23 所示。

接下来，会将"对齐"面板与"属性"面板停靠在一起。

3 将"对齐"面板选项卡拖离此面板组，并拖动到停靠面板顶部的面板选项卡（"属性""图层"和"库"）上。当整个停靠面板周围出现一个蓝框时，释放鼠标左键，以便停靠"对齐"面板，如图 1-24 所示。

Ai | 提示：还可以将面板彼此相邻停靠在工作区的左侧或右侧。这是一种节省空间的好方法。

图1-23

图1-24

4 单击"变换"和"路径查找器"面板组
   （它是浮动面板）顶部的 ×，关闭此面板
   组，如图 1-25 所示。

   除了将面板添加到右侧的停靠区之外，还
   可以移动它们。

5 向左拖动"对齐"面板选项卡，将其拖离
   停靠面板，然后释放鼠标左键，如图 1-26
   所示。

6 单击"对齐"面板顶部的 × 关闭此面板。

图1-25

图1-26

7 单击右侧的"库"面板选项卡，显示"库"面板（如果未显示的话）。

1.3.5 切换工作区

首次启动 Illustrator 时，会显示"基本功能"工作区。Illustrator 随附提供了很多其他默认工作区，可以使用它们针对各种任务设置工作区。接下来，会将工作区切换到另一个默认工作区，了解一些新面板。

1 单击停靠在面板顶部应用程序栏中的工作区切换器，以便更改工作区。

会看到列出了许多工作区，每个工作区都有特定的目的。每个工作区都会打开面板并以对工作类型最有用的方式排列工作区。

 提示： 按 Tab 键可以在隐藏和显示所有面板之间切换。通过按 Shift+Tab 组合键，可以一次隐藏或显示所有面板（工具面板除外）。

---

2 从工作区切换器菜单中选择"版面"，切换工作区，如图 1-27 所示。

图1-27

您会看到工作区出现了几个重要变化。一个最大的变化是现在控制面板停靠在工作区顶部，也就是文档窗口的上方（图 1-28 中箭头指示的方向）。与"属性"面板类似，它可以访问与目前所选内容相关的选项、命令和其他面板。

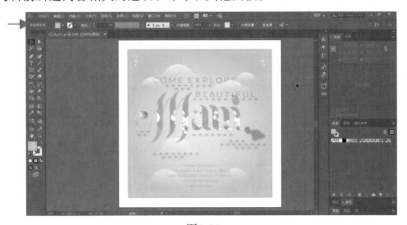

图1-28

此外，还要注意工作区右侧所有折叠的面板图标。在"基本功能"等工作区中，可以创建彼此堆叠的面板组，这样就可以显示更多的面板。

3 从停靠面板顶部的工作区切换器中选择"基本功能"，切换回"基本功能"工作区。

4 在应用程序栏的工作区切换器中选择"重置基本功能"。

选择切换回之前使用的工作区时，软件会记住所进行的任何更改，比如选择"库"面板。要将工作区完全重置回默认设置，可以选择"基本功能"来重置工作区。

1.3.6 存储工作区

到目前为止，在本课中，您已经重置了工作区并选择了不同的工作区。还可以按您喜欢的方式设置面板，并保存自己的自定义工作区。接下来，将停靠一个新面板并创建您自己的工作区。

1 选择"窗口">"画板"以打开"画板"面板组。

2 将"画板"面板的选项卡拖动到右侧停靠区顶部的"属性"面板选项卡上。当整个停靠面板周围出现一个蓝色框时，释放鼠标左键按钮，以停靠"画板"面板。

 提示：要调整停放区中折叠面板组的排列顺序，可通过向上或向下拖动面板组顶部的灰色虚线来实现。

---

3 单击自由浮动面板"资源导出"顶部的 ×，以便关闭此面板。

4 选择"窗口">"工作区">"新建工作区"。在"新建工作区"对话框中，将"名称"更改为 My Workspace，单击"确定"按钮，如图 1-29 所示。可以任意名称对工作区进行命名，只要名称有意义即可。现在 My Workspace 工作区会与 Illustrator 一起保存，直到删除它。

图1-29

 注意：要删除保存的工作区，选择"窗口">"工作区">"管理工作区"。选择工作区名称，然后单击"删除工作区"按钮。

 提示：要更改已保存的工作区，可根据需要调整面板，然后选择"窗口">"工作区">"新建工作区"。在"新建工作区"对话框中，输入相同的工作区名称后，将出现询问是否覆盖现有工作区的提示，单击"确定"按钮即可。

---

5 选择"窗口">"工作区">"基本功能"。

6 选择"窗口">"工作区">"重置基本功能"。
注意，所有面板都会返回其默认位置。

7 选择"窗口">"工作区">"My Workspace"。使用"窗口">"工作区"命令在两个工作区之间切换，并在开始下一个练习之前返回到"基本功能"工作区。

1.3.7 使用面板和上下文菜单

Illustrator 中的大多数面板的菜单中都有更多的选项。单击面板右上角的面板菜单图标（▤或▤），可以访问所选面板的其他选项。这些选项可用于更改面板显示方式，添加或更改面板内容等。接下来，将使用面板菜单更改"色板"面板的显示方式。

1 在左侧的工具面板选中选择工具（▶），再次单击图稿背景中的蓝色形状。

2 在"属性"面板中，单击"填色"左侧的填色框，如图 1-30 所示。

图1-30

3 在出现的面板中，确保选中了"色板"选项（▤）。单击右上角的面板菜单图标（▤），从面板菜单中选择"小列表视图"，如图 1-31 所示。

这将显示色板名称及其缩览图，如图 1-32 所示。由于面板菜单中的选项仅适用于当前面板，因此只有"色板"面板视图会受影响。

图1-31   图1-32

4 单击显示面板中的同一面板菜单图标（▤），选择"小缩览图视图"，让色板返回到其初始视图。

除了面板菜单外，还有上下文菜单，它包含与当前工具、选定对象或面板相关的命令。通常上下文菜单中的命令在工作区的另一部分是可用的，但使用上下文菜单可以节省时间。

5 选择"选择">"取消选择"。

6 将鼠标指针放在画板白色区域周围的深灰色区域上。然后，右键单击显示具有特定选项的上下文菜单。

如图 1-33 所示，您所看到的此上下文菜单可能包含不同的命令，这取决于鼠标指针所指向的位置。

图1-33

调整用户界面亮度

与Adobe InDesign或Adobe Photoshop类似，Illustrator支持调整应用程序用户界面的亮度。这是一个程序首选项设置，允许您从4种预设水平中选择亮度设置。

要编辑用户界面亮度，可以选择Illustrator CC >"首选项"选项>"用户界面"（macOS）或"编辑">"首选项">"用户界面"（Windows），如图1-34所示。

图1-34

1.4　更改图稿的视图

处理文件时，可能会需要更改缩放比例，并在不同画板之间切换。软件中可使用的缩放比例为 3.13% ~ 64 000%，这既会在文档窗口左下角显示，也会在标题栏（或文档选项卡）中的文件名后面显示。

在 Illustrator 中，有很多种更改缩放级别的方式，本节将介绍几种常用的方法。

1.4.1 使用视图命令

要使用视图菜单放大或缩小图稿视图，可以通过以下方式中的一种。

- 选择"视图">"放大"，放大图稿。
- 选择"视图">"缩小"，缩小图稿。

 提示：可以使用键盘快捷命令"Command+ +"（macOS）或"Ctrl + +"（Windows）进行放大图稿；使用键盘快捷键"Command+–"（macOS）或"Ctrl +–"（Windows）进行缩小图稿。

每次选择缩放命令时，都将把图稿的大小重新调整为与之最接近的预设缩放比例。使用任意视图工具和命令仅影响图稿的显示，而不影响图稿的实际大小。预设缩放比例位于文档窗口左下角的下拉菜单中，该下拉列表右侧有一个向下的箭头。如果已选中图稿，使用"视图">"放大"命令将放大所选内容。

还可使用"视图"菜单让现有画稿适合屏幕、所有画板适合屏幕或处于它实际的大小。活动画板是选中的画板。画板表示可打印图稿的区域（类似于 Adobe InDesign 程序中的页）。在图 1-35 中使用红线表示画板。

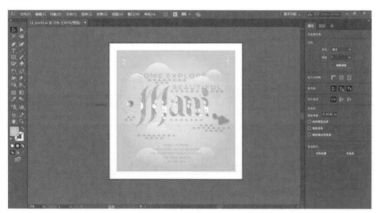

图1-35

1 选择"视图">"画板适合窗口大小"。
通过选择"视图">"画板适合窗口大小"，或使用键盘快捷键"Command + 0"（macOS）或"Ctrl + 0"（Windows），图稿可以在文档窗口中居中显示。

 注意：还可以双击工具面板中的抓手工具（✋）让当前画板适合窗口大小。

2 选择"视图">"实际大小",以实际大小显示图稿。

图稿此时将以 100% 的比例显示。图稿的实际尺寸决定了此时在屏幕上可以看到图稿的多少内容。

Ai | 提示：还可以双击工具面板中的缩放工具（🔍）以 100% 的比例显示图稿。

---

3 进入下一节前，选择"视图">"画板适合窗口大小"。

1.4.2 使用缩放工具

除了"视图"菜单选项外，还可以使用缩放工具（🔍）按预设缩放比例来缩放图稿。

1 在工具面板中选择缩放工具（🔍），然后将鼠标指针移动到文档窗口中。

注意，缩放工具的中心有一个加号（+），如图 1-36 所示。

图1-36

2 将缩放工具放在画板中心的文本 Maui 上并单击。

图稿将以更高的放大比例显示。请注意，单击的位置现在位于文档窗口的中心。

3 再双击文本 Maui。视图将进一步放大，您会注意到单击的区域被放大了。

4 仍然选中缩放工具，按住 Option（macOS）或 Alt（Windows）键。缩放工具中心会出现一个减号（-）。按住 Option 或 Alt 键，双击图稿，缩小图稿。

使用缩放工具，还可以在文档中拖动进行放大和缩小。默认情况下，如果您的计算机满足 GPU 性能的系统要求并启用了 GPU 性能，则缩放是动态的。

5 选择"视图">"画板适合窗口大小"。

6 仍然选中缩放工具，在文档中单击并从左向右拖动以进行放大，如图 1-37 所示，从右向左拖动进行缩小。

Ai | 注意：如果您的计算机不符合 GPU 性能的系统要求，则可以选择缩放工具，并在想放大的区域周围拖动一个矩形选框。

Ai | 提示：使用缩放工具单击并按住几秒钟，如果您的计算机符合 GPU 性能的系统要求并启用了此功能，则将使用动态缩放进行放大。

图1-37

注意：在某些版本的 macOS 中，缩放工具的键盘快捷方式（🔍）会打开 Spotlight 或 Finder。如果您打算在 Illustrator 中使用这些快捷键，可以在 macOS 系统的首选项中关闭或更改这些键盘快捷键。

7　双击工具面板中的抓手工具（✋），以便让画板适合文档窗口大小。

由于在编辑过程中经常使用缩放工具来缩放图稿，因此 Illustrator 允许用户随时通过键盘暂时切换到该工具，而不用先取消选择当前使用的工具。

- 要用键盘访问缩放工具，按住 Command（macOS）或 Ctrl（Windows）键并单击空格键。
- 要用键盘访问缩放工具，按住"Command+Option"（macOS）或"Ctrl + Alt"（Windows）组合键并单击空格键。

GPU性能

图形处理单元（GPU）位于视频卡上，是显示系统的一部分，它是一个专门的处理器，能快速执行处理和显示图像的命令。GPU加速计算为各种设计、动画和视频应用提供了更快速的性能。

Illustrator中的GPU性能有一个预览模式，称为GPU预览，支持在图形处理器上渲染Illustrator图稿。

此功能在兼容的Windows系统和macOS系统中都可以使用。文档默认启用了此功能，并且可以通过单击应用程序栏的GPU性能图标来访问"首选项"的选项，如图1-38所示。

图1-38

1.4.3 在文档中滚动

在 Illustrator 中，可以使用抓手工具（🖐）滚动到文档的不同区域。使用该工具可随意移动文档，就像在桌上移动纸张一样。当在包含多个画板的文档中四处移动或者执行放大操作时，这种方法特别有用。本节将介绍访问抓手工具的几种方法。

1　在工具面板中选择抓手工具（🖐），在文档窗口中向下拖动，这时图稿将随抓手一起移动。和缩放工具（🔍）一样，也可通过键盘快捷键暂时切换到该工具，而不取消当前使用的工具。

2　单击工具面板中除文字工具（T）之外的其他工具，将鼠标指针移动到文档窗口中。按住键盘的空格键暂时切换到抓手工具，然后拖动，以便让图稿返回视图中心。

 注意：当选中文字工具（T）且光标在文本中时，抓手工具（🖐）的空格键快捷方式不起作用。当光标在文本中时，要使用抓手工具，请按住 Option（macOS）或 Alt（Windows）键。

触控工作区

在 Adobe Illustrator CC 中，触控工作区是专为支持触控的 Windows 8 和更高版本设备设计的。触控布局有一个干净的界面，支持使用手写笔或指尖访问触控工作区的工具和控件。

您可以创建徽标、探索自定义字体和版式，以及创建 UI 线框等。触控工作区提供了传统的绘图模板和 French 曲线。这些形状拥有可以描摹的可扩展且可移动的轮廓，可以快速创建完美的曲线。

无论何时（在一个支持的设备上），都可以立即在触控工作区和传统工作区之间切换，使用所有 Illustrator 工具和控件。有关使用触控设备和 Illustrator 的更多信息，请访问帮助（单击"帮助">"Illustrator 帮助"）。

在触控设备[直接触控设备（触控屏设备）或非直接触控设备（Mac 计算机）、触摸板或 Wacom intuos5 装置]上，也可以使用标准触控手势（捏和轻扫）执行以下操作。

- 使用两指（如拇指和食指）捏放，可进行缩放操作。
- 使用两指在文档窗口上同时移动，可让图稿在文档中滑动。
- 在屏幕上滑动或单击，可以切换画板。
- 在画板编辑模式中，还可以使用两指将画板旋转 90°。

1.4.4 查看图稿

文档打开时，将自动以预览模式显示。这种视图显示了图稿将会如何打印。Illustrator 提供了查看图稿的其他方式，比如轮廓和栅格化。下面将介绍几种查看图稿的不同方式及其原因。

1 选择"视图">"画板适合窗口大小"。

处理大型或复杂插画时，可能会只想查看图稿中对象的轮廓（或路径），这样在每次修改之后屏幕无须再次重绘图稿。这就是"轮廓"模式。另外，采用轮廓模式也有助于选择对象，在第 2 课中将会看到这一点。

2 选择"视图">"轮廓"。

这将只显示对象的轮廓。您可以使用这种视图查找并轻松选择在预览模式下可能看不到的对象。

 提示：可以按"Command + Y"（macOS）或"Ctrl + Y"（Windows）组合键在预览模式和轮廓模式之间切换。

3 仍使用轮廓模式，选择"视图">"GPU 预览"或"视图">"在 CPU 上预览"（如果不支持 GPU 预览），以便查看图稿的所有属性。

 注意：在视图模式之间切换时，视觉变化可能不是很明显。放大和缩小（"视图">"放大"和"视图">"缩小"）可能有助于您更轻松地看到差异。

4 选择"视图">"叠印预览"，查看设置成叠印的任何线条或形状，如图 1-39 所示。

对于印刷工作人员来说，当印刷品设置成叠印时，这种视图可以很好地查看油墨是如何相互影响的。

5 选择"视图">"画板适合窗口大小"，如图 1-40 所示。

6 从应用程序窗口左下角的缩放级别菜单中选择 400%。

图1-39

图1-40

7 选择"视图">"像素预览"。

启用像素预览时，会关闭叠印预览。像素预览可用于了解图稿被栅格化并通过 Web 浏览器在屏幕上查看时的样子。注意图 1-41 的一些锯齿边缘。

图1-41

使用导航器面板进行缩放和平移

要在包含单个或多个画板的文档中导航，另一种方法是使用"导航器"面板。如果当前处于放大视图下，则希望在窗口中看到文档的所有画板，并编辑任意一个画板，"导航器"面板是非常不错的选择。您可以选择"窗口">"导航器"，打开"导航器"面板。它位于工作区的悬浮组中。

您可以多种方式使用"导航器"面板，包括以下几种方式。

- "导航器"面板中的红色框称为代理预览区域，表示当前显示的文档区域，如图1-42所示。
- 键入缩放值或单击山脉图标，以便更改图稿的放大倍率。

图1-42

- 将指针放在"导航器"面板的代理预览区域内，当鼠标指针变成抓手形状（🖐）时，拖动平移以查看图稿的不同部分。

1.5 在多个画板之间导航

画板表示可打印图稿的区域（类似于 Adobe InDesign 程序中的页）。您可以将画板作为剪裁区域以满足打印或置入的需要；可以建立多个画板来创建很多内容，如多页 PDF、大小或元素不同的打印页面、网站的独立元素、视频故事板、组成 Adobe Animate CC 或 Adobe After Effects° CC 动画的各个项目。通过创建多个画板，可以轻松地共享多个设计的内容，创建多页的 PDF 文件，以及打印多个页面。

 注意：第 5 课将介绍有关使用画板的更多信息。

Illustrator 中一个文件最多拥有 1000 个画板（取决于它们的大小）。最初创建 Illustrator 文档时可以添加多个画板，或者是在创建文档之后，添加、删除并编辑画板。下面将介绍如何在包含多个画板的文档中导航。

1 选择"文件">"打开"，在"打开"对话框中，浏览 Lessons>Lesson01 文件夹，并选择 L1_start2.ai 文件。单击"打开"，打开文件。

2 选择"视图">"全部适合窗口大小"，以便让所有画板适合文档窗口，如图 1-43 所示。注意，文档包含两个画板，分别包含明信片的正面和背面设计。

可以按任意顺序和朝向排列文档中的画板，或者调整画板的大小，甚至将它们重叠。假设要创建一个包含 4 页的小册子，可为每页创建一个不同的画板，每页的朝向和大小都相同。之后可将它们水平排列、垂直排列或者以任意方式排列。

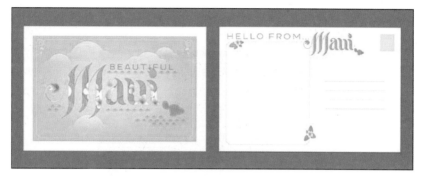

图1-43

3 在工具面板选中选择工具（▶），单击选择右侧画板的文本 HELLO FROM，如图 1-44 所示。

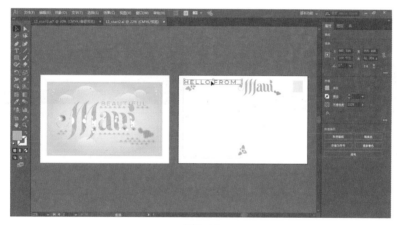

图1-44

4 选择"视图">"画板适合窗口大小"。

选择图稿时，会使图稿所在的画板成为活动画板。通过选择"画板适合窗口大小"命令，当前的活动画板会适合窗口。文档窗口左下角的"画板导航"菜单会显示活动画板，如图 1-45 所示，目前是画板 2。

图1-45

5 选择"选择">"取消选择"，取消选择文本。

6 从"属性"面板的"画板"导航菜单中选择"1"，如图 1-46 所示。

注意"属性"面板中"画板"导航菜单右侧的箭头。可以使用这些箭头导航到上一个画板（◀）和下一个画板（▶）。这些箭头和其他一些箭头也会出现在文档底部的状态栏中。

图1-46

7 单击文档底部状态栏中的下一个画板导航按钮（▶），在文档窗口中查看下一个画板（画板 2），如图 1-47 所示。

图1-47

 注意：第 5 课将介绍画板编辑模式。

画板导航菜单和导航箭头始终都会在文档底部的状态栏中显示，但只有在不处于画板编辑模式、未选中选择工具且未选中任何内容时，才会在"属性"面板中显示。

使用画板面板

在多个画板之间导航的另一种方法是使用"画板"面板。"画板"面板列出了文档中的所有画板。此面板允许您浏览画板、命名画板、添加或删除画板，以及编辑画板设置等。下面将打开"画板"面板并浏览文档。

1 选择"窗口">"画板"，打开"画板"面板。

注意：在"画板"面板中双击画板名称可以更改画板的名称。在"画板"面板中单击画板名称右侧的画板图标（▦或▦）可以编辑画板选项。

2 在"画板"面板中双击名称 Front 左侧的数字 1，这会使 Front 画板适合文档窗口，如图 1-48 所示。

3 在"画板"面板中双击名称 Back 左侧的数字 2，将在文档窗口中显示第二个画板，如图 1-49 所示。

图1-48

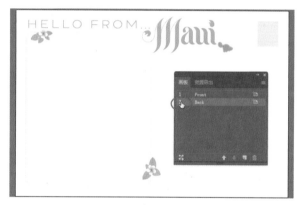

图1-49

注意，双击导航至一个画板时，还会让此画板适合窗口大小。

4 单击"画板"面板组顶部的 × 关闭它。

1.6 排列多个文档

有时会一次打开多个 Illustrator 文档。打开多个 Illustrator 文档时，文档窗口将变成选项卡式的。您可以用其他方式排列打开的文档，比如并排排列，这样可以便于比较不同文档并将对象从一个文档拖放到另一个文档。还可以使用"排列文档"下拉列表以各种方式快速显示打开的文档。

您应该有两个 Illustrator 文件已打开：L1_start1.ai 和 L1_start2.ai。每个文件在文档窗口顶部都有一个选项卡，这些文档被视为一个文档组。您可创建多个文档组，以便将打开的文档松散地关联起来。

1 单击 L1_start1.ai 文档选项卡以在文档窗口中显示 L1_start1.ai。

Ai | **注意**：拖动时请小心，否则会让拖动的文档悬浮，从而创建了一个新的文档组。此时，则需选择"窗口">"排列">"合并所有窗口"。

2 单击 L1_start1.ai 文档选项卡，并将其拖动到 L1_start2.ai 文档选项卡的右侧，如图 1-50 所
   示。释放鼠标左键，查看新的选项卡顺序。

图1-50

拖动文档选项卡可以更改文档的顺序。这在使用快捷键导航到上一个文档或下一个文档时
非常有用。

 提示：可以按以下组合键在打开的文档之间切换："Command+～"（下一个文档）
和 "Command+ Shift +～"（上一个文档）（macOS）或 "Ctrl + F6"（下一个文档）
和 "Ctrl + Shift + F6"（上一个文档）（Windows）。

要同时查看两个文档，或者是将图稿从一个文档拖动到另一个文档，可将文档窗口层叠或
平铺。层叠让用户能够堆叠不同的文档组，而平铺则以各种排列方式同时显示多个文档窗
口。下面将平铺打开的文档，以便能够同时看到它们。

3 选择"窗口" > "排列" > "平铺"。
   这让两个文档窗口以相同的模式排列。

 注意：文档窗口的平铺顺序可能与此不同，这没有关系。

4 如图 1-51 所示，在左侧的文档窗口中单击激活文档，选择"视图">"画板适合窗口大小"。
   对右侧的文档窗口执行同样的操作。

图1-51

注意：在 Illustrator 中，所有工作区元素组合成单个集成窗口，允许您将应用程序视为一个单元。如果移动应用程序框架或调整其大小，各个元素将会调节以免彼此重叠。如果使用的是 macOS，并且喜欢传统的、自由的用户界面，可以关闭应用程序框架。其方法是选择"窗口" > "应用程序框架"进行切换。

平铺文档后，可以拖动文档窗口之间的分隔条，以显示特定文档中更多或更少的内容；还可以在文档间拖动图稿，将其从一个文档复制到另一个文档中。

要更改平铺窗口的排列，可以将文档选项卡拖到新位置。但是，使用"排列文档"下拉列表将会容易很多，这样可以快速地以各种方式排列打开的文档。

5 单击应用程序栏中的"排列文档"按钮（），显示"排列文档"下拉列表。单击"全部合并"按钮（□），将所有文档组合在一起，如图 1-52 所示。

图1-52

注意：在 Windows 系统中，菜单栏可能与应用程序栏合二为一。

提示：还可以选择"窗口" > "排列" > "合并所有窗口"，让两个文档以选项卡的方式出现在一组。

6 单击应用程序栏中的"排列文档"按钮（■▼），再次显示"排列文档"下拉列表。单击"排列文档"下拉列表中的"垂直双联"按钮（□）。

7 单击选择 L1_start1.ai 选项卡。然后，单击 L1_start1.ai 文档选项卡的关闭按钮（×），关闭文档，如图 1-53 所示。如果出现一个对话框，询问您是否保存此文档，单击"不保存"（macOS）或"否"（Windows）。

图1-53

8 选择"文件" > "关闭"，在不保存的情况下关闭 L1_start2.ai 文档。

查找有关如何使用 Illustrator 的资源

要访问 Illustrator 教程，关闭所有打开的文件，并单击"开始"工作区的"学习"选项卡。将找到有关各种 Illustrator 相关主题的视频和文字教程，如图 1-54 所示。

图1-54

Ai | 提示："学习"面板（包含教学内容）是在发布之前添加的。要访问它，打开一个文件，选择"窗口"＞"学习"，或者单击应用程序栏中的"学习"图标（ ▧ ）。

要获取有关使用 Illustrator 面板、工具以及其他应用程序功能的完整和最新信息，可以访问 Adobe 网站。选择"帮助"＞"Illustrator 帮助"，将链接到 Adobe 社区帮助网站，从而搜索 Illustrator 帮助、支持文档以及其他可能会用到的网站。该社区协力将现有 Adobe 产品的用户、Adobe 产品组成员、设计者和专家们联系在一起，从而给予最有帮助、最相关以及最新的关于 Adobe 的信息。

数据恢复

Illustrator 程序崩溃后，重新启动它时可以选择恢复正在工作的文件，如图1-55所示，这样不会浪费之前的工作。已恢复的文件在打开时文件名前面会添加"已恢复"。

图1-55

在程序首选项[Illustrator CC ＞ "首选项" ＞ "文件处理与剪贴板"（macOS）或"编辑"＞"首选项"＞"文件处理和剪贴板"（Windows）]中，可以启用和关闭数据恢复，还可以设置选项，比如多久保存一次恢复数据，如图1-56所示。

图1-56

1.7 复习

复习题

1 描述两种更改文档视图的方法。

2 在 Illustrator 中如何选择工具?

3 如何保存面板位置和可视状态?

4 描述在 Illustrator 中在画板之间导航的几种方法。

5 描述排列文档窗口的作用。

复习题答案

1 您可以从"视图"菜单中选择命令以放大或缩小文档或使其适合屏幕;也可以使用工具面板中的缩放工具(🔍),在文档中单击或拖动进行缩放。此外,还可以使用键盘快捷键来缩放图稿。也可以使用"导航器"面板在图稿中滚动或更改其缩放比例。

2 要选择一种工具,可以在工具面板中单击此工具,或者使用此工具的键盘快捷键。例如,可以按 V 键来选中选择工具(▶)。选定的工具会一直处于活动状态,直到选择另一个工具为止。

3 通过选择"窗口">"工作区">"新建工作区",可以创建自定义工作区,并且更加轻松地找到所需的控件。

4 在 Illustrator 中,要在画板之间导航,可以从文档窗口左下角的"画板导航"下拉列表中选择画板号;在未选中任何内容,选中了选择工具,并且未处于画板编辑模式时,可以从"画板导航"菜单选择画板号,或者使用"属性"面板中的画板导航箭头;可以使用文档窗口左下角的"画板导航"箭头切换到第一个画板、上一个画板、下一个画板和最后一个画板;还可以使用"画板"面板浏览各个画板;也可以使用"导航器"面板中的代理预览区域,通过拖动来导航。

5 "排列文档"窗口可以平铺或层叠文档组。当使用多个 Illustrator 文件并且需要比较它们或者在它们之间共享内容时,这将很有用。

第2课 选择图稿的技巧

本课概述

在本课中，您将学习如何执行下列操作：

- 区分各种选择工具以及使用各种选择方法；
- 识别智能参考线；
- 存储选定对象，供以后使用；
- 隐藏和锁定对象；
- 使用工具和命令，将形状和点彼此对齐，并与画板对齐；
- 编组和取消编组；
- 在隔离模式下工作。

 学习本课内容大约需要 45 分钟，请从配套资源中将文件夹 Lesson02 复制到您的硬盘中。

在 Adobe Illustrator 中，选择内容是需
要做的重要工作之一。在本课中，将会学习
如何使用选择工具选择对象，如何通过编组、
隐藏和锁定对象来保护它们，还将学习如何
让一个对象与其他对象和画板对齐。

2.1 开始本课

在 Illustrator 中创建、选择和编辑图稿是基础。在本课中，您将学习使用不同方法选择、对齐和编组图稿的基础知识。首先会在 Illustrator 中重置首选项并打开课程文件。

1. 为了确保工具和面板的功能如本课所述，请删除或禁用（重命名）Adobe Illustrator CC 首选项文件。

2. 启动 Adobe Illustrator CC。

3. 选择"文件">"打开"，在硬盘上的 Lessons>Lesson02 文件夹中找到 L2_end.ai 文件，并单击"打开"。

    此文件包含本课创建完成的插图，如图 2-1 所示。

图2-1

4. 选择"文件">"打开"，并打开硬盘上 Lessons>Lesson02 文件夹中的 L2_start.ai 文件，如图 2-2 所示。

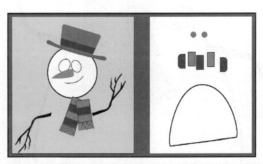

图2-2

5. 选择"文件">"存储为"，在"存储为"对话框中，将名称更改为 Snowman.ai，保存在 Lessons>Lesson02 文件夹中。将"格式"选项设置为 Adobe Illustrator（ai）（macOS）或"保存类型"选项设置为 Adobe Illustrator（*.AI）（Windows），并单击"保存"。

6. 在"Illustrator 选项"对话框中，保留默认设置，并单击"确定"。

7. 选择"视图">"全部适合窗口大小"。

8. 选择"窗口">"工作区">"基本功能"，确保选中"基本功能"，然后选择"窗口">"工作区">"重置基本功能"，重置工作区。

2.2　选择对象

在 Illustrator 中，无论是从头开始创建图稿还是编辑现有图稿，都必须能够熟练地选择对象。选择对象的方法很多，本节将会探索一些常用的工具，包括选择工具（▶）和直接选择工具（▷）。

2.2.1　使用选择工具

工具面板中的选择工具（▶）可以选择、移动、旋转和缩放整个对象。这里将会通过各种操作展示该工具的功能。

1　在左侧的工具面板选中选择工具（▶）。将鼠标指针移动到画板的不同图稿上，无须单击。当鼠标指针经过对象时，则变为此图标（▶），这表明鼠标指针下面有可选择的对象，如图 2-3 所示。当鼠标指针悬停在对象上时，其周围将出现蓝色轮廓。

图2-3

Ai ┃ 提示：如果在放大之后不能看到两个蓝色圆，选择缩放工具，从右向左拖动以进行缩小。还可以按住空格键以暂时切换到抓手工具（✋）并在文档窗口中拖动。

2　在工具面板中选择缩放工具（🔍），在右侧的画板上从左到右横跨两个蓝色圆进行拖动以放大，如图 2-4 所示。

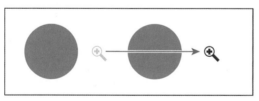

图2-4

3　在工具面板选中选择工具（▶），然后把鼠标指针放在左侧蓝色圆的边缘。可能会出现"路径"或"锚点"等文字，如图 2-5 所示，因为智能参考线默认是启用的。智能参考线是临时对齐参考线，有助于对齐、编辑和变换对象或画板。

Ai ┃ 提示：第 3 课将介绍有关智能参考线的更多信息。

图2-5

4　在左侧蓝色圆内的任意位置单击选中它，将出现带 8 个手柄的定界框，如图 2-6 所示。

图2-6

定界框可用于更改图稿（矢量或栅格图像），比如将其缩放或旋转。它表明该对象被选中，可对其进行修改，并且定界框的颜色也表明被选中的对象位于哪个图层。有关图层的更多信息，请参见第 9 课。

注意：要选择没有填色的对象，可以单击描边（边缘）或拖动选择对象。

5　使用选择工具单击右侧的蓝色圆。请注意，左侧的蓝色圆现在已取消选中，只选中了右侧的圆。

6　按住 Shift 键，单击左侧的蓝色圆以将其添加到选区中，然后释放 Shift 键。两个蓝色圆现在都被选中，而且出现了一个更大的定界框，如图 2-7 所示。

图2-7

7　在任意一个蓝色圆内单击并拖动，将它们移动到文档的其他位置。由于两个圆都被选中，因此它们将一起移动。

拖动时将会出现洋红色线条，这被称为对齐参考线。它们可见是因为启用了智能参考线（"视图" > "智能参考线"），此时拖动对象会将其与画板中的其他对象对齐。另外，鼠标指针旁边的度量标签（灰色框）还显示了被拖动对象离原始位置的距离，它的显示也是因为启用了智能参考线，如图 2-8 所示。

图2-8

8　选择“文件”>“恢复”，返回到上一次保存的文档版本。在出现的对话框中，单击“恢复”。

2.2.2　使用直接选择工具

在 Illustrator 中绘制时，会创建由锚点和路径组成的矢量路径。锚点用于控制路径的形状，与固定电线的插脚类似。创建的形状（比如正方形）由角落的 4 个锚点和锚点之间的路径组成，如图 2-9 所示。

可以拖动锚点来更改路径的形状。直接选择工具（▷）用于选择对象中的锚点或路径段，使其改变形状。下面将使用直接选择工具选择锚点并调整路径形状。

图2-9

1　选择“视图”>“全部适合窗口大小”。

2　在工具面板中选择缩放工具（🔍），在蓝色圆下面的红色和绿色形状上单击几次进行放大。

　提示：也可以单击形状的中心来选择它，并查看边缘的锚点。这是查看锚点的一种简单方法，然后可以单击锚点以选择它。

3　在左侧的工具面板中选择直接选择工具（▷）。不单击，将鼠标指针放置在绿色形状的左上角。“锚点”一词应该出现在鼠标指针旁边。

当直接选择工具位于路径或对象的锚点上时，会出现“锚点”一词，如图 2-10 所示。“锚点”标签显示是因为启用了智能参考线（“视图”>“智能参考线”）。还要注意鼠标指针右侧的小白框（▷）。白框中心的小圆点表示光标位于锚点上。

4　单击选择锚点，并将鼠标指针移开，如图 2-11 所示。

图2-10　　　　　　　　　　　图2-11

注意，只有选中的锚点是实心的（填充了蓝色），这表明它被选中；如果该形状上的其他点都是空心的（填充了白色），表明没有选中它们。

> **Ai** **注意**：拖动锚点时将出现灰色度量标签，其中显示了 dX 和 dY。dX 表示锚点沿 X 轴（水平方向）移动的距离，dY 则表示锚点沿 Y 轴（垂直方向）移动的距离。

5 仍选中直接选择工具，将选中的锚点向上拖动，编辑该对象的形状，如图 2-12 所示。

图2-12

6 尝试单击该形状边缘的另一个锚点，注意到原来的点将会被取消选中，如图 2-13 所示。

图2-13

7 选择"文件">"恢复"，返回到上一次保存的文件版本。在出现的对话框中，单击"恢复"。

2.2.3 使用选框创建选区

另一种选择内容的方式是拖动出一个环绕内容的选框（称为一个选区），接下来要做的事情如下。

1 选择"视图">"全部适合窗口大小"。

2 在工具面板中选择缩放工具（Q），在右侧的蓝色圆上单击 3 次。

3 在工具面板选中选择工具（▶），将鼠标指针放在最左侧蓝色圆的左上方，然后向右下角拖动以创建一个覆盖两个圆的选框。释放鼠标左键按钮，如图 2-14 所示。

图2-14

使用选择工具（▶）拖动时，只需覆盖对象的一小部分就可以选择整个对象。

4 选择"选择">"取消选择"，也可以单击没有对象的区域。

现在，可以使用直接选择工具来选择蓝色圆的多个锚点。其方法是在锚点周围拖动一个选框。

5 在工具面板中选择直接选择工具（▷）。从最左侧的蓝色圆左上方开始（见图 2-15），拖过这两个蓝色圆的顶部边缘，这样做仅会选中顶部的锚点。

图2-15

6 单击选中锚点中的任意一个，拖动可发现选中的锚点一起移动，如图 2-16 所示。

图2-16

要选择多个锚点时可使用这种方法，这样就不需要一一单击要选择的锚点了。

7 选择"文件">"恢复"，返回到上一次保存的文件版本。在出现的对话框中，单击"恢复"。

使用魔棒工具选择图稿

可以使用工具面板中的魔棒工具（✨）选择文档中具有相同属性（比如填充颜色）的所有对象。填充是应用于对象内部的颜色。可以自定义魔棒工具来根据选项选择对象，比如描边粗细和描边颜色等，方法是双击工具面板中的魔棒工具。

2.2.4 隐藏和锁定对象

有时，如果有对象堆叠在一起或在一个小区域内有多个对象，则选择图稿将变得很困难。在本节中，将会学习如何锁定和隐藏内容，让选择对象变得更简单。

1 选择"视图">"全部适合窗口大小"。
接下来，您将尝试跨图稿拖动选择它。

2 使用选择工具（▶），将鼠标指针放在雪人背后的蓝色区域（下图中的 × 处），将鼠标指针拖动过两个椭圆（雪人的眼睛），如图 2-17 所示。

图2-17

请注意，您拖动的是大的蓝色形状。

3 选择"编辑" > "还原移动"。

4 仍选中蓝色背景形状，选择"对象" > "锁定" > "所选对象"，或者按"Command + 2"（macOS）或"Ctrl + 2"（Windows）组合键。

   锁定对象可以防止选择和编辑它们。可以选择"对象" > "全部解锁"来解锁图稿。

Ai | **注意**：用这种方法会选择选框中的所有图稿。

---

5 使用选择工具（▶），将鼠标指针放在雪人帽子左侧的蓝色区域，拖过雪人的头来选择整个头部（包括帽子），如图 2-18 所示。

图2-18

6 按住 Shift 键，并每次单击一只眼睛，从选区中删除它们。

7 选择"对象" > "隐藏" > "所选对象"，或按"Command + 3"（macOS）或"Ctrl + 3"（Windows）组合键。

   如图 2-19 所示，所选形状会暂时隐藏，以便可以更轻松地选择其他对象。

8 选择"文件" > "存储"，保存文件。

图2-19

2.2.5 选择类似对象

使用"选择">"相同"命令，还可以根据类似的填色、描边颜色和描边粗细等内容选择图稿。对象的描边是轮廓（边界），描边粗细是描边的宽度。下面将选择填色和描边相同的对象。

1 选中选择工具（▶），然后单击选择右侧的一个蓝色圆，如图 2-20 所示。

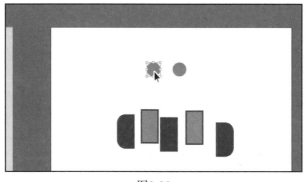

图2-20

2 选择"选择">"相同">"填充颜色"，选择任意画板上具有相同填充颜色（蓝色）的所有对象。

注意，此时会选中具有相同蓝色填充的圆。

3 单击以选择蓝色圆下面的红色或绿色填充形状，然后选择"选择">"相同">"描边颜色"。

如图 2-21 所示，现在所有具有相同描边（边框）颜色的形状都已被选中。如果需要重新选择一系列对象，与选择的红色和绿色形状一样，可以保存制作的选区，以便稍后可以轻松地调用它。保存的选区仅与该文档一起保存。这是接下来要执行的操作。

Ai | **提示**：根据用途或功能给选区命名很有帮助。例如，如果将选区命名为 1 pt stroke，则以后修改对象的描边粗细后，该名称可能会令人误解。

---

4 仍选中这些形状，选择"选择">"存储所选对象"。在"存储所选对象"对话框中，将所选对象命名为"Scarf"，然后单击"确定"按钮，以便以后可以选择此对象，如图 2-22 所示。

图2-21   图2-22

5 选择"选择">"取消选择"。

2.2.6 在轮廓模式下选择

默认情况下，Adobe Illustrator 将会显示所有彩色图稿（对象会显示它们的上色属性，如填色和描边）。但是也可以选择仅显示图稿的轮廓（或路径）。在本节中，将会在轮廓模式下选择对象。而对于在一系列堆叠对象中进行选择，这将非常有用。

1 选择"对象">"显示全部"，可以看到之前隐藏的图稿。

2 使用选择工具（▶），在其中的一个白色眼睛形状内单击选择它，如图 2-23 所示。

由于形状有一个白色填充（对象内部填充有颜色、图案或渐变），因此，可以单击对象边框中的任何区域来选择它。

图2-23

3 选择"视图">"轮廓"，轮廓形式查看图稿。

 提示：在轮廓模式下，可能会在形状中心看到一个小的 ×。如果单击 ×，则可以选择形状。

4 使用选择工具，在另一只眼睛形状内单击，如图 2-24 所示。

注意，不能使用此方法选择对象。"轮廓"模式以轮廓形式显示图稿，没有任何填充。要选择"轮廓"模式，可以单击对象的边缘或者拖动选框选择它。

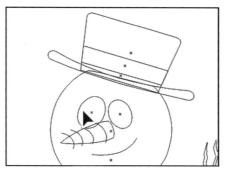

图2-24

5 选中选择工具，在两只眼睛形状的周围拖动一个选框。按几次向上箭头键，将两个形状稍微向上移动一点，如图 2-25 所示。

图2-25

6 选择"视图">"GPU 预览"或"视图">"在 CPU 上预览"或"预览"（如果"GPU 预览"不可用的话），可以查看绘制的图稿。

2.3 对齐对象

Illustrator 可以方便地将多个对象彼此对齐、与画板或关键对象对齐。本节将介绍对齐对象的各种不同选项。

2.3.1 使对象彼此对齐

一种对齐类型是将多个对象彼此对齐。这可能很有用，例如，如果您想使一系列选中形状的顶部边缘对齐。下面将使红色和绿色形状彼此对齐。

1 选择"选择">"Scarf"，以便重新选择右侧的红色和绿色形状。

2 单击文档窗口左下角的"下一项"按钮（▶），使具有选中的红色和绿色形状的画板适合窗口大小。

3 在工具面板中选择缩放工具（ 🔍 ），并（从左到右）拖动过红色和绿色形状进行放大，如图 2-26 所示。

图2-26

4 在右侧的"属性"面板中单击"垂直底对齐"按钮（ ▮▮ ），如图 2-27 所示。

图2-27

注意，所有选定对象的底部边缘会移动，与最低的选定对象对齐。

5 选择"编辑">"还原对齐"，让对象恢复到其原始位置。保持选中这些对象，留待下一节使用。

2.3.2 对齐到关键对象

关键对象是其他对象要与之对齐的对象。当您想要对齐一系列对象，并且其中一个对象的位置很好时，这非常有用。要指定关键对象，可选择要对齐的所有对象（包括关键对象），再单击关键对象。接下来，将使用一个关键对象来对齐红色和绿色形状。

1 选中这些形状，使用选择工具（ ▶ ）单击最左侧的形状，如图 2-28 所示。
   选中此形状时，关键对象有一个较粗的轮廓线，表示其他对象将与它对齐。

图2-28

2 在"属性"面板中单击"垂直顶对齐"按钮（ ），如图 2-29 所示。

图2-29

注意，所有选中的形状都会移动，与关键对象的顶部边缘对齐。

3 选择"选择">"取消选择"。

2.3.3 对齐锚点

下面将使用对齐选项对齐两个锚点。正如上一节中设置关键对象一样，可以自行设置其他锚点与关键锚点对齐。

1 选择"视图">"画板适合窗口大小"。

2 选择直接选择工具（ ），单击画板底部白色形状左下角的锚点。按住 Shift 键并单击，选择同一形状右下角的锚点（见图 2-30）。

最后选中的锚点是关键锚点。其他锚点将与它对齐。

选择第一个点   选择第二个点   两个点对齐之后

图2-30

3 在文档右侧的"属性"面板中单击"垂直顶对齐"按钮（ ），选择的第一个锚点，与选择的第二个锚点对齐。

4 选择"选择">"取消选择"。

2.3.4　分布对象

使用"对齐"面板来分布对象，可以选择多个对象，并使它们之间的间隔相等。下面将使用一种分布方式使红色和绿色形状之间的间距相等。

1 在工具面板选中选择工具（▶）。

2 选择"选择">"Scarf"，重新选择第二个画板上所有的红色和绿色形状。

 注意：使用"水平居中分布"或"垂直居中分布"按钮时，会使对象中心的间距相等。当选中的对象大小不一致时，可能会导致意料外的结果。

---

3 在"属性"面板的"对齐"部分中单击"更多选项"（▦▦▦，图 2-31 中使用红色圈出的部分）。在出现的面板中单击"水平居中分布"按钮（▦）。

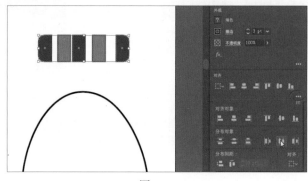

图2-31

分布会移动所有选中的形状，以便使它们之间的间距相等。

4 选择"编辑">"还原对齐"。

 注意：水平分布对象时，确保最左侧和最右侧的对象处于所需的位置，再进行分布对象操作。垂直分布对象时，确保最上端和最下端的对象处于所需的位置，再进行分布对象操作。

---

5 保持形状处于选中状态，单击最左侧的形状（红色形状），使它成为关键对象，如图 2-32 所示。

在分布间距中输入值之前，必须定义一个关键对象。

图2-32

6 在"属性"面板的"对齐"部分中单击"更多选项"（•••，图 2-33 中使用红色圈出的部分）。确保"分布间距"值为 0pt，然后单击"水平分布间距"按钮（🔳）。

图2-33

"分布间距"分布选中对象之间的间距，而"分布对象"对齐分布选中对象的中心之间的间距，可以调整值来设置对象之间的间距。

7 选择"选择"＞"取消选择"。

2.3.5 对齐到画板

您可以将内容对齐到活动画板，而不是所选对象或关键对象。对齐到画板时，每个选中的对象都将分别与画板对齐。下面会将白色的半圆形状和雪人与画板对齐。

1 选中选择工具（▶），单击右侧画板底部的白色半圆形状以选择它。选择"编辑"＞"剪切"。

2 单击文档窗口左下角的"上一项"按钮（◀），以便导航到文档中的第一个（左侧）画板，其中包含雪人。

3 选择"编辑"＞"粘贴"，粘贴白色半圆。

4 选择"窗口"＞"对齐"，打开"对齐"面板。

编写本书时，"属性"面板中还没有将一个所选对象与画板对齐的选项。这就是打开"对齐"面板的原因。

5 从"对齐"面板菜单（▤，图 2-34 中使用红色圈出的部分）选择"显示选项"。

图2-34

6 在"对齐"面板中单击"对齐所选对象"按钮（🔳），从出现的菜单中选择"对齐画板"。

现在，所选内容都将与画板对齐。

7 在"对齐"面板中单击"水平居中对齐"按钮（▤），然后单击"垂直底对齐"按钮（▥），
将白色半圆与画板的水平中心和垂直底部对齐，如图 2-35 所示。

图2-35

8 选择"选择" > "取消选择"。

9 单击"对齐"面板顶部的 ×，关闭此面板。

2.4 使用编组

将多个对象编组后，它们将被视为一个整体。这样，可以同时移动或变换很多对象，而不会
影响它们各自的属性和相对位置。它也可以使图稿选择变得更简单。

2.4.1 将对象编组

下面将选择多个对象并将它们编组。

1 选择"视图" > "全部适合窗口大小"，以便查看两个画板。

2 选择"选择" > "Scarf"，选择一系列的红色和绿色形状，如图 2-36 所示。

图2-36

Ai 提示：还可以选择"对象" > "编组"将内容组合在一起。

---

3 在右侧"属性"面板的"快速操作"部分中单击"编组",将选中的图稿组合在一起,如图 2-37 所示。

图2-37

4 选择"选择">"取消选择"。

5 选中选择工具(▶),单击新组中的一个形状。
   由于它们被组合在一起,因此现在它们都被选中。

6 将这组形状拖到雪人头的下面,如图 2-38 所示。

图2-38

这将成为雪人围巾的一部分。现在,拖动到雪人上的组位于其他图稿的后面。很快就会修复这一问题。

7 选择"选择">"取消选择"。

2.4.2 在隔离模式下编辑组

隔离模式将编组或子图层隔离,可以在不取消编组的情况下选择和编辑特定对象或其一部分。使用隔离模式时,位于隔离组外部的所有对象都将被锁定并变暗,因此所做的编辑不会影响它们。下面将使用隔离模式编辑一个组。

1 使用选择工具(▶),单击雪人的帽子,如图 2-39 所示。
   您会看到它选择了一组形状。

2 双击帽子中的一个形状,将进入隔离模式。
   注意,文档中的其余内容会变暗(不能选择它)。在文档窗口的顶部,会出现一个带有

"Layer 1"和"＜编组＞"字样的灰色条，这表明您已经隔离了图层 1 的一组对象。第 9 课将介绍有关图层的更多信息。

图2-39

提示：需要隐藏面板才能继续，可以按 Esc 键来隐藏面板。

3 单击选中帽子中的红色形状。在右侧的"属性"面板中单击"填色"框，确保在出现的面板中选择了"色板"选项（▦），单击选择其他颜色。如图 2-40 所示，我选择了绿色。

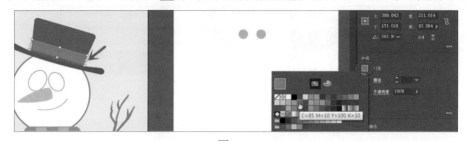

图2-40

进入隔离模式后，对象组暂时取消了编组。这样可以在不永久取消编组的前提下，编辑组中的各个对象或添加新内容。

4 选择"选择"＞"取消选择"。

提示：要退出隔离模式，也可以单击文档窗口左上角的灰色箭头。也可以在隔离模式下按 Esc 键，或者在文档窗口的空白区域双击，以退出隔离模式。

5 双击该组外的任意位置，退出隔离模式。
6 单击选择帽子中的同一形状。注意，它再次与帽子中的其他形状编组，同时也选中了该组中的其他对象。

2.4.3 创建嵌套组

对象组还可以嵌套，即将对象组与其他对象或对象组编组，从而形成一个更大的对象组。在设计图稿时，这是一个常用的技巧。这对将内容关联起来很有用。在本节中，将尝试如何创建嵌套组。

1 使用选择工具（▶），拖动选框选中雪人的帽子和头，如图2-41所示，选择"对象">"编组"。这就创建了一个嵌套组（与其他对象或对象组组合以形成一个更大的对象组）。

编组后，您可能会注意到，围巾组现在位于头形状的后面。这是由对象的堆叠顺序造成的，下一节将介绍堆叠顺序。

图2-41

2 选择"选择">"取消选择"。

3 使用选择工具，单击帽子，再次选择嵌套组。

 提示：要选择组中的内容，不用取消编组或进入隔离模式，可以使用编组选择工具（◪）进行选择。编组选择工具嵌套在工具面板的直接选择工具（▶）中，允许您选择组中的对象、多个组中的一个组或图稿中的一组编组。

4 如图 2-42 所示，双击帽子进入隔离模式。单击再次选择帽子，注意，组成帽子的形状仍然是编组的。这是一个嵌套组。

选择组　　　　　　进入隔离模式　　　　　　选择嵌套组

图2-42

5 按 Esc 键退出隔离模式，然后单击画板的空白区域，以便取消选择对象。

2.5 了解对象的排列

创建对象时，Illustrator 将在画板上按创建顺序堆叠它们，首个创建对象位于最下方。堆叠顺序将会决定最终的显示结果。读者可以随时更改图稿中对象的堆叠顺序，只需使用"图层"面板或者"排列"命令。

2.5.1 排列对象

下面将使用"排列"命令来调整对象的堆叠顺序。

1 选择"视图">"轮廓",以便更轻松地选择图稿。
2 如图 2-43 所示,使用选择工具(▶),拖动选框以便选择围巾的 3 个部分。拖动时要小心,以免选择其他内容。
3 选择"视图">"GPU 预览"或"视图">"在 CPU 上预览"或"预览"(如果"GPU 预览"不可用的话)。
4 右键单击白色半圆,取消选择它(如果必要的话),如图 2-44 所示。
5 选择"对象">"排列">"置于顶层",将围巾形状放在雪人身体形状的前面,如图 2-45 所示。

图2-43　　　　　　　图2-44　　　　　　　图2-45

2.5.2 选择位于下层的对象

对象堆叠在一起后,有时将难以选择位于下层的对象。下面将介绍如何在堆叠的对象里选中一个对象。

1 单击并将右侧画板上的一个蓝色圆拖动到雪人较小的一只眼睛上,再释放鼠标,如图 2-46 所示。

图2-46

此圆消失了,但仍处于选中状态。它位于椭圆形(眼睛)的后面,因为它是先于眼睛形状创建的,这意味着它的堆叠顺序较低。

2 仍选择此圆,选择"对象">"排列">"置于顶层"。
这会使蓝色圆位于堆栈的顶部,使它成为最顶层的对象,如图 2-47 所示。

3　使用选择工具（▶），选择右侧画板的另一个蓝色圆，并将其拖到左侧画板上较大的一只眼睛形状上，如图 2-48 所示。

此圆也会消失，但这一次，将取消选中此圆并使用另一种方法重新选择它。

4　选择"选择" > "取消选择"。由于蓝色圆位于较大的眼睛形状的后面，因此无法看到它。

![Ai] **注意**：要选择隐藏的蓝色圆，确保单击了此圆和眼睛重叠的位置。否则，将无法选择蓝色圆。

5　将鼠标指针放在刚才取消选中的蓝色圆位置，按住 Command（macOS）或 Ctrl（Windows）键，然后单击，直到再次选择此圆（这可能需要单击几次）。

6　选择"对象" > "排列" > "置于顶层"，将此圆置于眼睛上方，如图 2-49 所示。

图2-47　　　　　　　　　图2-48　　　　　　　　　图2-49

![Ai] **注意**：您可能会看到鼠标指针带有一个尖括号（⌐）。

7　选择"文件" > "存储"，最终效果如图 2-50 所示，然后选择"文件" > "关闭"。

图2-50

2.6 复习

复习题

1 如何选择一个没有填色的对象？
2 除了选择"对象">"取消编组"的方式，再指出两种可以选择对象组中某个对象的方法。
3 选择工具（▶）和直接选择工具（▷），哪个可以编辑一个对象的单个锚点？
4 创建了选区之后，如果将要重复使用它，则可以进行什么操作？
5 要将对象与画板对齐，在选择对齐选项之前，首先要在"属性"面板或"对齐"面板中选择什么？
6 有时无法选择一个对象，因为它位于另一个对象的下一层。请指出两种可以解决该问题的方法。

复习题答案

1 要选择没有填色的对象，可以单击其描边，或者拖动出一个选中该对象的选框。
2 可以使用选择工具双击组以进入隔离模式，按需要编辑各形状，然后通过按 Esc 键或双击对象组外部来退出隔离模式。有关如何使用图层进行复杂选择的更多信息，请参见第 9 课。还可以使用编组选择工具（▷），单击一次以选择组内的各个对象。再次单击将下一个编组对象添加到选区中。
3 使用直接选择工具（▷），可以选择一个或多个锚点，并通过拖动锚点来改变对象的形状。
4 为了重复使用选区，可以选择"选择">"存储所选对象"，并为该选区命名，这使得以后可以轻松地从"选择"菜单中选择这些对象。
5 要将对象和画板对齐，首先要选择"对齐画板"选项。
6 要访问被阻挡的对象，可以选择"对象">"隐藏">"所选对象"来隐藏阻挡的对象。此对象不会被删除，它只是隐藏在相同的位置，选择"对象">"显示全部"时，它将重新出现。另一种方法是按住 Command（macOS）或 Ctrl（Windows）键，使用选择工具（▶）单击重叠区域，可以选择位于下层的对象。

第3课 使用形状创建明信片图稿

本课概述

在本课中，您将学习如何执行下列操作：

- 创建包含多个画板的文档；
- 使用工具和命令创建各种形状；
- 了解实时形状；
- 圆角矩形；
- 使用 Shaper 工具；
- 使用绘图模式；
- 使用图像描摹创建形状。

学习本课内容大约需要 60 分钟，请从配套资源中将文件夹 Lesson03 复制到您的硬盘中。

基本形状是创建 Illustrator 图稿的
基础。在本课中，将会创建一个新文档，
然后使用形状工具为明信片创建和编辑
一系列形状。

3.1 开始本课

在本课中，将介绍几种使用形状工具创建图稿的不同方法，以及为包含海岛地图的明信片创建图稿的几种方法。

1 确保工具和面板的功能，如本课所述，请删除或禁用（重命名）Adobe Illustrator CC 首选项文件。

2 启动 Adobe Illustrator CC。

3 选择"文件" > "打开"。找到硬盘上 Lessons>Lesson03 文件夹中的 L3_end.ai 文件，单击"打开"。

此文件包含在本课中将创建的最终插图，如图 3-1 所示。

图3-1

4 选择"视图">"全部适合窗口大小"，请将文件打开以供参考，或者选择"文件">"关闭"。

3.2 创建新文档

现在您将为明信片创建一个包含两个画板的文档，每一个画板都具有稍后会组合的内容。

 提示：在"新建文档"对话框中，您将看到一系列文档预置，您可以启动每个项目。

1 选择"文件" > "新建"，创建一个未命名的新文档。如图 3-2 所示，在"新建文档"对话框中，更改下列选项。

- 选择对话框顶部的"打印"类别。
- 选择 Letter 文档预设。

在右侧的"预设详细信息"区域，更改下列选项。

- 名称：从"未标题-1"更改为"Postcard"。
- 单位：将单位从"点"更改为"英寸"。
- 宽度：6in（不需要输入英寸，因为单位已设置为英寸）。
- 高度：4.25in。
- 方向：横向（▣）。
- 画板：2（创建两个画板）。

稍后将了解"出血"选项。在"新建文档"对话框右侧的"预设详细信息"部分的底部，您将看到"高级选项"和"更多设置"（可能需要滚动才能看到它）。

它们将包含更多的文档创建设置，读者可以自己探索。

图3-2

 注意：通过使用文档配置文件，可根据不同的输出（如打印、Web、视频等）设置文档。例如，设计网页模板时，可使用文档配置文件"Web"，它将自动以像素为单位显示网页大小，将颜色模式设置为 RGB，并将栅格效果设置为"屏幕（72 ppi）"。

2　在"新建文档"对话框中单击"创建"按钮。

3　选择"文件">"存储为"，在"存储为"对话框中，确保该文件的名称是 Postcard.ai，并将它保存在 Lessons>Lesson03 文件夹中。将"格式"选项设置为 Adobe Illustrator（ai）（macOS）或"保存类型"选项设置为 Adobe Illustrator（*.AI）（Windows），然后单击"保存"。

Adobe Illustrator（.ai）称为原生格式。这意味着它会保存所有 Illustrator 数据，包括多个画板。

提示：如果您想了解有关这些选项的更多信息，请在 Illustrator 帮助（"帮助">"Illustrator 帮助"）中搜索"保存图稿"。

4　在"Illustrator 选项"对话框中，让 Illustrator 选项保留其默认设置，并单击"确定"。

"Illustrator 选项"对话框全是有关保存 Illustrator 文档的选项，从指定保存的版本到嵌入与文档相链接的任意文件。

5　在"属性"面板（"窗口">"属性"）中单击"文档设置"按钮。

在文档创建后，在"文档设置"对话框中，可以更改文档选项，比如单位和出血等。

注意：通过选择"文件">"新建"，在"新建文档"对话框中第一次设置文件时，就可以设置出血。

6 如图 3-3 所示，在"文档设置"对话框的"出血"部分中，将"上方"字段中的值更改为0.125in，或者是单击该字段左侧的"向上箭头"一次或输入该值，这将更改所有 4 个值，单击"确定"。

注意，两个画板周围都有红线，它们表示出血区域。如果希望图稿能打印到纸张的边缘，则通常会添加出血。出血指超出打印页面边缘的区域，它确保在最终裁剪页面上不会显示任何白色边缘。

图3-3

3.3 使用基本形状

在本课的第一部分中，将会创建一系列的基本形状，比如矩形、椭圆形、圆角矩形和多边形等。创建的形状由锚点和连接锚点的路径组成。例如，基本的正方形是由 4 个角的锚点及连接锚点的路径组成（见图 3-4）。此形状被称为封闭路径。

路径可以是封闭的，也可以是开放的（见图 3-5），每个终端具有不同的锚点（称为端点）。开放路径和封闭路径都可以应用填色。

封闭路径示例   开放路径示例
图3-4   图3-5

首先练习设置工作区。

1 选择"窗口">"工作区">"基本功能"（如果未选中的话），然后选择"窗口">"工作区">"重置基本功能"。

2　在文档窗口左下角的"画板导航"菜单中选择 2。

3　选择"视图">"画板适合窗口大小"。

3.3.1　创建和编辑矩形

本课首先会创建一系列矩形。所有的形状工具（除星形工具和光晕工具外）都会创建实时形状。实时形状具有宽度、高度、旋转、圆角半径等属性，即使缩放或旋转该形状，这些属性仍然是可编辑的。

1　在工具面板中选择矩形工具（▦），将鼠标指针放在画板中心附近，单击并向右下方拖动。拖动直到矩形显示为宽约 0.5in 且高为 2in 时为止，如图 3-6 所示。

图3-6

> **Ai** 　**提示：按住 Option（macOS）或 Alt（Windows）键的同时，使用矩形、圆角矩形或椭圆形工具绘制形状时，将会从中心点开始绘制。**

拖动以创建形状时，鼠标指针旁边出现的工具提示被称为度量标签，它是智能参考线（"视图">"智能参考线"）的一部分，本课稍后会介绍智能参考线。默认情况下，形状具有白色填色和黑色描边（边框）。使用任意形状工具时，都可以使用所选形状工具绘制形状或者是单击画板，并在对话框中输入值。

2　选中新矩形，将鼠标指针放在矩形中心的小蓝点（称为中心点小部件）上。当鼠标指针变为 ▸口 时，将形状拖动到画板底部，如图 3-7 所示。

图3-7

3 首先将所选矩形右侧的中央边界点向左拖动以使其变得更窄一些，如图 3-8 所示。拖动时按住 Option（macOS）或 Alt（Windows）键以同时调整左侧和右侧边缘。当您看到度量标签的宽度约为 0.3in 时，释放鼠标左键按钮，然后释放 Option（macOS）或 Alt（Windows）键。

4 将鼠标指针移动到形状的一角外，当看到旋转箭头（↰）时，按住并顺时针拖动旋转形状。拖动时，按住 Shift 键将旋转限制为 45°。当度量标签显示角度为 315° 时，释放鼠标左键和 Shift 键，如图 3-9 所示。保持选中此形状。

图3-8

图3-9

3.3.2 圆角矩形

创建圆化矩形的角是很简单的，因为您创建的形状是实时形状，这意味着可以使用几种方法轻松编辑圆角等属性。本节将介绍几种圆化所创建矩形的角的方法。

1 仍选中此形状，选择几次"视图">"放大"。

 注意：如果将角小部件拖动得太远，则会出现一个红色圆弧，表明已经达到了最大的圆角半径。

---

2 在工具面板选中选择工具（▶），拖动矩形的任意一个角小部件（◉），如图 3-10 所示，将其向矩形的中心拖动，以便更改所有角的圆角半径，而不用担心现在的半径是多少。

图3-10

 提示：可以按住 Option（macOS）或 Alt（Windows）键并单击形状的一个角落小部件，以便尝试不同的角类型。

---

3 在右侧"属性"面板中的"变换"部分单击"更多选项"（ ••• ），以便显示一个具有多个选项的面板，如图 3-11 所示。确保"链接圆角半径值"是启用的（ ），并将任意半径值更改为 0.125，如图 3-12 所示。如果需要，请在另一个字段中单击或按 Tab 键，以便查看所有角落的变化。

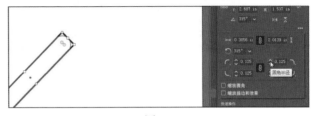

图3-11   图3-12

Ai | 提示：*在继续之前可以按 Esc 键来隐藏此面板。*

---

4 选择直接选择工具（ ），仍选中此形状，双击左上角的小部件（ ）。在"边角"对话框中，将"半径"值更改为 0in，然后单击"确定"按钮，如图 3-13 所示。

注意，只有那一个角发生了改变。"边角"对话框支持编辑角类型和半径，但它还有一个额外的"圆角"选项，用于设置绝对圆角和相对圆角。"绝对"表示圆角是半径值。"相对"表示半径值基于角点的角度。

图3-13

5 单击底部的角小部件（ ），选择此角小部件。如图 3-14 所示的第一部分。

图3-14

6 将底部的角小部件拖离形状的中心，直到度量标签显示为 0in，将需要拖过角点。

7 在工具面板选中选择工具（ ）。在"属性"面板中单击填色框，确保在出现的面板中选择了"色板"选项（ ）。选择一种较深的红色来填充矩形。

 | 注意：*如之前的课程所述，您会发现，在控制面板上打开一个面板，需要在移动之前隐藏它。可以按 Esc 键来执行此操作。*

---

8 在"属性"面板中单击描边框，确保选择了"色板"选项（ ），选择"无"，从矩形删除

描边，如图 3-15 所示。

图3-15

9　选择"编辑">"复制"，然后选择"编辑">"贴在前面"，将矩形副本粘贴到原始矩形的上方。

10　将鼠标指针移动到此形状的一个角外。如图 3-16 所示，当看到旋转箭头（↶）时，逆时针拖动旋转此形状。拖动时，按住 Shift 键可以将旋转限制为 45°。当度量标签显示角度为 45°时，则依次释放鼠标左键和 Shift 键。

11　在"属性"面板中单击填色框，确保在出现的面板中选择了"色板"选项（▦）。选择一种较浅的红色，填充此矩形，如图 3-17 所示。

12　选择"选择">"现用画板上的全部对象"，选择这两个形状。在文档右侧的"属性"面板中单击"快速操作"部分中的"编组"按钮，效果如图 3-18 所示。

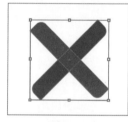

图3-16　　　　　　　　图3-17　　　　　　　　图3-18

编组会将内容视为一个对象，这会使移动当前选中图稿变得更简单。以后会出于相同的原因来编组创建的其他内容。

13　选择"选择">"取消选择"。

3.3.3　使用圆角矩形工具

接下来，您将使用圆角矩形工具创建圆角矩形。圆角矩形也是实时形状，这意味着您可以编辑属性，比如圆角半径。下面将为船的桅杆创建一个形状。

1　选择"视图">"缩小"。

2　在工具面板中单击矩形工具（▭），按住鼠标左键，选择圆角矩形工具（▢）。对于下一步，不要释放鼠标左键，除非告诉您这样做。

提示：使用圆角矩形绘制时，按向左箭头键会将圆角半径更改为 0，而按向右箭头键会将圆角半径设置为最大值。

3 在画板矩形的右侧，单击并向右下方拖动，直到矩形的宽为 0.2in 且高为 1.5in，但不释放鼠标左键，如图 3-19 所示。仍按住鼠标左键，按几次向下箭头键可以使圆角半径变得不太圆。按向上箭头键几次可以看到拐角变得更圆。不管角变得多么圆，释放鼠标左键。

> **Ai** | **注意**：第 5 课将介绍有关一般变换的更多信息。

4 在右侧的"属性"面板中，确保宽和高右侧的"保持宽度和高度比例"是取消选中的。选择"宽："值并将它更改为 0.1in，在"高："字段中单击并将值更改为 1in，如图 3-20 所示。按 Return 或 Enter 键。保持选中此形状，如图 3-21 所示。

图3-19   图3-20   图3-21

无须输入 in，会自动添加它。

5 在左侧的工具面板中选择缩放工具（🔍）。拖过所选圆角矩形的顶部，进行放大。

> **Ai** | **注意**：如果在选择了选择工具之后看不到角小部件，则可以进行放大。

6 选中选择工具（▶），并且仍选中此圆角矩形，将任意一个角小部件（◎）向矩形顶部拖动，直到度量标签显示值为 0.02in 为止，如图 3-22 所示。

图3-22

7 双击任意一个角小部件（◎），打开"变换"面板，现在应该会看到角选项。对于顶部的两个角，从边角类型中选择"倒角"（图 3-23 中使用红色圈出的地方）。

8 选择"视图"＞"缩小"，直到看到此形状的底部。

9 取消选中"链接圆角半径值"（它看起来是这样的🔗），单独更改各个角。将左下角和右下角的值更改为 0in。

图3-23

10 单击"变换"面板组顶部的 × 关闭它。

11 在"属性"面板中单击填色框,确保在出现的面板中选择了"色板"选项(▦)。选择一
种棕色。

12 选择"选择">"取消选择"。

使用文档网格

文档网格可以在文档窗口中图稿的背后创建一系列非打印的水平和垂直参
考线,让对象与这些参考线对齐,让您更精确地工作,
如图3-24所示。要启用网格并使用其功能,请执行以下
操作。

- 要显示网格或隐藏网格,选择"视图">"显
  示网格/隐藏网格"。

- 要将对象对齐到网格线,选择"视图">"对
  齐网格",选择要移动的对象,并将其拖动到
  所需位置。当对象边界与网格线的距离不超过2个
  像素时,它将对齐到网格线。

图3-24

- 要指定网格线的间距、网格样式(线或点)、网格颜色以及网格出现在
  图稿的上层还是下层,选择Illustrator CC>"首选项">"参考线与网格"
  (macOS)或"编辑">"首选项">"参考线和网格"(Windows)。

——摘自Illustrator帮助

3.3.4　创建和编辑椭圆

下面将使用椭圆工具（）绘制和编辑椭圆，以继续绘制船。椭圆工具可用于创建椭圆和正圆。

1　选择几次"视图">"缩小"。

2　在工具面板中单击圆角矩形工具（▢）并按住鼠标左键，选择椭圆工具（⬭）。

3　将鼠标指针置于棕色矩形上方。单击并拖动创建一个宽为 1.5in 且高为 0.5in 的椭圆，如图 3-25 所示。

图3-25

创建了椭圆后，仍选中椭圆工具，可以从中心小部件拖动形状，变换形状，并更改饼状图角度。下面将创建椭圆的副本，以便稍后使用。

4　在工具面板选中选择工具（▶）。选择"编辑">"复制"，然后选择"编辑">"粘贴"，以便粘贴本课稍后将使用的圆形副本。将它拖动到画板的空白区域。

Ai　注意：在仍选中椭圆工具的情况下，还可以更改饼角度等椭圆属性。

5　单击以选择原始椭圆。拖动椭圆右侧外的饼状小部件（◉），逆时针旋转椭圆，如图 3-26 所示。

图3-26

Ai　提示：要将馅饼形状重置为椭圆，双击其中一个饼小部件。

拖动此小部件可以创建饼形状。最初拖动此小部件时，会看到第二个小部件。最初拖动的小部件将控制起点角度。现在出现在椭圆右侧的小部件将控制终点角度。

6　在右侧的"属性"面板中的"变换"部分单击"更多选项"（⋯），显示更多选项。从"饼图起点角度"菜单中选择 180°，按 Esc 键以隐藏此面板，如图 3-27 所示。

7　将鼠标指针移动到椭圆中心，拖动椭圆使它与棕色矩形的底部边缘对齐，对齐时很可能会出现"交叉"一词，如图 3-28 所示。

图3-27

图3-28

棕色矩形的中央也会出现一条垂直的洋红色参考线，确保椭圆的中心与矩形的中心水平对齐。

3.3.5 修改描边宽度和对齐方式

到目前为止，在本课中，主要编辑的是形状的填充，但没有涉及描边（对象或路径的可见的轮廓或边界）。更改描边的颜色或粗细使它更细或更粗，是下面要做的事情。

1 选中选择工具（▶），单击上一节中制作的棕色椭圆副本以选择它。

2 将它拖动到半个椭圆的顶部。当它与半椭圆的中心对齐时，会出现一条洋红色的智能参考线，如图 3-29 所示。

3 在"属性"面板中，将填充颜色更改为深棕色，并将描边颜色更改为浅棕色。

4 将椭圆顶部中间的点向下拖动。拖动时，按住 Option（macOS）或 Alt（Windows）键，同时调整两个边的大小。当看到高为 0.1in 时，则释放鼠标左键和修饰键，如图 3-30 所示。

Ai **注意**：您可能注意到，在所选图稿中，只能看到定界框的角点。这取决于文档的缩放水平。

图3-29

图3-30

5 在"属性"面板中单击"描边"一词，打开"描边"面板。如图 3-31 所示，在"描边"面板中，将所选矩形的描边粗细更改为 2，单击"使描边内侧对齐"按钮（），使描边与椭圆的内侧边缘对齐。

Ai | **注意**：也可以选择"窗口"＞"描边"来打开"描边"面板，但可能需要从面板菜单（）中选择"显示选项"。

图3-31

6 单击棕色矩形，然后在"属性"面板中单击"排列"按钮，并选择"置于顶层"，使矩形位于椭圆上方，如图 3-32 所示。

图3-32

7 选择"选择">"取消选择"。

3.3.6 创建和编辑圆

下面将使用椭圆工具（⬭）绘制和编辑一个完美的圆。本课稍后将制作此圆的一系列副本，以供其他图稿使用。

1 选择"视图">"画板适合窗口大小"，查看整个画板。

2 选择椭圆工具（⬭），将鼠标指针放在画板左上角的空白区域。向右下方拖动开始绘制椭圆。拖动时，按住 Shift 键创建完美的圆形。当宽和高都为大致 1in 时，释放鼠标左键，然后释放 Shift 键，如图 3-33 所示。

无须切换到选择工具，可以使用椭圆工具重新定位和修改椭圆，这是接下来要做的事情。

Ai | **注意：** 与矩形或圆角矩形一样，椭圆也是实时形状。

---

3 选中椭圆工具，将鼠标指针放在圆的左中边界点上。单击并拖向中心使其更小。拖动时，按住"Shift +Option"（macOS）或"Shift + Alt"（Windows）组合键，直到度量标签显示宽度和高度大约为 0.3in，如图 3-34 所示。释放鼠标左键，然后释放组合键。

图3-33

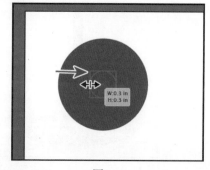

图3-34

4 仍选中圆形，在"属性"面板中单击填色，并确保在出现的面板中选择了"色板"选项（▦）。选择工具提示为"C=0 M=0 Y=0 K=10"的浅灰色。

3.3.7 创建多边形

使用多边形工具（⬡）创建的形状，可以创建具有多个直边的形状。默认情况下，使用多边形工具可以创建一个六边形，并且从中心开始绘制所有形状。多边形也是实时形状，这意味着大小、旋转、边数等属性仍然是可编辑的。现在，将使用多边形工具（⬡）创建一个三角形，从而形成钻石形状。

1 在工具面板中单击椭圆工具（⬭）并按住鼠标左键，选择多边形工具（⬡）。

2 选择"视图">"智能参考线"，关闭智能参考线。

3 将鼠标指针放在画板的空白区域。如图 3-35 所示，向右拖动开始绘制多边形，但不要释放鼠标左键。按向下箭头键一次，以将多边形的边数减少到五，并且不要释放鼠标左键。按住 Shift 键以让形状直立。释放鼠标左键，然后释放组合键。保持选中此形状。

图3-35

注意，此时不会看到灰色度量标签（工具提示），因为工具提示是关闭智能参考线的一部分。洋红色对齐参考线也不会显示，因为此形状没有与画板上的其他内容对齐。智能参考线在某些情况下可能很有用，例如当需要高精度时，可以在需要的时候打开或关闭参考线。

4 在"属性"面板中单击填色框，确保在出现的面板中选择了"色板"选项（▦）。选择工具提示为"C=0 M=0 Y=0 K=30"的浅灰色。

5 选择"视图">"智能参考线"，启用智能参考线。

6 仍选中多边形工具，拖动定界框右边的边小部件，如图 3-36 所示，将边数更改为 3 个，形成一个三角形。

 注意：您的图看起来可能与此图不一样。只要最终大小是宽 1.2in 且高 0.8in 就可以了。

---

7 拖动三角形的一个角边界点，直到看到度量标签显示宽为 1.2in 且高为 0.8in 为止，如图 3-37 所示。

图3-36

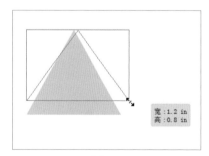

图3-37

3.3.8 编辑多边形

下面将制作多边形的副本并创建钻石的剩余内容。

1 仍选中三角形，选择"对象">"变换">"对称"。在"镜像"对话框中，选择"水平"，并单击"复制"，如图 3-38 所示。

2 拖动新（顶部）形状的中心小部件（见图 3-39 的蓝圈处），使其顶部边缘与原始形状的底部边缘对齐。

图3-38

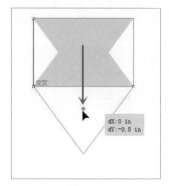

图3-39

3 在工具面板选中选择工具（▶）。单击原始（顶部）三角形。

4 在工具面板中选择橡皮擦工具（◆）。按住 Shift 键，从左向右横跨三角形中央进行拖动，如图 3-40 所示。释放鼠标左键和 Shift 键。

5 选中选择工具（▶）并单击空白区域，取消选中图稿。单击顶部较小的三角形并按 Backspace 或 Delete 键删除它。

6 单击选择顶部三角形的剩余部分，在"属性"面板中单击填色框，如图 3-41 所示。确保在出现的面板中选择了"色板"选项（▦），选择工具提示为"C=0 M=0 Y=0 K=5"的浅灰色。

图3-40

图3-41

接下来，制作原始三角形的副本并创建一个顶部为圆角的山脉形状。

7 单击深灰色的三角形选择它。按住 Option（macOS）或 Alt（Windows）键，并将此三角形拖入画板的左下角制作一个副本，如图 3-42 所示。释放鼠标左键和修饰键。

8 在右侧"属性"面板的"变换"部分中单击"更多选项"（ ），以便显示更多选项。要让此三角形返回到等边多边形，单击"使边长相等"按钮，如图 3-43 所示。

9 在工具面板中选择直接选择工具（ ）。单击所选三角形顶部的角小部件（ ）选择它。

10 将顶部的角小部件向形状中心拖动，使其更圆一些，如图 3-44 所示。

图3-42

图3-43

图3-44

3.3.9 创建星形

下面将使用星形工具（ ）创建几颗星星。星形工具不会创建实时形状，这意味着编辑星形会比较困难。使用星形工具绘制时，将使用键盘修饰键得到您想要的点数并更改星形的半径。下面是在本节中绘制星形时使用的键盘修饰键及其作用。

• 箭头键：绘制时，按向上箭头键或向下箭头键分别添加或移除星形的臂长。

• Shift 键：使星形直立。

• Command（macOS）或 Ctrl（Windows）键：按住此键的同时拖动会生成一个可更改半径（使手臂更长或更短）的星形。

下面将创建一个星形。这将需要几个键盘命令，在选择这些命令时不要释放鼠标左键。

1 在工具面板中单击多边形工具（ ）并按住鼠标左键，选择星形工具（ ），将鼠标指针放在组成钻石的三角形形状右侧的某个位置。

2 单击并向右缓慢拖动以创建一个星形。注意，移动指针时，星形会改变大小并自由旋转。拖动直到度量标签显示宽为约 1in，然后停止拖动，如图 3-45 所示。不要释放鼠标左键！

图3-45

3 按向上箭头键一次将星形的点数增加到 6，如图 3-46 所示。不要释放鼠标左键！

4 按住 Command（macOS）或 Ctrl（Windows）键，然后继续向右拖动一点。这会使内半径恒定，而使手臂更长。直到看到宽度约为 1.5in 为止，停止拖动而不释放鼠标左键，如图 3-47 所示。释放 Command 或 Ctrl 键，而不释放鼠标左键。

图3-46

图3-47

5 按住 Shift 键。当星形直立时，释放鼠标左键，然后释放 Shift 键，如图 3-48 所示。

Ai **提示：** 如果描边颜色是"无"（⬚），则无须设置描边粗细。

---

6 在"属性"面板中将星形的描边粗细更改为 0pt。

7 在"属性"面板中将填色更改为白色。

8 选中选择工具（▶），并按住 Shift 键，将星形定界框的角向中心拖动。当星形的宽度约为 0.4in 时，释放鼠标左键，然后释放 Shift 键，如图 3-49 所示。

图3-48

图3-49

9 选择星形工具（☆），再绘制一个小一些的星形。

   注意，新星形的基本设置与绘制的第一颗星形基本相同。

10 选中选择工具（▶），将两个星形拖动到组成钻石的形状上面。

   可能很难看到它们，因为它们的填色是白色并且位于白色画板上。在这种情况下，可以选择"视图">"轮廓"来更轻松地查看它们。然后，在通过边缘完成形状拖动后，选择"视图">"GPU 预览"或"在 CPU 上预览"（如果不支持"GPU 预览"的话）。

11 拖过三角形和星形以选中它们，然后在"属性"面板中单击"编组"按钮，将它们编组到一起，如图 3-50 所示。

图3-50

3.3.10　绘制线条

下面将使用直线段工具创建线条和线段（称为开放路径），创建一些骨头。用直线段工具创建的线条是实时线条，类似于实时形状，它们有很多的可编辑的属性。

1　在工具面板中选择直线段工具（╱）。在画板的右侧现有图稿的上方单击并向右拖动。拖动时注意鼠标指针旁边度量标签中的长度和角度。拖动直到线段长度为1.5in为止，如图3-51所示。

2　选中新线段，将鼠标指针放在右端外。当鼠标指针变为旋转箭头时（↻），单击并（向上或向下）拖动，直到指针旁边的度量标签中显示角度为0°，如图3-52所示。这会使线段变为水平的。

图3-51

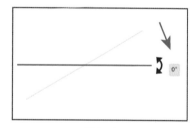

图3-52

默认情况下，线段围绕其中心点旋转。也可以在"属性"面板中更改线段的角度。

3　选中此线段，在文档右侧的"属性"面板中将描边粗细更改为15 pt。

 注意：如果以与原始路径相同的轨迹拖动线段，会看到线段两侧出现"直线延长"和"位置"。它们是智能参考线的一部分，可以轻松地将一条线拖动得更长或更短，而不改变角度。

4　在"属性"面板中单击描边色框，并确保在出现的面板中选择了"色板"选项（▦）。选择工具提示为"C=0 M=0 Y=0 K=10"的浅灰色，如图3-53所示。

5　选择"对象" > "路径" > "轮廓化描边"。现在线段是一个具有填色的形状。

6　在工具面板选中选择工具（▶），将画板左上角灰色的圆拖动到此形状上，如图3-54所示。

7　选择"编辑" > "复制"。选择"编辑" > "粘贴"3次，共创建4个圆。将这些圆拖动到形状上以形成一个骨头，如图 3-55 所示。

图3-53

图3-54

图3-55

8 拖过骨头图稿，并在"属性"面板中单击"编组"按钮，将这些图稿编组在一起。

9 将鼠标指针移动到一个角外。当鼠标指针变为旋转箭头（↰）时，逆时针拖动进行旋转，直到度量标签显示角度为 45° 为止，如图 3-56 所示。

10 选择"对象">"变换">"对称"，在"镜像"对话框中，选择"垂直"，并单击"复制"。

11 拖动选择骨头图稿，在"属性"面板中单击"编组"按钮，将这些图稿编组在一起，如图 3-57 所示。

图3-56

图3-57

3.4 使用 Shaper 工具

在 Illustrator 中，另一种绘制和编辑形状的方式是使用 Shaper 工具（✎）。Shaper 工具识别自然手势并根据这些手势生成实时形状。不用切换工具，就可以组合、删除、填充和变换创建的基本形状。在本节中，您将通过探索经常使用的功能来了解此工具是如何工作的。

3.4.1 使用 Shaper 工具绘制形状

现在开始使用 Shaper 工具，绘制一些简单的形状，最终形成船帆。

1 选择"视图">"画板适合窗口大小"。

2 在工具面板中选择 Shaper 工具（ ）。在画板的空白区域绘制一个粗略的矩形，如图 3-58 所示。

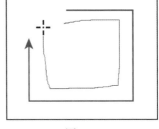

图3-58

   完成形状绘制时，手势将被转换为一个具有默认灰色填充的实时形状。使用 Shaper 工具可以绘制多种形状，包括但不限于矩形、正方形、椭圆（圆）形、三角形、六边形和线段等，如图 3-59 所示。

3 在刚绘制的形状上胡乱涂鸦以删除它，如图 3-60 所示。

图3-59

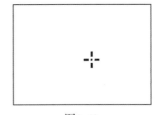

图3-60

这个简单的手势是一种删除形状的简单方式。注意，可以在多个对象上胡乱涂鸦以删除它们，只需要胡乱涂鸦图稿的一部分即可删除图稿。也可以在所创建的形状内单击选择它，然后按 Backspace 或 Delete 键来删除它。

4 在画板的空白区域绘制一个椭圆，如图 3-61 所示。

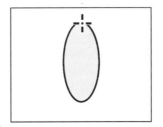

图3-61

如果形状不是椭圆，请胡乱涂鸦，以便删除它，然后再试一次。
形状创建后，还可以使用 Shaper 工具来编辑这些形状，
而不必切换工具。下面将编辑之前创建的椭圆。

5 使用 Shaper 工具在椭圆内单击选择它。

6 选择"视图">"放大"。

7 拖动椭圆的一个角点以将它变为一个完美的圆形，如
图 3-62 所示。洋红色的提示十字（智能参考线）将出现
在中心，表明椭圆已成为圆（宽度和高度相等的椭圆）。

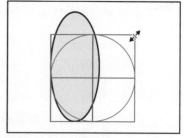

图3-62

使用 Shaper 工具绘制的形状是实时形状，并且是可以动
态调整的，因此，无须在工具之间切换就可以直观地绘制和编辑这些形状。注意，不会出
现度量标签来表示形状大小。使用 Shaper 工具变换形状时，不会显示度量标签，即使是
在智能参考线开启的情况下也是如此。

3.4.2 使用 Shaper 工具冲压和组合形状

Shaper 工具不仅可以绘制形状，还可以组合、删减并不断编辑它们。下面将绘制更多形状，
并使用 Shaper 工具从原始圆中添加并删减它们，创建船帆。

> **Ai** **注意**：不要担心新圆位于画板边缘内还是外。稍后将重新放置它。

1 选择 Shaper 工具（✔），按住"Shift+Option"（macOS）或"Shift+Alt"（Windows）组合
键，将圆直接向左拖动制作一个副本，如图 3-63 所
示，将出现一条洋红色的对齐参考线。确保两个圆不
会互相接触，然后释放鼠标左键和组合键。

2 在工具面板中单击星形工具（☆）并按住鼠标左键，
选择矩形工具（▢）。将鼠标指针放在左侧圆的顶部
中心点上，如图 3-64 所示。出现"锚点"一词时，拖
动创建一个矩形。向右侧圆的底部中心点拖动。

图3-63

 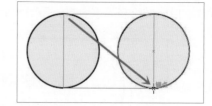

图3-64

3 在工具面板中选择 Shaper 工具（✔）。在画板的空白区域单击取消选中所有形状。

4 将鼠标指针放在形状的左侧，如图 3-65 所示，在圆形上胡乱涂鸦，在鼠标指针到达矩形

的左边缘时停止。释放按键时，左侧的圆将被删除，形状的重叠区域也会被删除。

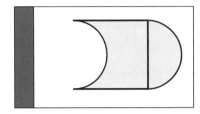

图3-65

5　将鼠标指针放在右侧的圆内，向左进行胡乱涂鸦，绘制到剩余矩形的灰色区域，以便组合它们，如图 3-66 所示。

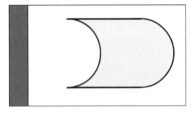

图3-66

6　将鼠标指针移动到生成的灰色形状上，观察原始形状的轮廓，然后单击选择合并后的组，称为 Shaper 组。参见图 3-67 的第一部分。

　提示：也可以按"Command ＋ ＋"（macOS）或"Ctrl ＋ ＋"（Windows）组合键来放大所选图稿。

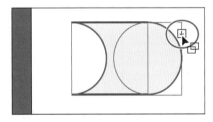

图3-67

7　单击 Shaper 组右侧的箭头小部件（▣），选择基本形状。单击箭头小部件后，Shaper 组处于构造模式。
　　Shaper 组的所有形状仍是可编辑的，甚至是冲压出或合并的部分形状也是可编辑的。

　提示：也可以双击一个 Shaper 组以选择基本形状。

8　单击左侧圆的描边以选择它。按住 Option（macOS）或 Alt（Windows）键并将右侧的中间边界点向左拖动，使圆变得更窄一些，如图 3-68 所示。释放鼠标左键和修饰键。

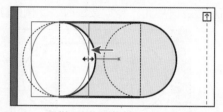

图3-68

Ai **注意：**如果试图选择形状，而您取消了选择，可重复之前的步骤。右侧的圆现在没有任何填充，因此可以在其中单击选择它。

注意，所拖动的圆仍从矩形中冲压出来。在 Shaper 组中不仅可以重新定位各个形状，还可以调整其大小，进行旋转等。

9　按 Esc 键停止编辑各个形状，选择整个 Shaper 组。

10　在"属性"面板中单击填色框，确保在出现的面板中选择了"色板"选项（▦）。选择工具提示为"C=0 M=0 Y=0 K=5"的浅灰色。

11　在"属性"面板中将描边粗细更改为 0pt，方法是单击向下箭头键直到删除了描边。

12　将船帆形状拖动到右下角的船上。可能需要缩小视图。

Ai **注意：**如果需要，可以按住 Shift 键，并拖动船帆形状的一角，以便调整其大小，使其与船形状更好地匹配起来。

13　选择"选择">"取消选择"，然后选择"文件">"存储"，效果如图 3-69 所示。

图3-69

3.5　使用图像描摹

在本节中，将会学习如何使用图像描摹命令。使用图像描摹对现有图稿（如来自 Adobe Photoshop 的栅格图片）进行描摹，从而能够将图片转换为矢量路径或实时上色对象。这对于将一幅图画转换为矢量图稿、描摹栅格徽标、描摹图案或纹理，将很有帮助。

提示：使用 Adobe Capture CC 在您的设备拍摄任何对象、设计或形状，并通过几个简单的步骤将它转换为矢量形状。在 Creative Cloud Libraries 中存储生成的矢量图形，在 Illustrator 或 Photoshop 中访问或完善它们。Adobe Capture 目前可用于 iOS（iPhone 和 iPad）和 Android。

1　在文档下的状态栏中单击"上一项"按钮（◀），在文档窗口中显示左侧的画板。

2　选择"文件">"置入"，在"置入"对话框中，选择硬盘上 Lessons>Lesson03 文件夹中的 island.png 文件。保持默认选项，然后单击"置入"。

3　将鼠标指针移动到左上角的出血参考线处（画板边缘外的红色参考线），单击置入图像，如图 3-70 所示。

图3-70

4　选中此图像，在文档右侧的"属性"面板中单击"图像描摹"按钮，选择"低保真度图像"，如图 3-71 所示。您看到的描摹结果可能与此处略有不同。

图3-71

 注意：还可以选择"对象">"图像描摹">"建立"，选中栅格内容，或从"图像描摹"面板（"窗口">"图像描摹"）开始描摹。

　　图像转换为图像描摹对象，这意味着无法编辑矢量内容，但可以改变描摹设置或最初置入的图像，然后查看更新。

5　从"属性"面板的"预设"菜单中选择"6 色"，如图 3-72 所示。

图3-72

"6色"预设将描摹图像，迫使最终的矢量内容仅使用6色。在一些情况下，在具有很多不同颜色的图像中，这可以为很多内容应用相同的颜色。图像描摹对象是由源图像和描摹结果（即矢量图稿）组成的。默认情况下，只有描摹结果可见。但是，为了满足需要，也可以更改源图像和描摹结果的显示情况。

Ai 注意：还可以选择"窗口">"图像描摹"打开"图像描摹"面板。

6 在"属性"面板中单击"图像描摹面板"按钮（▦）。在"图像描摹"面板中，单击顶部的"自动着色"按钮（🖌），如图3-73所示。

"图像描摹"面板顶部的按钮保存了将图像转换为灰度和黑色等模式的设置。在"图像描摹"面板顶部的按钮下方，将看到"预设"选项。这与"属性"面板中的选项相同。"模式"选项允许更改生成图稿的颜色模式1（彩色、灰度或黑白）。"调板"选项用于限制调色板或根据颜色组指定颜色。

图3-73

7 在"图像描摹"面板中，单击"高级"选项左侧的三角形以显示它们，如图3-74所示。仅更改下列选项，使用这些值作为起点。

- 颜色：20。
- 路径：50%。
- 边角：25%。
- 杂色：8 px。

8 关闭"图像描摹"面板。

9 仍选中地图描摹对象，在"属性"面板中单击"扩展"按钮，如图3-75所示。地图将不再是图像描摹对象，但由编组在一起的形状和路径组成。

10 选择"对象">"隐藏">"所选对象"，暂时隐藏它。

图3-74

图3-75

3.6 使用绘图模式

Illustrator 有 3 种不同的绘图模式，在工具面板底部可以找到它们：正常绘图、背面绘图和内部绘图。绘图模式允许以几种不同的方式绘制形状。3 种绘图方式如图 3-76 所示。

 注意：要了解有关剪切蒙版的更多信息，请参见第 14 课。

- 正常绘图模式：每个文档开始时都是在正常模式下绘制形状，并且形状将彼此堆叠。
- 背面绘图模式：能够在选定对象的下层绘制图像，而不需考虑图层或堆叠顺序问题。
- 内部绘图模式：能够在其他对象内部绘制对象或置入图像，包括实时文本，这会自动为所选对象创建剪切蒙版。

图3-76

3.6.1 使用内部绘图模式

接下来，将会学习如何使用内部绘图模式在所选形状内部添加图稿。需要隐藏（遮挡）一部分画稿时，这将非常有用。

1 选择"文件" > "打开"，在"打开"对话框中，在硬盘上的 Lessons > Lesson03 文件夹中选择 map_edges.ai 文件，单击"打开"。
   所看到的橘色形状是使用工具面板中的铅笔工具创建的封闭路径。将复制此形状并将它粘贴到 Postcard.ai 文件中。

2 在工具面板选中选择工具（▶），单击橘色地图边缘形状选择它。选择"编辑" > "复制"。

3 单击 Postcard.ai 选项卡，返回到明信片文档。选择"编辑" > "就地粘贴"。

4 单击橘色形状选择它，如果未选中它，单击靠近工具面板底部的"内部绘图"按钮（ ），如图 3-77 所示。

> **Ai** **注意**：如果您看到的工具面板显示为单个列，则可以单击工具面板底部的"绘图模式"按钮（ ），从出现的菜单中选择"内部绘图"。

此按钮在选择单个对象（路径、复合路径或文本）时是活动的，它允许您仅在所选对象内绘制。请注意，橘色形状周围有一个开放的虚线矩形，这表明，如果您绘制、粘贴或置入内容，内容将位于橘色形状内。

5 选择"选择">"取消选择"。
注意，橘色形状周围仍有开放的虚线矩形，这表明内部绘图模式仍然是活动的。您将要绘制的形状不需要被选中。

6 在工具面板中单击矩形工具（ ），并按住鼠标左键，选择"椭圆工具"（ ）。按 D 键，设置默认的填充颜色（白色）和描边颜色（黑色）。单击并拖动创建一个与橘色形状边缘重叠的椭圆，如图 3-78 所示。
刚才绘制的椭圆位于橘色形状内，它的一部分被隐藏了。

图3-77

图3-78

7 选择"编辑">"还原椭圆"，删除椭圆。
也可以在内部绘图模式开启时，将内容置入或粘贴进形状。

8 选择"对象">"显示全部"，再次显示海岛图稿，它现在位于橘色形状后面，如图 3-79 所示。

9 在工具面板选中选择工具（ ），选择"编辑">"剪切"从画板剪切所选的海岛图稿。

10 选择"编辑">"就地粘贴"。
海岛图稿被放置在橘色形状内。

图3-79

> **Ai** **注意**：如果您看到的工具面板显示为单个列，则可以单击工具面板底部的"绘图模式"按钮，从出现的菜单中选择"内部绘图"。

11 单击工具面板底部的"正常绘图"按钮（）。在形状内完成内容绘制后，可以单击"正常绘图"按钮，则所创建的任何新内容都会被正常绘制（堆叠而不是在内部绘制）。

12 选择"选择">"取消选择"。

 提示：还可以按"Shift+D"组合键来在可用的绘图模式之间切换。

编辑内部绘图的内容

下面将会编辑橘色形状内的地图图稿，以了解稍后如何编辑内容。

 提示：可以通过选择"对象">"剪切蒙版">"释放"来分隔形状。这会将两个对象彼此堆叠起来。

---

1 选中选择工具（▶），然后单击选择海岛图稿，如图 3-80 所示。请注意，它会选择地图边缘形状。

地图边缘形状现在是一个蒙版，也称为剪切路径。

海岛图稿和地图边缘形状一起构成剪切组，现在被视为一个对象。如果查看"属性"面板的顶部，将看到"剪切组"。与其他组一样，如果想要编辑剪切路径（包含绘制内容的对象）或内部的内容，则可以双击剪切组对象。

图3-80

2 仍选中剪切组，在"属性"面板中单击"隔离组"按钮，以便进入隔离模式，如图 3-81 所示。这样能够选择剪切路径（地图边缘形状）或其内部的海岛图稿。

3 单击地图边界内的地图图稿，将它向右下方拖动一点，如图 3-82 所示。

图3-81

图3-82

4 按 Esc 键，突出隔离模式。

 提示：有时在隔离模式下，选择"视图">"轮廓"更容易看到和选择形状。

---

5 选择"选择">"取消选择"，然后选择"文件">"存储"。

3.6.2 使用背面绘图模式

在本课中，一直在默认的正常绘图模式下工作。下面将使用背面绘图模式在其他内容后面绘制一个覆盖画板的矩形。

> **Ai** **注意**：如果看到的工具面板显示为单个列，则可以单击工具面板的底部"绘图模式"按钮（ ），从出现的菜单中选择"背面绘图"。

1 在工具面板的底部单击"背面绘图"按钮（ ），如图 3-83 所示。只要选择了此绘图模式，使用所学的不同方法创建的每个形状都将在此页的其他形状后面创建。"背面绘图"模式还会影响置入的内容（"文件">"置入"）。

> **Ai** **注意**：如果图稿被选中，单击"背面绘图"按钮将允许在选定的图稿后绘制图稿。

2 在工具面板中单击椭圆工具（ ），并按住鼠标左键，选择矩形工具（ ）。将鼠标指针放在画板左上角与红色的出血参考线交叉的位置。单击并将其拖动到红色出血参考线的右下角，如图 3-84 所示。

图3-83

图3-84

3 选中新矩形，在"属性"面板中单击填色框。确保选择了"色板"选项（ ），然后将填色更改为工具提示为"C=25M=25 Y=40 K=0"的棕褐色，如图 3-85 所示。按 Esc 键，隐藏色板面板。

4 选择"对象">"锁定">"所选对象"。

3.6.3 完成图稿

要完成明信片，会将图稿带到带有海岛图稿的画板上。

1 选择"视图">"全部适合窗口大小"，以便查看

图3-85

两个画板。

2 选中选择工具（▶），拖过船图稿，选择它。在"属性"面板中单击"编组"按钮，如图 3-86 所示。

3 选择"选择">"现用画板上的全部对象"，选择所有形状。选择"对象">"排列">"置于顶层"。

这会将所选图稿置于顶层，因为它是第一个创建的，这意味着它将位于左侧画板图稿（它是之后创建的）的后面。下面会将此图稿拖动到左侧的画板上并调整其大小。

4 选择"选择">"取消选择"。

图3-86

Ai | **注意**：您可能想要选择"视图">"放大"来放大不同的图稿。

---

5 将右侧画板的每个组都拖动到左侧画板上，每次拖动一个组，如图 3-87 所示。要调整每个组的大小，使其更好地匹配地图，可以按住 Shift 键，并拖动图稿边界框的一个角进行缩放。完成后，释放鼠标左键和 Shift 键。

在最终的图稿中，我制作了几个对象的副本，方法是选择"编辑">"复制"和"编辑">"粘贴"。我还选择了山脉形状的几个副本，并在右侧的"属性"面板中更改了每个副本的颜色填充。

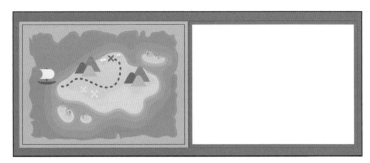

图3-87

6 选择"文件">"存储"，然后选择"文件">"关闭"。

3.7　复习

复习题

1 有哪些创建形状的基本工具?

2 什么是实时形状?

3 如何选择一个没有填色的形状?

4 Shaper 工具是什么?

5 如何将栅格图像转换为可编辑的矢量形状?

复习题答案

1 有 6 种形状工具：矩形、圆角矩形、椭圆、多边形、星形和光晕（本课没有介绍此工具）。如第 1 课所述，要将工具组与工具面板分离，将鼠标指针指向工具面板中的工具，然后按住鼠标左键，直到工具组出现后，单击工具组右侧的三角形，单击后再松开鼠标左键。

2 使用形状工具绘制了矩形、圆角矩形、椭圆形或多边形后，可以继续修改其属性，比如宽度、高度、圆角、边角类型和半径（各个或总体）。这就是所谓的实时形状。稍后，在"变换"面板、"属性"面板中可以编辑圆角半径等形状属性。

3 要选择没有填色的项目，可以单击其描边（或边缘）或拖动一个选框。

4 在 Illustrator 中另一种绘制和编辑形状的方式是使用 Shaper 工具。Shaper 工具识别自然手势并根据这些手势生成实时形状。无须切换工具，就可以变换所创建的各个形状，甚至执行冲压和组合等操作。

5 可以通过选中图像并单击"属性"面板中"图像描摹"按钮的方式将栅格图像转换为可编辑的矢量形状。要将描摹结果转换为路径，可单击"属性"面板中的"扩展"按钮或者选择"对象" > "图像描摹" > "扩展"。如果要将描摹结果的组成部分作为独立的对象进行处理，则可以使用这种方法，得到的路径也将会被编组。

第4课 编辑和合并形状与路径

本课概述

在本课中，您将学习如何执行下列操作：

- 使用剪刀工具剪切；
- 连接路径；
- 使用刻刀工具；
- 轮廓化描边；
- 使用橡皮擦工具；
- 使用形状生成器工具；
- 使用路径查找器命令创建形状；
- 创建复合路径；
- 使用整形工具；
- 使用宽度工具编辑描边。

 学习本课内容大约需要 45 分钟，请从配套资源中将文件夹 Lesson04 复制到您的硬盘中。

开始创建简单的路径和形状后，您很可能希望进一步使用它们来创建更复杂的图稿。在本课中，您将探索如何编辑和合并形状与路径。

4.1 开始本课

第 3 课介绍了创建和编辑基本形状。在本课中,您将学习基本形状和路径,并学习如何编辑并合并它们,以创建新的图稿,以便完成关于露营的海报。

1 确保工具和面板的功能如本课所述,请删除或禁用(重命名)Adobe Illustrator CC 首选项文件。

2 启动 Adobe Illustrator CC。

3 选择"文件">"打开",从硬盘上找到 Lessons>Lesson04 文件夹中的文件 L4_end.ai,此文件包含完成的图稿,如图 4-1 所示。

图4-1

4 选择"视图">"全部适合窗口大小",保持文件打开以供参考,或者选择"文件">"关闭"(我关闭了它)。

5 选择"文件">"打开"。在"打开"对话框中,浏览到 Lessons>Lesson04 文件夹,并选择硬盘上的 L4_start.ai 文件。单击"打开",如图 4-2 所示。

图4-2

> **Ai** | 提示:默认情况下,.ai 扩展名在 Mac 操作系统上显示,但在"存储为"对话框中,可以在任意一个平台上添加此扩展名。

6 选择"文件">"存储为",在"存储为"对话框中,将名称更改为 HappyCamper.ai,并选择 Lesson04 文件夹。将"格式"选项设置为 Adobe Illustrator(ai)(macOS)或"保存类型"选项设置为 Adobe Illustrator(*.AI)(Windows),并单击"保存"。

7 在"Illustrator 选项"对话框中,保留默认设置,并单击"确定"按钮。

8 选择"窗口">"工作区">"重置基本功能"。

 注意：如果在"工作区"菜单中没有看到"重置基本功能"，请在选择"窗口">"工作区">"重置基本功能"之前选择"窗口">"工作区">"基本功能"。

4.2 编辑路径和形状

在 Illustrator 中，可通过各种方式编辑和合并路径与形状，实现想要的图稿。有时，为了得到想要的图稿，会从简单的路径和形状开始，然后利用不同的方法实现更复杂的路径。这包括使用剪刀工具（✂）、刻刀工具（✎）和橡皮擦工具（◆），轮廓化描边，连接路径以及更多。

 注意：第 5 课将介绍转换图稿的其他方法。

4.2.1 使用剪刀工具剪切

有多种工具可以剪切和分割形状。您将从剪刀工具（✂）开始，它在锚点或线段上分割路径，并使路径成为开放路径。下面将使用剪刀工具来剪切路径以重新调整形状，形成露营拖车插图中的窗帘。

1 选择"视图"菜单，确保"智能参考线"选项是选中的（有选中标记）。

2 在文档窗口左下角从画板导航菜单中选择"2 Window"。选择"视图">"画板适合窗口大小"。

将创建的内容示例位于画板右侧，被标记为 Final。您将使用左侧标为 Start 的图稿，如图 4-3 所示。

3 在工具面板选中选择工具（▶），单击白色形状选择它。

4 按"Command++"（macOS）或"Ctrl++"（Windows）组合键几次，以便放大所选图稿，如图 4-4 所示。

图4-3

图4-4

 注意：如果不是在锚点或路径上单击，将会看到一个警告对话框。只需单击"确定"并再试一次。

5　选择此形状，在工具面板中，单击橡皮擦工具（◆）并按住鼠标左键，选择剪刀工具（✂）。将鼠标指针放在形状的底部边缘上（见图4-5）。当您看到"路径"一词时，单击在此点切断路径，然后移开指针。

图4-5

使用剪刀工具进行剪切时必须位于线段或曲线而不是开放路径的端点上。使用剪刀工具单击形状的描边（在本例中是矩形），会在单击的位置剪短路径，这样路径就变为开放的（有两个端点的路径）。

6　在工具面板中选择直接选择工具（▷）。将鼠标指针移动到所选的（蓝色）锚点上并将它向上拖动，如图4-6所示。

图4-6

7　从使用剪刀剪切形状的最初位置拖动另一个锚点，将它向右上方拖动（见图4-7）。

图4-7

注意描边（黑色边界）并没有完全包围白色形状，那是因为使用剪刀工具剪切使它成为了开放路径。如果只是想使用颜色填充形状，它不必是一条闭合路径。然而，如果想要描边包围整个填充区域，则路径必须是闭合的。

4.2.2　连接路径

假设绘制一个U形，然后决定要闭合形状，实际上会使用一条直线路径连接U的两端。如果选择路径，可以使用"连接"命令在端点之间创建一个线段，闭合路径。当选中多个开放路径时，可以连接它们以创建闭合路径。也可以连接两个独立路径的端点。下面将连接白色路径的两端以创建一个闭合形状。

 提示：如果想连接不同路径的特定锚点，选择锚点，然后选择"对象" > "连接" > "路径"或者按"Command + J"（macOS）或"Ctrl + J"（Windows）组合键。

1 在工具面板选中选择工具（▶），在白色路径外单击取消选择它，然后在白色填充内单击重新选择它，如图 4-8 所示。

这一步很重要，因为上一节只选择了一个锚点。如果在只选中一个锚点时选择"连接"命令，则会出现一条错误信息。如果选择整个路径，则应用"连接"命令时，Illustrator 会简单地寻找路径的两端并使用一条直线连接它们。

 提示：第 6 课将介绍连接工具（ ），它允许连接一个边角的两条路径，并保持原来的曲线完整。

2 选择"对象" > "路径" > "连接"。

为两个或更多开放路径应用"连接"命令时，Illustrator 首先会寻找端点距离最近的路径并连接它们。每次应用"连接"命令时，都会重复此过程，直到所有路径连接起来，如图 4-9 所示。

图4-8　　　　　　　　　　　　　　　图4-9

3 在右侧的"属性"面板（"窗口" > "属性"）中，单击描边的向下箭头，将描边更改为 0pt，如图 4-10 所示。

4 在"属性"面板中单击填色框（白色），确保在出现的面板中选择了"色板"选项（ ），单击选择名为 Purple3 的颜色，如图 4-11 所示。

图4-10　　　　　　　　　　　　　　　图4-11

5 拖过窗口形状选择它们，如图 4-12 所示。

图4-12

6 选择"对象">"编组"。

 提示：要编组所选内容，还可以在"属性"面板的"快速操作"部分单击"编组"按钮。

7 选择"选择">"取消选择"，然后选择"文件">"存储"。

4.2.3 使用刻刀工具剪切

另一种剪切形状的方法是使用刻刀工具（✐）。要使用刻刀工具进行剪切，横跨形状进行拖动，结果会生成两个闭合路径。

1 在文档窗口左下角从画板导航菜单中选择"3 Tank"。

将创建的内容示例位于画板右侧，被标记为 Final。您将使用左侧标为 Start 的图稿，如图 4-13 所示。

图4-13

2 选择"视图">"画板适合窗口大小"，以便确保其适合文档窗口。

 注意：可以选择多个矢量对象，并使用刻刀工具一次剪切它们。

3 选中选择工具（▶），并在标为 Start 的图稿下面单击粉红色的椭圆形状，如图 4-14 所示。

如果有对象被选中，则刻刀工具将仅剪切此对象。如果没有选中任何内容，则将剪切它接触的任意矢量对象。

4 单击剪刀工具（✂）并按住鼠标，选择刻刀工具（✐）。

图4-14

5 将刻刀鼠标指针（ 🖊 ）放在所选形状的左侧。拖过此形状将它切割成两个形状，如图 4-15
所示。

图4-15

注意，使用刻刀工具横跨形状拖动时，会形成非常自由的切割，切割处不是直线。

6 选择"选择">"取消选择"。

7 选中选择工具（ ▶ ），并单击顶部的新形状（见图 4-16 ）。

图4-16

8 在"属性"面板中单击填色框，确保在出现的面板中选
择了"色板"选项（ ▦ ），单击选择名为 Pink 的颜色。

9 将形状顶部的红色小方形向下拖动到切割的形状上。

10 拖过名为 Start 的所有罐形状选中它们，如图 4-17 所示。

11 选择"对象">"编组"。

12 选择"选择">"取消选择"。

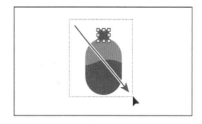

图4-17

以直线方式切割

下面将使用刻刀工具以直线方式切割图稿。按住 Option（macOS）或 Alt（Windows）键可以
直线切割。按住 Shift 键还可以将切割角度限制为 45°。

1 在文档窗口左下角从画板导航菜单中选择 4 Tent。

将创建的内容示例位于画板右侧，被标记为 Final。您将使用左侧标为 Start 的图稿，如
图 4-18 所示。将帐篷口形状切割为几个路径，需要以直线方式切割。

2 选择"视图">"画板适合窗口大小"。

3 选中选择工具（ ▶ ），单击 Start 图稿下的粉色三角形，如图 4-19 所示。

图4-18

图4-19

4　选择"视图">"放大"两次，放大图稿。

5　选择刻刀工具（✐）。将指针放在所选三角形的顶点上。按 Caps Lock 键，将刻刀工具指针变为精确光标（╬）。

现在鼠标指针将显示为十字准线，可以更轻松地看到切割开始的准确位置。

> **Ai** │ **注意：** 按住 Option/Alt 键可以直线切割。按住 Shift 键还可以将切割角度限制为 45°。

6　按住 "Option+Shift"（macOS）或 "Alt+Shift"（Windows）组合键并向下拖动，直到用直线将形状一分为二，如图 4-20 所示。释放鼠标左键和组合键。

图4-20

7　按住 Option（macOS）或 Alt（Windows）键，从所选三角形的顶部一直向下拖动，使用直线将形状一分为二，如图 4-21 所示。释放鼠标左键和修饰键。

图4-21

8　选择"选择">"取消选择"。

9　选中选择工具（▶），单击中间的粉色三角形，如图 4-22 所示。

图4-22

10 在"属性"面板中单击填色框，确保在出现的面板中选择了"色板"选项（ ），单击选择名为 Yellow 的颜色，如图 4-23 所示。

图4-23

11 拖过 Start 的所有帐篷形状选中它们，如图 4-24 所示。

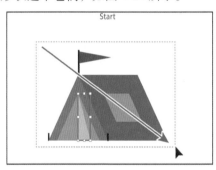

图4-24

12 选择"对象">"编组"。

13 按下 Caps Lock 键。

4.2.4 轮廓化描边

默认情况下，诸如直线等路径只有描边颜色，而没有填色。在 Illustrator 中创建直线时，如果要应用描边和填色，可将路径的描边轮廓化，这将把直线转换为闭合形状（或复合路径）。下面将轮廓化线条的描边，以便下一节可以擦除部分内容。

1 在文档窗口左下角从画板导航菜单中选择"5 Plant"。

将创建的内容示例位于画板右侧，被标记为 Final。您将使用左侧标为 Start 的图稿，如图 4-25 所示。

图4-25

2 选择"视图">"画板适合窗口大小",确保它适合窗口大小。

3 使用选择工具（▶），选择标为 Start 的紫色矩形，如图 4-26 所示。

此矩形实际上是一个路径，因为它有一个很粗的描边。在"属性"面板中，可用看到描边粗细被设置为 20pt。为了擦除部分路径，使其成为一个树叶的形状，这里需要一个形状（矩形），而不是路径。

图4-26

 提示：轮廓化描边后，生成的形状可能由许多锚点组成。可以选择"对象">"路径">"简化"，尝试简化路径，这通常意味着更少的锚点。

4 选择"对象">"路径">"轮廓化描边"。

这将创建一个填充的形状，该形状是一个闭合路径。

 注意：如果轮廓化描边，会在"属性"面板顶部的选择指示器中显示"编组"，并且此直线有一个填色集。如果图稿是一个编组，选择"编辑">"还原轮廓化描边"，为路径应用 [无] 填色，再试一次。

5 将形状拖动到如图 4-27 所示的位置。保持选中此形状。

图4-27

下面将擦除部分形状。

4.2.5 使用橡皮擦工具

橡皮擦工具（◆）可以擦除矢量图稿的任意区域，无论结构如何。可以对路径、复合路径、实时上色组内的路径和剪切内容使用橡皮擦工具。所选的图稿将是唯一要擦除的内容。如果保持所有对象取消选中，则会擦除橡皮擦工具接触的任意对象。下面将使用橡皮擦工具擦除所选矩形的部分内容，使它看起来像一片叶子。

 提示：无法擦除栅格图像、文本、符号、图形和渐变网格对象。

1 在工具面板中单击刻刀工具（✎）并按住鼠标左键，选择橡皮擦工具（◆）。

 提示：选中橡皮擦工具，还可以在"属性"面板顶部单击"工具选项"按钮以查看选项对话框。

2 双击橡皮擦工具（◆），编辑工具属性。在"橡皮擦工具选项"对话框中，将"大小"更改为 20 pt，单击"确定"按钮，如图 4-28 所示。
可以根据自己的擦除需求更改橡皮擦工具属性。

图4-28

3 将鼠标指针放在所选紫色形状的上方，沿着左侧边缘向下拖动，擦除左侧边缘，如图 4-29 所示。

图4-29

释放鼠标左键后，会擦除部分形状，但此形状仍然是一个闭合路径。

4 将鼠标指针放在所选紫色形状的上方，沿着形状的右侧边缘向下拖动，擦除右侧边缘，如图 4-30 所示。

图4-30

5 选中选择工具（▶），拖过标为 Start 的所有植物形状选择它们，如图 4-31 所示。

6 选择"对象" > "编组"。

用直线擦除

也可以用直线擦除，这就是接下来要做的事情。

1 在文档窗口左下角从画板导航菜单中选择"6 Car"。将创建的内容示例位于画板右侧，被标记为 Final。您将使用左侧标为 Start 的图稿，如图 4-32 所示。您将选择并擦除单个门形状以使其成为双门。

图4-31

图4-32

2 选择"视图" > "画板适合窗口大小"，以便确保它适合窗口大小。

3 选中选择工具（▶），单击选择标为 Start 的门形状，如图 4-33 所示。

4 选择几次"视图" > "放大"，以便进一步放大。

5 双击橡皮擦工具（◆），编辑其工具属性。在"橡皮擦工具选项"对话框中，将"大小"更改为 5 pt，使橡皮擦更小一些，单击"确定"按钮。

图4-33

6 选择橡皮擦工具（◆），将鼠标指针放在所选形状的中央上方，按住 Shift 键，直着向下拖动，如图 4-34 所示。释放鼠标左键，然后释放 Shift 键。

图4-34

看起来可能像是擦除了车的其他部分，但因为没有选中任何内容，所以实际上并没有擦除任何部分。现在所选的门形状被分为两个单独的形状，这两个形状都是闭合路径。

7 选中选择工具并拖过标为 Start 的所有车形状，以便选择它们，如图 4-35 所示。

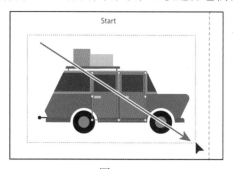

图4-35

8 在文档右侧的"属性"面板的"快速操作"部分单击"编组"按钮。

9 选择"文件"＞"存储"。

4.2.6 创建复合路径

复合路径支持您使用矢量对象在另一个矢量对象上钻一个孔。每当我想到复合路径时，都会想到环形（它可以由两个圆组成）。路径重叠的位置会出现孔。复合路径被视为一个组，复合路径中的各个对象仍然是可编辑或释放的（如果您不希望它们是复合路径）。下面将创建一个复合形状以便为轮子创建一些图案。

1 在文档窗口左下角从画板导航菜单中选择"7 Wheel"。

将创建的内容示例位于画板右侧，被标记为 Final。您将使用左侧标为 Start 的图稿，如图 4-36 所示。根据标为 Start 的形状创建一个轮子。

2 选择"视图"＞"画板适合窗口大小"（如果必要的话）。

图4-36

3 选中选择工具（▶），选择左侧的灰色圆形拖动它，以便它与其右侧的大黑色圆重叠，如图 4-37 所示。

4 将白色形状拖动到灰色形状上，并确保它位于中心，如图 4-38 所示。

智能参考线有助于对齐圆。还可以选择灰色圆和白色圆，并使用右侧"属性"面板中的"对齐"选项，将它们彼此对齐。

图4-37

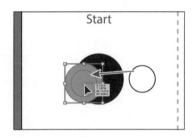

图4-38

5 按住 Shift 键并单击灰色圆以选中它和白色圆，如图 4-39 所示。

 提示：您仍然可以像这样编辑复合路径中的原始形状。要编辑它们，请使用直接选择工具（▷），单独选择每个形状或使用选择工具双击复合路径，以进入隔离模式并选择各个形状。

6 选择"对象"＞"复合路径"＞"建立"，并保持选中图稿。

现在看到白色圆已经消失了，可以透过形状看到其下方的黑色圆，如图 4-40 所示。白色圆被用来在灰色形状上形成一个孔。仍选中形状，应该在右侧的"属性"面板顶部看到"复合路径"一词。

图4-39

图4-40

注意：创建复合路径时，堆叠顺序中最底层的对象外观属性决定生成的复合路径的外观。

7　将灰色的环形拖动到其后面的深色圆中央，如图 4-41 所示。选中的形状应该位于顶部。如果不是这样，选择"对象">"排列">"置于顶层"。

8　拖过标为 Start 的所有圆形状，以便选中它们，如图 4-42 所示。

9　选择"对象">"编组"。

10　选择"文件">"存储"。

图4-41

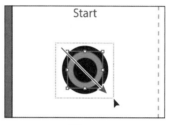

图4-42

4.3　合并形状

很多时候，与使用钢笔工具等绘制工具创建更复杂的形状相比，从较简单的形状创建更复杂的形状更简单。在 Illustrator 中，可通过各种方式合并矢量对象以创建形状。而得到的路径和形状因合并路径的方法而异。本节将介绍几种合并形状的常用方法。

4.3.1　使用形状生成器工具

第一种合并形状的方法是使用形状生成器工具（�ᐤ）。此工具可以直接在图稿中合并、删除、填充和编辑各种相互重叠的形状和路径。使用形状生成器工具，将从一系列简单的形状（比如圆形和正方形）创建一个更复杂的拖车形状。

1　在文档窗口左下角从画板导航菜单中选择"8 Trailer"。

将创建的内容示例位于画板右侧，被标记为 Final。您将使用左侧标为 Start 的图稿，如图 4-43 所示。

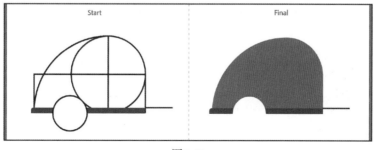

图4-43

2 选择"视图">"画板适合窗口大小"，确保它符合文档窗口大小。

3 选中选择工具（▶），横跨图中的 3 个形状拖动一个选框，选择画板上的形状，如图 4-44 所示。确保没有选中白色圆形。

为了使用形状生成器工具（🖘）编辑这些形状，需要选中这些形状。使用形状生成器工具，您现在将合并、删除和绘制这些简单的形状，以便创建一个露营车。

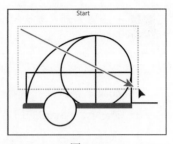

图4-44

Ai **提示**：也可以在横跨一系列形状拖动一个选框时，按住 Shift 键合并形状。按住 "Shift +Option"（macOS）或 "Shift + Alt"（Windows）组合键，拖动一个选框选择形状，并选择形状生成器工具（🖘），这样可以删除选框中的一系列形状。

---

4 在工具面板中选择形状生成器工具（🖘）。将鼠标指针放在形状的左上角外，从图 4-45 中的红色 × 处向右下方的形状拖动。释放鼠标左键，以便合并这些形状。

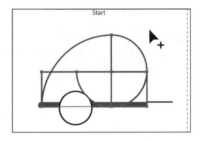

图4-45

选择形状生成器工具时，重叠形状会暂时分离成单独的对象。从一个部分拖动到另一个部分时，会出现红色轮廓线，表示合并后形状的样子。

Ai **注意**：您的最终合并形状可能具有不同的描边和 / 或填色。稍后可以更改它们。

---

5 将鼠标指针再次放在形状的左上角外。按住 Shift 键并从图 4-46 中的红色 × 处向右下方拖动。释放鼠标左键，以便合并这些形状。

图4-46

下面将删除一些形状。

6 仍选中这些形状，按住 Option（macOS）或 Alt（Windows）键。注意，按住修饰键，鼠标指针会显示一个减号（▸₋），如图 4-47 所示。单击最左侧的形状删除它。

7 选中选择工具（▸），拖过合并的较大形状、紫色条和白色的圆选中这 3 个形状。

8 选择形状生成器工具（◑），并将鼠标指针移动到白色圆下方，如图 4-48 所示。按住 Option（macOS）或 Alt（Windows）键并拖过白色圆，在圆的顶部之前停止，以便从较大的合并形状中删除它。

图4-47

图4-48

9 选择"选择">"取消选择"。

10 选中选择工具（▸），单击较大形状的边缘选择它，如图 4-49 所示。在"属性"面板中将填充颜色更改为 Red 1。将描边粗细更改为 0pt。

11 拖过红色形状、紫色形状和黑色线条选中它们，如图 4-50 所示。

12 选择"对象">"编组"。

图4-49   图4-50

4.3.2 使用路径查找器效果合并对象

路径查找器效果（在"属性"面板或"路径查找器"面板中）是合并形状的另一种方式。应用"联集"等路径查找器效果时，选中的原始对象会被永久地转换。

1 在文档窗口左下角从画板导航菜单中选择"9 Door"。

   将创建的内容示例位于画板右侧，被标记为 Final。您将使用左侧标为 Start 的图稿，如图 4-51 所示。再将使用不同的方式来合并形状创建一个门。

图4-51

2 选择"视图">"画板适合窗口大小"。

3 选中选择工具（▶），拖过圆形和具有黑色描边的矩形以选中它们，如图 4-52 所示。需要创建一个类似门的形状，使用"属性"面板和这些形状来创建最终图稿。

图4-52

Ai **注意**："属性"面板中的"联集"按钮与形状生成器工具生成的结果类似，会将多个形状合并成一个形状。

---

4 选中这些形状，在右侧的"属性"面板中，单击"联集"按钮，以便永久合并这两个形状，如图 4-53 所示。

图4-53

5 选择"编辑">"还原相加"，撤销"联集"命令，还原两个形状。保持选中它们。

了解形状模式

在上一节中，路径查找器效果会对形状应用永久更改。当选中几个形状时，按住 Option（macOS）或 Alt（Windows）键并单击"属性"面板中显示的路径查找器默认，会创建一个复合形状而不是路径。复合形状的原始底层对象会保留下来。因此，仍然可以在复合形状中选择每个原始对象。使用形状模式创建复合形状可能会很有用，如果您认为自己稍后需要检索原始形状的话。

1 仍选中这些形状，按住 Option（macOS）或 Alt（Windows）键，然后单击"属性"面板中的"联集"按钮（▣），如图 4-54 所示。

图4-54

这将创建一个复合形状，描摹合并形状后留下的轮廓。仍然可以单独编辑这两个形状。

2 选择"选择"＞"取消选择"，以便查看最终形状。

3 使用选择工具，双击新合并形状的黑色描边，进入隔离模式。

4 单击顶部圆的边缘或拖过路径选择它，如图 4-55 所示。

5 从中心的蓝点将所选圆向下拖动。拖动时按住 Shift 键，向下拖动，直到看到一条水平智能参考线，并且此圆的中心与矩形的顶部边缘对齐，如图 4-56 所示。拖动到位时，释放鼠标左键和 Shift 键。

图4-55   图4-56

6 按 Esc 键退出隔离模式。

现在将扩展形状。扩展复合形状会保持复合对象的形状，但无法再选择或编辑原始对象。想要修改外观属性和其内部特定元素的其他属性时，通常会扩展对象。

7 在形状外单击取消选择它，然后单击再次选择它，如图 4-57 所示。

图4-57

8 在"属性"面板中单击"扩展"按钮。

9 在"属性"面板中将填色更改为 Pink，描边粗细更改为 0。

10 拖过组成门的形状选择它们。

11 单击"属性"面板底部的"编组"按钮，将内容编组在一起。

4.3.3 创建露营车

在本节中，您会将露营车的所有部分拖动到一起并将它们组合起来。

1 选择几次"视图">"缩小"。

2 按空格键，以访问抓手工具并在文档窗口中拖动以便查看轮子、门、窗户和水罐画板。

3 选中选择工具，将创建的轮子、门、窗户和水罐画板拖动到名为 Start 的露营车图稿。像图 4-58 一样放置各个画板。

图4-58

注意：您可能会发现，在智能参考线开启时，很难在露营车上放置内容。始终可以关闭智能参考线（"视图" > "智能参考线"），然后在拖动完图稿后再启用它们。

4 拖动选择露营车图稿并选择"对象" > "编组"。

4.3.4 调整路径形状

第 3 课介绍了创建形状和路径（线段）。可以使用整形工具拉伸部分路径而不扭曲其总体形状。在本节中，将更改线段的形状，让它变得弯曲一点，以便可以将它变为火焰。

1 在文档窗口左下角从画板导航菜单中选择"10 Flame"。

将创建的内容示例位于画板右侧，被标记为 Final。您将使用左侧标为 Start 的图稿，如图 4-59 所示。首先将调整左侧直线的形状。

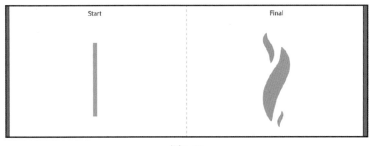

图4-59

2 选中选择工具（▶），并单击标为 Start 的线段。

3 单击比例缩放工具（⬚），并按住鼠标左键从工具菜单中选择整形工具（⟍）。

 注意：可以对闭合路径（比如正方形和圆形）使用整形工具，但是如果选中了整个路径，则整形工具将添加锚点，并调整整个路径的形状。

4 将鼠标指针放在路径上。当鼠标指针变为 ▷ 时，拖离路径添加一个锚点，并调整整路径的形状。将鼠标指针向下拖动然后向左拖动路径，如图 4-60 所示。可以查看右侧标为 Final 的火焰形状来作为参考。

图4-60

整形工具可用于拖动现有锚点或路径段。如果从现有路径段拖动，则会创建一个锚点。

5 将鼠标指针移动到路径的顶部锚点上，并将它向右拖动一点，如图 4-61 所示。保持选中
   此路径。

   路径中的所有锚点都会被选中，这意味着整形工具将调整整个路径。

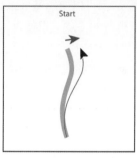

图4-61

4.4 使用宽度工具

与第 3 课一样，使用宽度工具（）或为描边应用宽度配置文件，不仅可以调整描边的粗细，还可以更改常规描边宽度。这样就可以沿着路径描边创建可变的宽度。下面将使用宽度工具调整刚才整形的路径，使其看起来像火焰一样。

1 在工具面板中选择宽度工具（）。将鼠标指针放在刚才整形的路径中心，注意，鼠标指针旁边有一个加号（），如图 4-62 所示。如果单击并拖动，则会编辑描边的宽度。在蓝线外单击并向右拖动。请注意，拖动时以相等的距离向左和向右伸展描边。当度量标签显示边线 1 和边线 2 大约为 0.2in 时，释放鼠标左键。

图4-62

您刚才在路径上创建了一个可变的描边，而不是一个形状填充。原始路径上蓝色填充的新点被称为宽度点数，从宽度点数延伸的线条是手柄。

2　在画板的空白区域单击取消选择锚点。

 提示：如果单击选择宽度点数，则可以按 Delete 键删除它。如果描边上只有一个宽度点数，则移除该点将完全移除宽度。

3　将鼠标指针放在路径的任意位置，刚才创建的新宽度点数（见图 4-63 的第一部分中箭头指向的位置）将会出现。鼠标指针指向的宽度点数就是单击可创建的新点。

图4-63

4　将鼠标指针放在原来的宽度点数上，当您看到它延伸出一条线并且鼠标指针变为▶~时，单击并将其向上和向下拖动，以便查看路径效果。

 注意：无须将鼠标指针放在此线条的中心并拖动以创建另一个宽度点数。可以从描边区域的任何地方拖动。

5　选择"编辑"＞"还原宽度点数更改"，以便让宽度点数返回其路径上的初始位置。
除了单击和拖动来为路径添加宽度点数之外，还可以在对话框中双击并输入值。这就是下一步要做的事情。

 提示：可以双击路径的任意位置以便添加新的宽度点数。

6　将鼠标指针放置在路径的顶部锚点上，注意鼠标指针旁边有一条波浪线（▶~）并且会出现"锚点"一词（见图 4-64 的第一部分）。双击该点以便创建一个新的宽度点数，并打开"宽度点数编辑"对话框。

7　在"宽度点数编辑"对话框中，将"总宽度"更改为 0 in，然后单击"确定"按钮。
"宽度点数编辑"对话框可整体或单独调整宽度点数手柄的长度以设置更高的精度。此外，如果选择"调整邻近的宽度点数"选项，则所选择的宽度点数的任意更改，都会影响邻近宽度点数。

8　将鼠标指针放在路径的底部锚点上并双击，如图 4-65 所示。在"宽度点数编辑"对话框中，将"总宽度"更改为 0 in，并单击"确定"按钮。

图4-64

 提示：可以选择一个宽度点，按住 Option（macOS）或 Alt（Windows）键并拖动手柄，以便更改描边宽度的一边。

9　将鼠标指针放在原始宽度点上。当宽度点数手柄出现时，将其中一个手柄拖离路径中心，以便使其更宽一些，如图 4-66 所示。保持选中路径以供下一节使用。

图4-65

图4-66

 提示：定义描边宽度后，可以将可变宽度保存为"配置文件"，稍后可以从"描边"面板或控制面板中重用它。要了解有关可变宽度配置文件的更多信息，请在 Illustrator 帮助（"帮助"＞"Illustrator 帮助"）中搜索"具有填色和描边的绘制"。

完成插图

为了完成插图，要将在每个画板上编组的图稿拖动到左侧的主插图上。

1　选中选择工具（▶）并选中路径，选择"编辑"＞"复制"，然后选择"编辑"＞"粘贴"，以便粘贴副本。

2　选中副本，选择"对象"＞"路径"＞"轮廓化描边"，以便可以更轻松地缩放形状，而无须调整描边粗细。

3　按住 Shift 键并拖动路径的一个角，使其更小一些。释放鼠标左键和修饰键，将它拖动到图 4-67 所示的位置。

4　选中小副本，选择"编辑" > "复制"，然后选择"编辑" > "粘贴"，将新副本放大一些。再将它放在图 4-68 所示的位置。

图4-67

图4-68

5　仍选中此形状，在"属性"面板中单击"水平翻转轴"选项（）。将形状拖动到图 4-69 所示的位置。

图4-69

6　拖过 3 个火焰形状以选中它们。选择"对象" > "编组"。

7　选择几次"视图" > "缩小"，以便可以看到画板右侧的篝火图稿。将火焰组拖动到画板右侧的篝火图稿上。

8　拖过所有篝火形状选中它们，如图 4-70 所示。选择"对象" > "编组"。

图4-70

9 选择"视图">"全部适合窗口大小"。

10 选择"视图">"智能参考线",关闭智能参考线。

11 将每个图稿组拖动到主插图中,如图 4-71 所示。

可能需要调整每个组的大小,以便它们更好地匹配现有图稿。使用选择工具,可以按住 Shift 键并拖动一个角点来按比例调整图稿。完成调整后,释放鼠标左键,然后释放 Shift 键。

图4-71

12 选择"视图">"智能参考线",启用智能参考线,供下一课使用。

13 选择"文件">"存储",然后选择"文件">"关闭"。

4.5 复习

复习题

1 描述将几个形状合并为一个形状的两种方式。
2 剪刀工具（✂）和刻刀工具（✐）的区别是什么？
3 如何使用橡皮擦工具（◆）以直线进行擦除？
4 在"属性"或"路径查找器"面板中，形状模式和"路径查找器"效果之间的主要区别是什么？
5 为什么要轮廓化描边？

复习题答案

1 使用形状生成器工具（☉），可以直接在图稿中合并、删除、填充和编辑各种相互重叠的形状和路径。还可以使用"路径查找器"效果（可以在"属性"面板、"效果"菜单或"路径查找器"面板中找到此效果）来根据重叠对象创建新的形状。如第 3 课所述，还可以使用 Shaper 工具合并形状。

2 剪刀工具（✂）用于在锚点上或沿着线段分割路径、图形框架或空文本框。刻刀工具（✐）会沿着使用工具绘制的路径剪切分割对象。使用剪刀工具剪切形状时，它会变为开放路径。使用刻刀工具剪切形状时，它们会变为闭合路径。

3 要使用橡皮擦工具（◆）以直线进行擦除，在使用橡皮擦工具拖动之前，需要按住 Shift 键。

4 在"属性"面板中，应用"联集"等形状模式时，选中的原始对象会永久地转换，但可以按住 Option（macOS）或 Alt（Windows）键，这样原始底层对象会保留下来。应用"合并"等"路径查找器"效果时，选中的原始对象会永久地转换。

5 默认情况下，诸如直线等路径只有描边颜色，而没有填色。在 Illustrator 中创建直线时，如果要应用描边和填色，则可将描边轮廓化，这将把直线转换为闭合形状（或复合路径）。

第5课 变换图稿

本课概述

在本课中，您将学习如何执行下列操作：

- 在现有文档中添加和编辑画板、对画板进行重命名和重排序；
- 在画板之间导航；
- 使用标尺和参考线；
- 使用智能参考线定位和对齐内容；
- 精确地调整对象的位置；
- 使用各种方法移动、缩放、旋转、镜像和倾斜对象；
- 使用自由变换工具来扭曲对象；
- 使用操控变形工具。

 学习本课内容大约需要 60 分钟，请从配套资源中将文件夹 Lesson05 复制到您的硬盘中。

创建图稿时，可以使用众多方式修
改对象，包括快速精确地控制对象的大
小、形状和朝向。在本课中，将通过创
建多个图稿来探索如何创建和编辑画板、
使用各种变换命令和专用工具。

5.1　开始本课

在本课中，将会变换图稿并使用它完成一个信息图。首先，恢复 Adobe Illustrator 的默认首选项，然后打开本课完成后的图稿来观察将要创建的内容。

1　确保工具和面板的功能如本课所述，请删除或禁用（重命名）Adobe Illustrator CC 首选项文件。

2　启动 Adobe Illustrator CC。

3　选择"文件" > "打开"，打开硬盘上 Lessons > Lesson05 文件夹中的 L5_end.ai 文件。
   如图 5-1 所示，此文件包含组成信息图宣传册的封面、封底和内页 3 个画板。

图5-1

4　选择"视图" > "全部适合窗口大小"，并在工作时让图稿显示在屏幕上。

5　选择"文件" > "打开"，在"打开"对话框中，导航到 Lessons>Lesson05 文件夹，选择 L5_start.ai 文件，单击"打开"，效果如图 5-2 所示。

图5-2

 　注意：如果在"工作区"菜单中没有看到"重置基本功能"，在选择"窗口" > "工作区" > "重置基本功能"之前，选择"窗口" > "工作区" > "基本功能"。

6　选择"文件" > "存储为"，在"存储为"对话框中，将文件重命名为 Infographic.ai，导航到文件夹 Lesson05，保留"格式"选项为 Adobe Illustrator（ai）（macOS）或"保存类型"为 Adobe Illustrator（*.AI）（Windows），单击"保存"按钮。

7　在"Illustrator 选项"对话框中，保留默认设置，然后单击"确定"按钮。

8　选择"窗口" > "工作区" > "重置基本功能"。

5.2 使用画板

画板表示包含可打印图稿的区域。它类似于 Adobe InDesign 的页面或 Adobe Photoshop 或 Adobe Experience Design 的画板。可使用多个画板来创建各种内容，比如多页 PDF 文件、大小和元素不同的打印页面、网站或应用的独立元素或视频故事板。

5.2.1　在文档中添加画板

在文档中工作时，可随时添加和删除画板。也可以创建不同尺寸的画板，在画板编辑模式中调整其大小，并将画板放在文档窗口的任意位置。每个画板都有其对应的编号，还可以指定它的名称。下面将为 Infographic.ai 文档添加几个画板。

1　选择"视图">"画板适合窗口大小"，然后按"Command+–"（macOS）或"Ctrl+–"（Windows）组合键来进行缩小。

2　按空格键暂时切换到抓手工具（✋）。将画板向左拖动，直到看到超出画板右侧边缘的深色画布。

Ai | **注意**：还可以在工具面板中选择画板工具（⌐）来进入画板编辑模式。

3　在右侧的"属性"面板中单击"编辑画板"按钮，进入画板编辑模式，并在工具面板中选择画板工具，如图 5-3 所示。

图5-3

4　将画板工具鼠标指针指向现有画板右侧并向右下方拖动，如图 5-4 所示，当度量标签显示宽约为 800 像素且高约为 800 像素时，则释放鼠标左键。

现在应选中新的画板。因为此画板周围有一个虚线边框。在右侧的"属性"面板中，可以看到所选图稿的属性，比如位置（X、Y）、大小（宽和高）和名称等。

图5-4

5 在右侧的"属性"面板中，选择宽度值并键入 800px，选择高度值并键入 850px，如图 5-5 所示，然后按 Return 或 Enter 键，以便接受高度值。

6 在"属性"面板的"画板"部分中将名称更改为 Back，如图 5-6 所示。按 Return 或 Enter 键接受更改。

图5-5

图5-6

接下来将创建另一个大小相同的画板。

7 在右侧的"属性"面板中，单击"新建画板"按钮（ ），制作一个与所选画板（Back）大小相同的新画板，将它放在画板 Back 的右侧，如图 5-7 所示。

图5-7

8 在"属性"面板中将新画板的名称更改为 Front，如图 5-8 所示。

图5-8

编辑画板时，在画板编辑模式下，可以在每个画板的左上角看到画板的名称。

5.2.2 编辑画板

创建画板后，可随时使用画板工具（□）、菜单命令、"属性"面板或"画板"面板来编辑和删除画板。下面，将调整一个画板的位置和大小。

1 选择"视图">"全部适合窗口大小"，查看所有画板。

2 按"Command+–"（macOS）或"Ctrl+–"（Windows）组合键进行缩小。

3 仍处于画板编辑模式下，选中工具面板中的画板工具（□），将画板 Front 拖动到原始画板的左侧，如图 5-9 所示。确保它不要覆盖任意图稿。

图5-9

在右侧的"属性"面板中的画板编辑模式下，会看到很多编辑所选图稿的选项，如图 5-10 所示。当选中一个图稿时，"预设"菜单允许将画板更改为设定大小。"预设"菜单中的大小包括典型的打印、视频、平板电脑和 Web 大小。还可以切换朝向、重命名画板或删除画板。

 提示：要删除画板，使用画板工具（□）选择画板，再按 Delete 键，或者单击"属性"面板中的"删除画板"按钮（□）。可以不断删除画板，直到最终只留下一个画板。

---

4 在中心较大的原始画板中单击，选择"视图">"画板适合窗口大小"，让此画板适合文档窗口。"视图">"画板适合窗口大小"等命令通常应用于所选图稿或当前图稿。

图5-10

5 向上拖动画板下边缘中央的控点调整大小，如图 5-11 所示。当此点与蓝色形状的底部对齐时，释放鼠标左键。

图5-11

6 单击"属性"面板顶部的"退出"按钮，退出画板编辑模式，如图 5-12 所示。
退出画板编辑模式将取消选中所有画板，还会选择左侧工具面板中的选择工具（▶）。

图5-12

7 选择"视图">"全部适合窗口大小",让所有画板适合文档窗口。

5.2.3 对齐面板

为了在文档中组织画板,可能需要让类似画板彼此相邻,可以移动并对齐画板。

1 在左侧的工具面板中选择画板工具(🗂)。

这是进入画板编辑模式的另一种方式,选中图稿时,由于在"属性"面板中看不到"编辑画板"按钮,因此这种方法很有用。

Ai | **提示**:选择画板工具(🗂)时,可以按住Shift键并拖动选择一系列画板。

---

2 单击最左侧的03-Front画板选择它。按住Shift键并在右侧的其他两个画板中单击,一次单击一个画板,以便选中所有3个画板,如图5-13所示。

图5-13

选中画板工具时,Shift键允许将画板添加到选区中,而不是绘制一个画板。

3 单击右侧"属性"面板中的"垂直居中对齐"选项(🗗),将3个画板彼此对齐,如图5-14所示。保持选中画板。

图5-14

5.2.4 重命名画板

默认情况下,画板被指定编号和名称。在文档的画板之间导航时,给画板命名将会更有帮助。下面将给画板重命名使其更有意义。

1 在画板编辑模式下,单击选择中间(最大的)画板。单击"属性"面板底部的"画板选项"按钮,如图5-15所示。

2 在"画板选项"对话框中,将名称更改为Inside,单击"确定"按钮,如图5-16所示。

"画板选项"对话框中有很多额外的画板选项,以及一些已经看到过的选项,比如宽和高。

3 选择"窗口">"画板",打开"画板"面板,如图 5-17 所示。

"画板"面板允许查看文档中的所有画板。它还允许重新排列、重命名、添加和删除画板,以及选择许多其他与画板相关的选项,而无须处于画板编辑模式下。

图5-15   图5-16   图5-17

4 选择"文件">"存储",并保留"画板"面板,以便待下节使用。

5.2.5 调整画板的排列顺序

在选中选择工具、未选中任何内容并且未处于画板编辑模式时,可以使用"属性"面板中或文档窗口底部的"上一项"(◀)和"下一项"(▶)按钮,在文档中的画板之间导航。默认情况下,画板的排列顺序与其创建顺序相同,但是也可更改它们的顺序。下面将在"画板"面板中调整画板的顺序。

1 打开"画板"面板,双击名称"Back"左侧的数字 2,然后双击名称"Inside"左侧的数字 1,如图 5-18 所示。

图5-18

在"画板"面板中,双击未选中画板的画板名称左侧的数字,会选中此画板并使其适合文档窗口。

Ai   **提示**:要调整画板的排列顺序,也可以选中"画板"面板中的一个画板,然后单击该面板底部的"上移"按钮(⬆)或"下移"按钮(⬇)。

---

2 将 Front 画板向上拖动，直到 Inside 画板上方出现一条线为止，如图 5-19 所示。释放鼠标左键。这样做会使 Front 画板成为列表中的第一个画板。

3 选择"视图">"画板适合窗口大小"，使 Front 画板适合文档窗口。

4 在"属性"面板中单击"退出"按钮，退出画板编辑模式。

Ai ┃ 提示：在"画板"面板中，每个画板名称的右侧会显示"画板选项"图标（▣）。它不仅允许访问每个画板的画板选项，还表示此画板的朝向（横向或竖向）。

---

5 在"属性"面板中单击"下一项"画板按钮（▶），如图 5-20 所示。

图5-19   图5-20

这会使"画板"面板列表中的下一个画板 Inside 适合文档窗口。如果您未更改"画板"面板中的画板顺序，则上一步中的"下一项"画板按钮将是灰色的（无法选中它），因为 Front 画板是"画板"面板列表中的最后一个画板。

6 单击"画板"面板组顶部的 × 关闭它。

现在设置好了画板，下面将会重点介绍如何变换图稿来创建项目中的内容。

重新排列画板

在画板编辑模式下（在工具面板中选择画板工具），可以单击"属性"面板中的"全部重新排列"按钮来打开"重新排列所有画板"对话框，如图 5-21 所示。

在"重新排列所有画板"对话框中，可以设置画板的列数和每个画板之间的间距。例如，文档有6个画板并且列数为3，则画板将以两行（或两列）3个画板的形式排列。

还可以单击"画板"面板（"窗口">"画板"）底部的"重新排列所有画板"按钮，或者选择"对象">"画板">"重新排列所有画板"。

图5-21

5.3 使用标尺和参考线

设置好画板之后，您将要了解使用标尺和参考线对齐和测量内容。标尺有助于精确地放置和测量对象。标尺位于文档窗口的左边缘和上边缘，可选择显示或隐藏它。在 Illustrator 中标尺有两种类型：画板标尺和全局标尺。每个标尺（水平和垂直）的 0 点处为标尺原点。画板标尺（默认标尺）将原点与现用画板的左上角对齐。不论哪个画板处于活动状态，全局标尺总将标尺的原点与文档的第一个画板的左上角对齐。默认情况下，标尺设置为画板标尺，这意味着原点是现用画板的左上角。

 注意：要在画板标尺和全局标尺之间转换，可以选择"视图">"标尺">"更改为全局标尺"或"更改为画板标尺"（取决于目前选中了哪个选项），但现在暂时请不要转换标尺类型。

5.3.1 创建参考线

参考线是非打印直线，有助于对齐对象。下面将会创建一些参考线，以便稍后可以更精确地对齐图书护封的内容。

1 未选中任何内容并且选中选择工具（▶）时，单击右侧"属性"面板中的"显示标尺"按钮，显示页面标尺，如图 5-22 所示。

2 选择"视图">"全部适合窗口大小"。

3 一一单击每个画板，同时，观察垂直和水平标尺（文档窗口的上边缘和左边缘）的变化。注意到每个标尺的 0 刻度处总是位于现用（被选中的）画板的左上角。每个（垂直和水平）标尺的 0 刻度处被称为标尺原点。默认情况下，标尺原点位于现用画板的左上角。两个标尺上的 0 点对应于现用画板的边缘，如图 5-23 所示。

图5-22

图5-23

4 使用选择工具，在最左侧的画板 Front 中单击。

注意 Front 画板周围非常细的黑色轮廓，（文档窗口底部的）画板导航菜单和文档右侧"属性"面板的"文档"部分会显示 1，所有这些都表明 Front 画板是当前活动画板。一次只能有一个活动画板。"视图">"画板适合窗口大小"等命令适用于活动画板。

5　选择"视图">"画板适合窗口大小"。

这样做会让活动画板适合窗口大小，并将标尺原点（0,0）设置为同一画板的左上角。接下来将在活动画板上创建参考线。

Ai | **提示**：按住 Shift 键并拖动标尺，会将参考线与标尺的度量单位对齐。

6　将顶部的标尺向下拖动，如图 5-24 所示。当参考线到达标尺的 600 像素处时，则释放鼠标左键。此文档的单位设置为像素。

创建了参考线之后，会选中此参考线，并且其颜色会与相关图层的颜色匹配（在本例中是深蓝色）。

Ai | **提示**：可以双击水平或垂直标尺，添加一条新参考线。

7　仍选中此参考线（在本例中，如果选中它，将显示为蓝色），在"属性"面板中将 Y 值更改为 600pt，如图 5-25 所示。并按 Return 或 Enter 键。

图5-24

图5-25

8　在参考线之外单击取消选中参考线。

Ai | **提示**：要更改文档的单位（英寸、点等），可以右键单击标尺并选择新单位。

9　在"属性"面板中单击"单位"菜单，选择"英寸"，以便更改整个文档的单位。从图 5-26 可以看到标尺显示为英寸而不是像素。

10　选择"文件">"存储"。

5.3.2　编辑标尺原点

在水平标尺上，0 的右侧为正值，0 的左侧为负值。在垂直标尺上，0 往下为正值，0 往上为负值。可以将标尺原点移动到另一个位置进行

图5-26

水平和/或垂直测量，这就是接下来要做的事情。

1 选择"视图">"缩小"。

2 将鼠标指针放在文档窗口的左上角，也就是两条标尺相交的位置（▉）。将鼠标指针拖动到 Front 画板的左下角，如图 5-27 所示。

这会将标尺原点（0,0）设置到画板的左下角。换句话说，度量从画板的左下角开始计算。

图5-27

Ai 提示：如果按住 Command（macOS）或 Ctrl（Windows）键并从标尺相交的位置拖动，则会在释放这些按钮的位置创建相交的水平和垂直标尺。

---

3 选择选择工具（▶），单击参考线选择它。

4 在右侧的"属性"面板中查看 Y 值。现在，由于移动了标尺原点（0,0），因此，Y 值显示的是到画板底部的垂直距离。

将 Y 值更改为 -1.75in，如图 5-28 所示。按 Return 或 Enter 键。

5 将鼠标指针放在文档窗口的左上角，也就是两条标尺相交的位置（▉），如图 5-29 所示，双击将标尺原点重置回画板的左上角。

图5-28

图5-29

6 选择"选择">"取消选择"，取消选中参考线。

> **Ai** 提示：还可以选择"视图">"参考线">"锁定参考线"来锁定参考线。可以单击"属性"面板中的"隐藏参考线"按钮或者按"Command+;"（macOS）或"Ctrl+;"（Windows）组合键隐藏和显示参考线。

7 在"属性"面板中单击"锁定参考线"，锁定所有参考线并防止选中它们，如图5-30所示。

图5-30

5.4 变换内容

第4课介绍了如何制作简单的路径和形状，并通过编辑和合并它们来创建更复杂的图稿。本课将介绍如何使用各种工具和方法以其他方式来缩放、旋转和变换内容。

5.4.1 使用定界框

如本课和之前的课程所示，所选内容的周围会显示一个定界框。可以使用定界框来变换内容，但是也可以关闭它。这使得您无法通过使用选择工具拖动定界框的任何位置来调整内容的大小。

1 显示 Front 画板，选择"视图">"缩小"，直到看到画板下方包含文本"WINDY CONDITIONS"的图稿组为止。

2 选择选择工具（▶），单击选择此组。将鼠标指针移动到所选组的左上角，如图 5-31 所示。如果现在进行拖动，将调整内容的大小。

图5-31

3 选择"视图">"隐藏定界框"。

此命令会隐藏此组周围的定界框，这样就无法通过使用选择工具拖动定界框的任何位置来调整此组的大小。

4 将鼠标指针再次移动到此组的左上角，将它拖动到 Front 画板的左上角，如图 5-32 所示。

您会发现通过之前的缩小操作很难精确放置此图稿。

图5-32

5 选择"视图">"显示定界框"。

5.4.2 使用"属性"面板放置图稿

无论是相对于其他对象，还是相对于画板，有时需要更加精确地放置某个对象。如第 2 课所述，可以使用对齐选项，但也可以使用智能参考线和"属性"面板中的"变换"选项，将对象精确地移到画板的 X 轴和 Y 轴上的特定坐标处，还可控制对象相对于画板边缘的位置。下面将在画板的背景中添加内容，然后指定其精确坐标。

1 选择"视图">"全部适合窗口大小"，以便查看所有画板。单击最右侧的空白画板，使其变为活动画板。

稍后将学习的变换命令用于活动画板。

 提示：还可以使用可用的对齐选项将内容与画板对齐。您会发现在 Illustrator 中至少有几种方式来完成大多数任务。

2 单击选择画板底部带有 WINDMILL 徽标的蓝色形状。在"属性"面板的"变换"部分中，单击参考点定位器左上角的点（▦），如图 5-33 所示。将 X 和 Y 值更改为"0"，并按 Return 或 Enter 键。

此组的内容会移动到活动画板的左上角。参考点定位器中的点对应于所选内容的定界框的点。例如，左上角的参考定位点指定界框左上角的点。

图5-33

3 选择"选择" > "取消选择"，然后选择"文件" > "存储"。

5.4.3 缩放对象

到目前为止，都在使用选择工具来缩放大多数的图稿内容。在本课中，将会使用一些其他的方法来缩放图稿。

1 按"Command+–"（macOS）或"Ctrl+–"（Windows）组合键（或"视图" > "缩小"）以缩小视图，查看画板底部边缘外身穿雨衣的人。

2 选中选择工具（▶），单击身穿黄色雨衣的人的图稿。

3 按"Command++"（macOS）或"Ctrl++"（Windows）组合键几次，放大视图如图 5-34 所示。

提示：键入值来变换内容时，可以键入不同的单位，比如百分比（%）或像素（px），并且它们会转换为默认的单位，在本例中是英寸。

---

4 在"属性"面板中，单击参考点定位器（▦）中间的点，从中心调整形状的大小。确保"保持宽度和高度比例"为⬚，在"宽"字段中键入 30%，如图 5-35 所示，然后按 Enter 或 Return 键以缩小图稿。

图5-34

图5-35

5 选择"视图">"隐藏边缘"，以便隐藏内部边缘。

注意此图稿变得更小了，但人的胳膊仍与原来的宽度相同，如图5-36所示。这是因为应用了描边的路径。默认情况下，描边和效果（比如投影）不会随着对象一起缩放。例如，如果放大了一个描边为 1 pt 的圆，描边仍然是 1 pt。在缩放之前选择"缩放描边和效果"，然后缩放对象，则 1 pt 的描边将根据应用于对象的缩放量进行缩放。

6 选择"视图">"显示边缘"，再次显示内部边缘。

7 选择"编辑">"还原缩放"。

 注意：此图仅显示选择了"缩放描边和效果"选项。

8 在"属性"面板中的"变换"部分中单击"更多选项"（ ），以便查看更多选项，如图5-37所示。选择"缩放描边和效果"。在"宽"字段中键入 30%，然后按 Enter 或 Return 键缩小图稿。

图5-36

图5-37

现在，应用于组成胳膊的路径的描边也会缩小。

9 按空格键暂时切换到抓手工具（ ），向右拖动，查看人左侧的花朵。

10 选中选择工具（ ），单击选择花朵图稿。

在左侧的工具面板中，应该会看到比例缩放工具（ ）。比例缩放工具用于在拖动时缩放内容。对于大多数变换工具（比如比例缩放工具）来说，还可以双击工具在对话框中编辑所选内容。这类似于选择"对象">"变换">"缩放"。

提示：还可以选择"对象">"变换">"缩放"来访问"缩放"对话框。

11 在工具面板中双击比例缩放工具（ ）。在"比例缩放"对话框中将"等比"更改为 20%，并选择"比例缩放描边和效果"。切换"预览"，以便查看大小的变化，如图5-38所示，单击"确定"。

这种缩放图稿的方法很有用，如果有很多重叠图稿，当精度非常重要时，则需要不等比地缩放内容等。

12 选中选择工具（▶），将花朵拖动到画板上，放在风车和其他图稿底部的灰线上方，如图 5-39 所示。可能需要进行缩小。

图5-38

图5-39

13 选择"视图">"画板适合窗口大小"。

14 按住 Option（macOS）或 Alt（Windows）键，并向右拖动花朵，如图 5-40 所示。释放鼠标左键，然后释放修饰键制作花朵副本。执行此操作几次，沿着画板上的此灰色线放置花朵副本。

图5-40

5.4.4　创建对象的镜像

Illustrator 基于一条不可见的水平或垂直轴创建对象的镜像。同旋转和缩放一样，执行镜像操作时，可指定镜像参考点，也可默认使用对象中心点。下面将复制图稿并使用镜像工具（▷◁）沿垂直轴翻转图稿。

 提示：还可以选择"对象">"变换">"对称"来访问"镜像"对话框。

1 选择"视图">"全部适合窗口大小"。
2 在工具面板中选择缩放工具（🔍），在画板底部的弯曲绿色形状上从左向右拖动进行放大。
3 选中选择工具（▶），单击选择卷曲的绿色形状，如图 5-41 所示。

图5-41

4　选择"编辑">"复制"，然后选择"编辑">"就地粘贴"，在所选形状的顶部创建一个副本。

 提示：要原地翻转对象时，可以在"属性"面板中单击"水平翻转轴"或"垂直翻转轴"按钮。

5　选择镜像工具（⊳◁），它嵌套在工具面板的旋转工具（↻）中。单击路径的直线部分，设置形状的镜像参考轴，而不是默认的中心轴。

 提示：可以使用一个步骤设置参考点、镜像和复制。选中镜像工具（⊳◁），按住 Option（macOS）或 Alt（Windows）键并单击设置参考点，打开"镜像"对话框，在这里可以设置选项和复制。

6　仍选中此图稿，将鼠标指针指向其右侧边缘并顺时针拖动。拖动时按住 Shift 键，在创建镜像时将旋转的角度限制为45°。当图稿看起来与图 5-42 类似时，则释放鼠标左键，然后释放修饰键。

7　在工具面板选中选择工具（▶），并选中此形状，在"属性"面板中单击"变换"部分的"更多选项"（ ••• ），确保未选中"缩放描边和效果"，如图 5-43 所示。

图5-42

图5-43

 提示：如果在拖动时想复制图稿并创建镜像，可使用镜像工具拖动图稿。拖动时，按住 Option（macOS）或 Alt（Windows）键。当图稿处于理想位置时，释放鼠标按钮，然后释放修饰键。按"Shift+Option"（macOS）或"Shift+Alt"（Windows）组合键复制镜像并将镜像角度设置为45°。

8 将定界框右下角的点向外拖动，使形状变得更大一些，如图 5-44 所示。

9 拖动选择两个卷曲形状，并选择"对象">"编组"将它们编为一组。

10 选择"视图">"全部适合窗口大小"。

11 将此组拖动到中间的画板上。

12 按住 Option（MacOS）或 Alt（Windows）键，并将此组拖动到画板的另一个区域，如图 5-45 所示。释放鼠标左键，以制作一个副本。可以执行几次此操作，在画板周围放置副本。

图5-44

图5-45

5.4.5　旋转对象

有多种旋转对象的方法，从精确角度旋转到粗略旋转，方法不一而足。在之前的课程中，学习了使用选择工具选择所选的内容。默认情况下，会围绕内容中心的指定参考点旋转对象。在本节中，将介绍旋转工具和"旋转"命令。

1 选择"视图">"全部适合窗口大小"。

2 选中选择工具（▶），单击选择身穿黄色雨衣的人的图稿。按"Command++"（MacOS）或"Ctrl++"（Windows）组合键几次，进行放大。

3 将鼠标指针放在定界框的一个角点外，当旋转箭头（↰）出现时，单击并逆时针拖动进行旋转。拖动时，按住 Shift 键可以将旋转限制为 45°。

当度量标签显示 90°时释放鼠标左键和修饰键，如图 5-46 所示。

选择工具默认会围绕中心旋转内容。下面将使用旋转工具，它会以不同的点旋转内容。

4 按住空格键切换到抓手工具，向右拖动，以便查看人左侧的形状组（见图 5-47）。

5 选中选择工具，单击选择此组。

图5-46

6 在工具面板中选择旋转工具（↻）（在镜像工具 [▷◁] 下）。

将鼠标指针放在所选图稿的底部边缘，单击设置旋转点，查看单击的位置。

图5-47

默认情况下，旋转点是所选图稿的中心。旋转工具支持以不同的参考点旋转内容。

7　将鼠标指针移动到所选图稿的右边缘外并开始顺时针拖动。拖动时，按住"Option+Shift"（macOS）或"Alt+Shift"（Windows）组合键，在旋转时复制图稿并将旋转限制为45°。当度量标签显示 –90° 时释放鼠标左键和组合键，如图 5-48 所示。
　　"属性"面板（或控制面板或"变换"面板）是精确旋转图稿的另一个地方。在"变换"面板中，始终可以看到每个对象的旋转角度，并稍后进行更改。

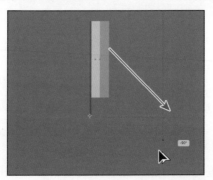

图5-48

8　选择"对象" > "变换" > "再次变换"两次，对所选形状重复应用之前的变换。

9　选中选择工具（▶），拖动选择所有 4 个形状。

10　选择"对象" > "编组"。

11　仍选中此组，在工具面板中双击旋转工具。在出现的"旋转"对话框中，将"角度"值更改为45°，并单击"确定"，如图 5-49 所示。

12　选择"视图" > "全部适合窗口大小"。

图5-49

13 选中选择工具（▶），将所选组拖动到风车图稿上，如图 5-50 所示。

图5-50

5.4.6 使用效果来扭曲对象

可以通过使用不同的工具和方法来扭曲原始对象的形状。现在将使用效果来扭曲部分花朵和其他图稿。这些是不同类型的变换，因为它们作为效果应用，这表示稍后可以编辑效果或在"外观"面板中删除效果。

> **Ai** **注意**：要了解有关效果的更多信息，请参见第 12 课。

1 选中选择工具（▶），单击选择其中一朵花。按"Command++"（MacOS）或"Ctrl++"（Windows）组合键几次进行放大。

2 双击花朵组进入隔离模式，然后单击选择较大的橙色圆。

3 在"属性"面板中单击"效果"按钮（𝑓𝑥），如图 5-51 所示。

图5-51

4 在出现的菜单中选择"扭曲和变换">"收缩和膨胀",如图 5-52 所示。

图5-52

5 在"收缩和膨胀"对话框中,选择"预览",将滑块向右拖动,以便将值更改为大约 35%,这样做会扭曲形状,单击"确定",如图 5-53 所示。

图5-53

应用于形状的效果是实时的,这表示可以随时编辑或删除它们。可以在"外观"面板("窗口">"外观")中访问应用于所选图稿的效果。

6 按 Esc 键退出隔离模式。

7 按空格键并向左拖动,以便查看 DAYS PER YEAR 标志。

8 单击选择顶部的标志形状,可能需要进行缩小。

9 在"属性"面板中单击"效果"按钮(fx),选择"扭曲和变换">"扭转"。

10 在"扭转"对话框中,将"角度"更改为 20°,选择"预览",以便查看效果,如图 5-54 所示,然后单击"确定"按钮。

11 单击所选标志下面的标志;然后按住 Shift 键,并单击剩下的 3 个标志形状,选择 4 个标志形状，如图 5-55 所示。

图5-54

图5-55

12 选择"效果">"应用扭转"。

这会应用上一次的效果。如果打算选择"效果">"扭转"，也将应用上一次的效果，但"扭转"对话框将打开，可以在这里设置选项。

5.4.7 使用自由变换工具进行变换

自由变换工具（⬚）是一种多用途工具。除用于扭曲对象外，还可用于移动、缩放、倾斜、旋转对象和扭曲视角（透视扭曲或自由扭曲）。自由变换工具还是可触控的，这意味着可以使用特定设备上的触摸控件来控制变换。

> **注意**：有关触摸控件的更多信息，请在 Adobe 帮助（"帮助">"Illustrator 帮助"Help）中搜索"触摸工作区"。

1 按住空格键选择抓手工具，在文档窗口中拖动，直到看到风车左侧的文本 PERCENT OF YEAR 为止。

2 选中选择工具（▶），单击选择标签为 EAST WEST 的形状，如图 5-56 所示。

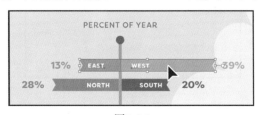

图5-56

3 单击并按住操控变形工具（⚲），在工具面板中选择自由变换工具（⬚），如图 5-57 所示。选中自由变换工具后，文档窗口中会出现自由变换部件。该悬浮的部件可以调整位置，且包含了可改变自由变换工具工作方式的选项。默认情况下，自由变换工具可以移动、倾斜、旋转和缩放对象。通过选择其他选项，如透视扭曲，可以改变该工具变换对象的方式。

> **注意**：要了解有关自由变换工具选项的更多信息，请在 Adobe 帮助（"帮助">"Illustrator 帮助"）中搜索"自由变换"。

4　选中自由变换工具后，在自由变换部件（图 5-58 中使用红色圈出的部分）中单击透视扭曲选项（▣）。

5　选择"视图">"智能参考线"，暂时关闭智能参考线。
　　智能参考线关闭后，可以在无须与文档中任何内容对齐的情况下调整图稿。

6　将鼠标指针悬停在定界框的右下角，指针会发生变化（⤸）。向下拖动一点，直到如图 5-58 所示。

　　　　　　　　　　　　　　限制

　　　　　　　　　　　　　　自由变换

　　　　　　　　　　　　　　选定操作（深灰
　　　　　　　　　　　　　　色背景）
　　　　　　　　　　　　　　透视扭曲

　　　　　　　　　　　　　　自由扭曲

图5-57　　　　　　　　　　　　　　　　　图5-58

7　按住 Command（MacOS）或 Ctrl（Windows）键，暂时选中选择工具，单击选择标签为 NORTH SOUTH 的形状。释放左键，以便返回到自由变换工具。

8　在自由变换部件中仍选中透视扭曲选项（▣），将左下角向下拖动一点，直到它如图 5-59 所示。保持选中此形状。

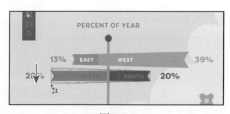

图5-59

9　选择"视图">"智能参考线"，启用智能参考线。

10　选择"文件">"存储"。

5.4.8　倾斜对象

　　倾斜对象指的是沿指定轴倾斜对象的某些边，同时保持其对边平行，但使对象不再对称。下面将倾斜所选的标志图稿。

1　仍选中标签为 NORTH SOUTH 的组，选择倾斜工具（⤢），嵌套在工具面板的比例缩放工具（▱）中。

提示：可以使用一个步骤设置参考点、倾斜和复制。选中倾斜工具（ ），按住 Option（macOS）或 Alt（Windows）键，并单击设置参考点，打开"倾斜"对话框，可以在这里设置选项和复制。

2　将鼠标指针移动到此组的右边缘外，按住 Shift 键，将图稿限制为其原始宽度并向上拖动。当看到倾斜角度（S）为大约 −20° 时，释放鼠标左键，然后释放 Shift 键，如图 5-60 所示。

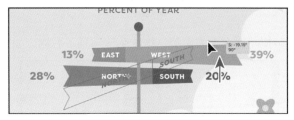

图5-60

3　按住 Command（MacOS）或 Ctrl（Windows）键，暂时选中选择工具。单击选择标签为 EAST WEST 的形状。释放左键，以便返回到倾斜工具。

4　按住 Shift 键，将图稿限制为其原始宽度，在此组的右边缘外向下拖动。当看到倾斜角度（S）大约为 −160° 时，释放鼠标左键和 Shift 键，如图 5-61 所示。

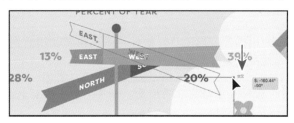

图5-61

5　选中选择工具（ ▶ ），先拖动 NORTH SOUTH 组，再拖动 EAST WEST 组，它们与标志杆的对齐方式如图 5-62 所示。

图5-62

6　单击 NORTH SOUTH 组选择它。在右侧的"属性"面板中单击"取消编组"按钮。

7　选择"选择"＞"取消选择"。

8　单击 NORTH 文本选择此组。

9 选择"对象">"排列">"置于顶层",如图 5-63 所示。

图5-63

10 将每个带 % 的数字拖动到标志的末端,将花朵移动到了右侧,如图 5-64 所示。

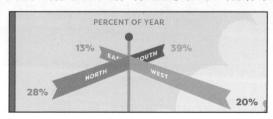

图5-64

11 选择"视图">"全部适合窗口大小",然后选择"文件">"存储"。

5.4.9 使用操控变形工具

在 Illustrator 中,可以使用操控变形工具轻松地将图稿扭转和扭曲到不同的位置。在本节中,将使用操控变形工具使身穿黄色雨衣的人变形。

 注意:很难在图中看到人拖动的准确位置。如果查看下一页的图,可能会更好地了解我说的"确保人的双手正好在标志杆上"是什么意思。

1 选中选择工具(▶),将身穿黄色雨衣的人向上方的画板拖动,拖动到风车的右侧,如图 5-65 所示。
确保人的双手正好在标志杆上。我的想法是当风将人吹向右侧时,他们双手握住 DAYS PER YEAR 标志杆。

2 按"Command++"(MacOS)或"Ctrl++"(Windows)组合键几次,进行放大。

3 在工具面板中按住自由变换工具(▦),选择操控变形工具(📌)。
使用操控变形工具,首选弯曲人的双臂。为此,需要设置点。点是将所选图稿部分固定于画板的一种方式。可以根据点旋转图稿并重新放置点,以便移动图稿。

图5-65

4 将鼠标指针悬停在手上,当鼠标指针旁边出现加号(+)时,单击添加一个点。在同一手臂上,在大约一半的位置(手肘处)单击。最后,单击在雨衣的中央设置一个点,如图 5-66 所示。

图5-66

添加点时，可以在图稿上看到显示了网格。

5 在右侧的"属性"面板中，应该会看到"操控变形"选项。取消选中"显示网格"。这样就可以轻松地看到点和所进行的变换，如图 5-67 所示。

图5-67

Ai **提示**：可以按住 Shift 键并单击多个点选择它们，或者是在"属性"面板中单击"选择所有点"按钮，以便选择所有点。

---

6 单击添加在手上的点以选择它。如果选中点的话，它的中心会出现一个白点。将选中的点向上拖动，移动手而不是剩余图稿，如图 5-68 所示。

图5-68

在手上设置了点，因此可以移动手。手肘附近的点是一个轴心点，确保只移动到此点的手臂。身体上的第三个点是为了保证身体处于原位而不移动它。设置这样的 3 个点通常可以获得更好的结果。

7 仍选中手上的点，将鼠标指针悬停在虚线圆上，并逆时针旋转一点，围绕此点进行旋转，如图 5-69 所示。

8 在双脚之间单击设置一个点。按住 Shift 键，并单击身体上的点，以便选择这两个点。将其中任意一个点向下拖动一点，弯曲身体，如图 5-70 所示。

9 单击双脚之间的点，仅选中此点。记住所选点的中心有一个白点。如果仍选中了身体上的点，再次单击双脚之间的点。将选中的点向上拖动，如图 5-71 所示。

图5-69

图5-70

图5-71

10 将鼠标指针悬停在所选点的虚线圆上，逆时针拖动一点，围绕此点进行旋转，如图 5-72 所示。

图5-72

11 选择"选择">"取消选择"，然后选择"视图">"全部适合窗口大小"，如图 5-73 所示。

图5-73

12 选择"文件">"存储"，然后选择"文件">"关闭"。

5.5 复习

复习题

1 指出两种更改现用画板大小的方法。

2 什么是标尺原点?

3 画板标尺和全局标尺之间有什么区别?

4 简要描述"属性"面板或"变换"面板中"缩放描边和效果"选项的作用。

5 简要描述操控变形工具的作用。

复习题答案

1 要更改现用画板的大小,可以执行下列操作。

- 双击画板工具 ( ),在"画板选项"对话框中编辑现用画板的尺寸。

- 不选择任何内容,选中选择工具,单击"编辑画板"按钮,以便进入画板编辑模式。选择画板工具,将鼠标指针放在画板的边缘或边角,再拖动调整其大小。

- 不选择任何内容,选中选择工具,单击"编辑画板"按钮,进入画板编辑模式。选择画板工具,在文档窗口中单击画板,在"属性"面板中更改尺寸。

2 标尺原点是每个标尺 0 刻度的交点。默认情况下,标尺的原点位于现用画板左上角的 0 刻度处。

3 Illustrator 中的标尺有两种类型:画板标尺和全局标尺。默认为画板标尺,此标尺的原点与现用画板的左上角对齐。全局标尺则是不论哪个画板处于活动状态,总将标尺的原点与文档的第一个画板的左上角对齐。

4 "属性"面板或"变换"面板中的"缩放描边和效果"选项可以在缩放对象的同时缩放其所有描边和效果。可以根据当前需要开启或关闭此选项。

5 在 Illustrator 中,可以使用操控变形工具轻松地将图稿扭转或扭曲到不同的位置。

第6课 使用绘图工具创建插图

本课概述

在本课中，您将学习如何执行下列操作：

- 了解路径和锚点；
- 使用钢笔工具绘制曲线和直线；
- 编辑曲线和直线；
- 添加和删除锚点；
- 使用曲率工具绘图；
- 删除和添加锚点；
- 在平滑点和尖角之间转换；
- 创建虚线并添加箭头；
- 使用铅笔工具绘画和编辑；

- 使用连接工具。

学习本课内容大约需要 90 分钟，请从配套资源中将文件夹 Lesson06 复制到您的硬盘中。

如之前的课程所述，除了使用形状创建图稿之外，还可以使用绘图工具（比如铅笔工具、钢笔工具和曲率工具）创建图稿。借助这些工具，可以精确绘图，包括绘制直线、曲线和各种复杂的形状。本课将从钢笔工具开始介绍，然后使用所有这些工具来创建插图。

6.1 开始本课

在本课的第一部分中，您将了解路径并使用钢笔工具进行大量的练习。

1 确保工具和面板的功能如本课所述，请删除或禁用（重命名）Adobe Illustrator CC 首选项文件。

2 启动 Adobe Illustrator CC。

3 选择"文件">"打开"，从硬盘上找到 Lessons>Lesson06 文件夹并打开 L6_practice.ai 文件，如图 6-1 所示。

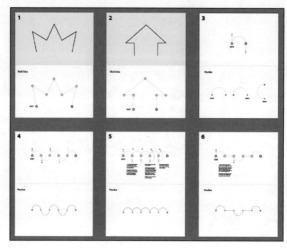

图6-1

该文件由 6 个画板组成，画板编号为 1 ～ 6。在本课的第一部分中，将要求您在画板之间切换。

4 选择"文件">"存储为"，在"存储为"对话框中，导航到 Lesson06 文件夹，并打开此文件。将此文件重命名为 PenPractice.ai。从"格式"菜单选择 Adobe Illustrator（ai）（macOS），或从"保存类型"菜单选择 Adobe Illustrator（*.AI）（Windows），单击"保存"。

5 在"Illustrator 选项"对话框中，保留默认设置，然后单击"确定"。

6 选择"窗口">"工作区">"重置基本功能"。

 注意：如果在菜单中没有看到"重置基本功能"，请在选择"窗口">"工作区">"重置基本功能"之前选择"窗口">"工作区">"基本功能"。

6.2 使用钢笔工具绘制简介

钢笔工具（✎）是 Illustrator 的主要绘图工具之一，主要用于绘制自由形状或精确图稿。它在编辑现有矢量图稿时也起到非常关键的作用。在使用 Illustrator 时，了解钢笔工具非常重要。需要大量的练习，才能熟练使用钢笔工具！

 提示：Adobe 有一个简单的游戏，可供学习钢笔工具。

在本节中，将会探索使用钢笔工具的方法。之后，则会使用钢笔工具、其他工具和命令来创建图稿。

1 在文档窗口左下角的画板导航菜单中选择"1"。

2 选择"视图">"画板适合窗口大小"。

3 在工具面板中选择缩放工具（ 🔍 ），并在画板上半部分双击进行放大。

4 选择"视图">"智能参考线"，关闭智能参考线。在绘制时智能参考线很有用，但现在不需要它们。

5 在文档右侧的"属性"面板中，单击填色框，确保选择了"色板"选项（ ▦ ），并选择"无"
（ ▨ ）。然后，单击描边颜色并确保选择了黑色，确保"属性"面板中的"描边粗细"为 1 pt。

使用钢笔工具绘制时，通常最好不要在创建的路径上进行填色，因为填色可能会覆盖尝试创建的路径的某些部分。必要时，可再添加填色。

6 在工具面板中选择钢笔工具（ ✐ ）。将鼠标指针放在画板的 Work Area 区域，并注意钢笔图标旁边的星号（ ✎. ），这表明还没有选择路径的起点。

7 在名为 Work Area 的区域中，单击标签为 1 且旁边有 start 的点，以便设置第一个锚点，如图 6-2 所示。

 注意：如果看见的是 × 而不是钢笔图标（ ✎. ），Caps Lock 键是启用的。Caps Lock 键会将钢笔工具图标变为 × 以提高精度。开始绘图后，启用 Caps Lock 键，钢笔工具图标看起来就是这样的（ ÷ ）。

---

8 移动鼠标指针以远离刚才创建的点，会看到一条线连接第一个锚点和鼠标指针，无论将鼠标指针移动到何处都是如此。

这条线被称为钢笔工具预览（或橡皮筋）。稍后，当您创建曲线路径时，它会使绘制更简单，因为它可以预览路径的外观。此外，还要注意，当鼠标指针旁边的星号消失时，表示正在绘制路径。

9 将鼠标指针放在标签为 2 的灰色点上，单击创建另一个锚点，如图 6-3 所示。

图6-2

图6-3

注意: 如果路径看起来是弯曲的，但无意中使用钢笔工具进行了拖动，请选择"编辑">"还原钢笔"，然后再次单击而不进行拖动。

刚刚创建了一个路径。一个简单的路径由两个锚点和一个连接两个锚点的线段组成。使用锚点可以控制线段的方向、长度和曲度。

10 继续在点 3 ~ 7 上单击，每次单击创建锚点后释放鼠标左键。

注意，只有最后一个锚点有填色（而其他锚点则是空心的），这表明此时该锚点是选中的。

 提示: 可以切换钢笔工具预览，方法是选择 Illustrator CC>"首选项">"选择和锚点显示"（macOS）或"编辑">"首选项">"选择和锚点显示"（Windows），打开"首选项"对话框。在此对话框中，会显示"选择和锚点显示"选项，取消选中"为以下对象取消橡皮筋：钢笔工具"。

11 选择"选择">"取消选择"。

6.2.1 选择路径

在上一节中创建的锚点类型被称为尖角。尖角不像曲线那样光滑；相反，它们会在锚点位置创建一个角。现在已经可以创建尖角了，接下来将添加其他类型的点（比如平滑点）以在路径中创建曲线。但首先，将学习选择路径的一些技巧。

第 2 课介绍了使用选择工具和直接选择工具选择内容。接下来，将会了解使用这两种工具选择图稿的更多方法。

 提示: 还可以使用选择工具拖动选框，以便选择路径。

1 在工具面板选中选择工具（▶），将鼠标指针放在刚创建路径的一条直线上，如图 6-4 所示。当鼠标指针旁边有一个实心黑色框时（▶.）进行单击。
这样做会选择路径和所有锚点。

2 将鼠标指针放在路径的其中一条直线上。当鼠标指针变为▶⊞时，将路径拖动到画板的另一个新位置。所有锚点会一起移动并保持路径的形状，如图 6-5 所示。

图6-4

图6-5

3 选择"编辑">"还原移动"，将路径移回其原始位置。

4 选中选择工具，在画板的空白区域单击取消选择路径。

5 在工具面板中选择直接选择工具（▷）。将鼠标指针放在锚点之间的路径上。当鼠标指针变为▷时，单击路径，显示所有锚点，如图 6-6 所示。

您刚刚选择了一个线段（路径）。如果刚才按了 Backspace 或 Delete 键（不要这样做），则只有这两个锚点之间的路径会被删除。

6 将鼠标指针放在标签为 4 的锚点上，与其他锚点相比，此锚点将变得大一些，并且鼠标指针旁边将显示一个具有点的小方框（▷，见图 6-7）。这表明，如果单击会选择锚点。则单击选择锚点，选中的锚点会被填色（看起来是实心的），而其他锚点仍是空心的（未选中）。

图6-6

图6-7

7 将此锚点向上拖动一点，重新定位它，如图 6-8 所示。此锚点会移动，但其余锚点则保持止。这是编辑路径的一种方法，如第 2 课所述。

8 单击画板的空白区域，取消选择此锚点。

9 将直接选择工具鼠标指针放在锚点 5 和锚点 6 之间的路径上，如图 6-9 所示。当鼠标指针变为▷时，单击选择此路径。选择"编辑">"剪切"。

图6-8

图6-9

这将删除锚点 5 和锚点 6 之间选择的线段。下面将介绍如何再次连接路径。

Ai **注意**：如果整个路径消失了，则选择"编辑">"还原剪切"，然后再试一次。

10 选择钢笔工具（✐），并将鼠标指针放在锚点 5 上。请注意，钢笔工具显示了一个斜杠（✎），如图 6-10 所示，表示如果单击，将继续从该锚点进行绘制，单击此锚点。

11 将鼠标指针放在与剪切线段连接的锚点 6 上，现在鼠标指针旁边会显示一个合并符号（✎。），如图 6-11 所示，表示正在连接到另一条路径。单击此锚点，重新连接路径。

图6-10

图6-11

12 选择"文件">"存储"。

6.2.2 使用钢笔工具绘制直线

在之前的课程中，了解了使用形状工具创建形状时，通过结合使用 Shift 键和智能参考线可约束对象的形状。这也适用于钢笔工具，可将直线路径角度限制为 45°的整数倍。下面将介绍如何绘制直线并在绘制时限制角度。

1 在文档窗口左下角的画板导航菜单中选择 2。

2 在工具面板中选择缩放工具（🔍），并在画板的下半部分双击进行放大。

3 选择"视图">"智能参考线"，打开智能参考线。

4 选中钢笔工具（✐），在名为 Work Area 的区域中，单击标签为 1 且旁边有 start 的点，以便设置第一个锚点。

智能参考线很可能会将创建的锚点与画板上的其他内容对齐，这可能会使在所需位置添加锚点变得更困难。这是预期行为，也是有时在绘制时关闭智能参考线的原因。

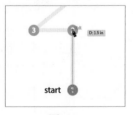
图6-12

5 将鼠标指针向原始锚点上方的点 2 处移动，如图 6-12 所示，当鼠标指针旁边的灰色度量标签显示 1.5in 时，单击设置另一个锚点。

如之前的课程所述，度量标签和对齐参考线是智能参考线的一部分。有时，使用钢笔工具绘图时，显示距离的度量标签很有用。

6 选择"视图">"智能参考线"，关闭智能参考线。

如果未启用智能参考线，为了对齐锚点，需要按住 Shift 键，这是接下来要做的事情。

7 按住 Shift 键，单击锚点 3，如图 6-13 所示。

智能参考线关闭时，没有度量标签，此锚点只与上一个锚点对齐，因为按住了 Shift 键。

Ai 　**注意：**您设置的锚点不必与画板顶部路径的位置完全相同。

8　单击设置锚点 4，然后单击设置锚点 5，如图 6-14 所示。
　　如您所见，如果不按住 Shift 键，则可以在任何地方设置锚点。路径的角度不会限制为 45°。

9　按住 Shift 键，然后单击设置锚点 6 和锚点 7，如图 6-15 所示。

10　选择"选择" > "取消选择"。

图6-13　　　　　　　　　图6-14　　　　　　　　　图6-15

6.2.3　曲线路径简介

在本节中，您将会学习如何使用钢笔工具绘制曲线。在诸如 Illustrator 等矢量绘图软件中，可以绘制曲线，这种曲线称为贝塞尔曲线。路径可以具有两类锚点：角点和平滑点。如图 6-16 所示，在角点，路径突然改变方向。在平滑点，路径段连接为连续曲线。通过设置锚点和拖曳方向手柄，可自行定义曲线的形状。这种带有方向手柄的锚点类型被称为平滑点。

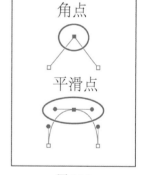

图6-16

要熟练使用这种方法虽然需要一段时间的练习，但在绘制路径时，该方法提供了最大程度的控制权和灵活性。这个练习的目的不是创建任何具体的内容，而是习惯创建贝塞尔曲线的感觉。首先将了解如何创建一个曲线路径。

1　在文档窗口左下角的画板导航菜单中选择"3"。将在名为 Practice 的区域中绘制。

2　在工具面板中选择缩放工具（🔍），并在画板上半部分双击进行放大。

3　在工具面板中选择钢笔工具（✒）。在"属性"面板中，确保填充颜色为无（▨）并且描边颜色是黑色。此外，确保"属性"面板中的描边粗细仍然是 1 pt。

4　选择钢笔工具，在画板的空白区域中单击创建一个起始锚点。释放鼠标左键后，将鼠标指针拖离此锚点，如图 6-17 所示。

5　　单击并拖动创建一条曲线路径。如图 6-18 所示，在单击并拖曳时，出现了方向手柄。方向手柄由两端带有圆形方向点的方向线组成，其角度和长度决定了曲线的形状和长度。方向手柄不会打印出来。

6　继续将鼠标指针拖离刚才创建的锚点，以便查看橡皮筋。如图 6-19 所示，稍微移动鼠标指针查看曲线是如何变化的。

图6-17   图6-18   图6-19

7 继续单击并在不同区域拖动，创建一系列锚点。

8 选择"选择">"取消选择"。保留此文件为打开状态，以便下一节使用。

路径的组成部分

在绘图时，可以创建被称作路径的线条。路径由一个或多个直线或曲线线段组成。如图6-20所示，每个线段的起点和终点有锚点（类似于固定导线的销钉）标记。路径可以是闭合的（例如圆圈），也可以是开放并不同的端点（例如波浪线）。通过拖动路径的锚点、方向点（位于在锚点处出现的方向线的末尾）或路径段本身，可以改变路径的形状。

A. 线段

B. 锚点

C. 方向线

D. 方向点

图6-20

—摘自Illustrator帮助

6.2.4 使用钢笔工具绘制曲线

在本节中，将使用刚才学到的绘制曲线知识来使用钢笔工具描摹曲线形状。

1 按空格键暂时选择抓手工具（🖐），向下拖动直到您看到当前画板（画板3）顶部的曲线。

 注意: 在拖动过程中，画板可能会滚动。如果看不到曲线，可不断地选择菜单"视图">"缩小"直到能够看到曲线和锚点。而按住空格键可以暂时切换到抓手工具，以便调整图稿的位置。

2 选择钢笔工具（🖋），单击锚点1并向上方的红点拖动，然后释放鼠标左键，如图6-21所示。这将创建一个方向线，与路径的方向相同。到目前为止，您是通过单击而不是拖动来创建锚点，就像上一个步骤一样。为了创建一个更"弯曲"的路径，在第一个锚点上拖动方向线可能会有所帮助。

3　单击锚点 2 并向下拖动。当鼠标指针到达红点时，释放鼠标左键，会沿着灰色弧线创建一条路径，如图 6-22 所示。

图6-21

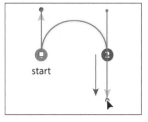

图6-22

![Ai] **注意**：*拉长方向手柄可以使曲线更加陡峭，而缩短方向手柄则使曲线更平缓。*

如果创建的路径与模板不完全相同，请选择直接选择工具（▷），并每次选择一个锚点，显示方向手柄。然后可以拖动方向手柄的两端（称为方向点），直到路径与图 6-22 完全一样为止。

4　选中选择工具（▶），在画板的空白处单击，或者选择"选择" > "取消选择"。

取消选择第一条路径允许创建一条新路径。如果在仍选中路径的情况下，使用钢笔工具单击画板某处，则路径会连接到绘制的下一个锚点。

![Ai] **提示**：*使用钢笔工具绘制时，要取消选择对象，可以按住 Command（macOS）或 Ctrl（Windows）键，暂时切换到直接选择工具，然后在画板的空白处单击取消选择。另一种结束路径的方法是在完成绘图时按 Esc 键。*

如果想要更多地练习如何绘制曲线，可向下滚动至该画板的 Practice 部分，描摹那里的曲线。

6.2.5　使用钢笔工具绘制一系列曲线

之前已经练习了如何绘制曲线，下面将会绘制包含了几个连续曲线的形状。

1　在文档窗口左下角的画板导航菜单中选择 4。选择缩放工具（🔍），在画板的上半部分单击几次进行放大。

2　在文档右侧的"属性"面板中，确保填充颜色为无（▱），描边颜色是黑色，并且描边粗细仍然是 1 pt。

3　选择钢笔工具（✒），单击标签为 Start 的点 1，并朝着弧线方向拖动，在红点处停止，如图 6-23 所示。

4　将鼠标指针放在标签为 2（右侧）的点上，然后单击并向下拖动到红点处，使用方向手柄调整第一个弧线（点 1 和点 2 之间），然后释放鼠标左键。

![Ai] **注意**：*如果路径不精确，也没有关系。绘制完路径后，可使用直接选择工具（▷）进行调整。*

关于平滑点（弯曲），您会发现将大部分时间花在了正在创建的当前锚点后面（前面）的路径段上。请记住，默认情况下，一个点有两条方向线。之后的方向线控制之前路径段的形状。

> **Ai** **提示**：当从一个锚点拖动出方向手柄时，可以按住空格键来重新调整锚点的位置。当锚点处于所需位置时，释放空格键。

5　继续绘制这条路径，交替地执行单击并向上或向下拖动。只需在标有数字的地方设置锚点，并在标签为 6 的点处结束绘制，如图 6-24 所示。

图6-23

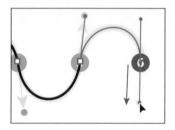

图6-24

如果绘制过程中出现了错误，可以通过选择"编辑">"还原钢笔"来撤销此步操作，然后重新绘制。请注意，绘制结果可能与图 6-24 不完全一致，这没有关系。

6　路径绘制完成后，选择直接选择工具（▷），然后单击选择路径中的任意一个锚点。

> **Ai** **注意**：有关这些属性的更多信息，请参见第 7 课。

选中锚点后，将显示其方向手柄，以便重新调整路径的曲率。选中曲线后，还可以修改其描边和填色。而修改后，接下来绘制的路径会与其属性相同。如果想要更多地练习如何绘制一系列曲线，可向下滚动至该画板的 Practice 部分，描摹那里的形状。

7　选择"选择">"取消选择"，然后选择"文件">"存储"。

6.2.6　将平滑点转换为尖角

正如之前所学到的，创建曲线时，方向手柄可用于帮助调整曲线段的形状和大小。而删除方向手柄则可将一个锚点从平滑点转换为尖角。接下来，将会练习如何在平滑点和尖角之间转换。

1　在文档窗口左下角的画板导航菜单中选择"5"。
画板顶部显示了将要描摹的路径，可将其作为这个练习的模板，直接在现有路径上创建路径。还可以根据需要在画板底部的"Practice"部分自行练习。

2　选择缩放工具（🔍），在画板顶部单击几次进行放大。

3　在"属性"面板中，确保填充颜色为无（▢），描边颜色是黑色，并且描边粗细仍然是 1 pt。

4　选择钢笔工具（✎），按住 Shift 键，单击标签为 Start 的点 1，并沿着弧线的方向向上拖动，在红点处停止拖动。释放鼠标左键，然后释放 Shift 键。

拖动时按住 Shift 键可以将方向手柄的角度限制为 45°的整数倍。

5 单击（右侧的）点 2 并向下方的黄点拖动。拖动时按住 Shift 键。当曲线看起来完美时，则释放鼠标左键，然后释放 Shift 键，保持选中路径。

现在需要改变曲线的方向并创建另一个弧线。您将分离方向线，将平滑点转换为尖角。

6 按住 Option（macOS）或 Alt（Windows）键，并将鼠标指针放在创建的最后一个锚点上。当钢笔工具鼠标指针旁边出现转换点图标（▶）时，单击并向上拖动到红点处，如图 6-25 所示。释放鼠标左键，然后释放修饰键。如果鼠标指针旁边没有该图标（^），可能会创建另一个环路径。

图6-25

 注意：Option（macOS）或 Alt 键（Windows）基本上允许您创建与锚点无关的一个新方向线。如果不按住 Option（macOS）或 Alt（Windows）键，方向手柄不会拆分，因此它仍是一个平滑点。

还可以按住 Option（macOS）或 Alt（Windows）键并拖动方向手柄的一端（称为方向点）。在图 6-26 中的第一个图中，第一个箭头指向它。任意一种方法都可以"拆分"方向手柄，以便它们可以指向不同的方向。

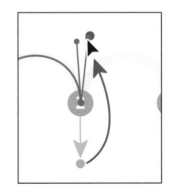

图6-26

Ai 提示：在绘制路径后，还可以选择单个或多个锚点，并在"属性"面板中单击"将所选锚点转换为尖角"按钮（▇）或"将所选锚点转换为平滑"按钮（▇）。

7 将钢笔工具鼠标指针放置在模板路径右侧的点 3 上，并向下拖动到红点上。当路径看起来与模板路径相似时，释放鼠标左键。

8 按住 Option（macOS）或 Alt（Windows）键，并将鼠标指针放在创建的最后一个锚点上。当钢笔工具鼠标指针旁边出现转换点图标（▇）时，单击并将方向线向上拖动到红点上方。释放鼠标左键，然后释放修饰键。

对于下一个点，不要松开鼠标左键来拆分方向手柄，因此要密切关注。

9 对于锚点 4，单击并向下拖动到黄点，直到路径看起来正确为止。这一次，不要松开鼠标左键。按住 Option（macOS）或 Alt（Windows）键，并向上拖动到红点，创建下一条曲线，如图 6-27 所示。释放鼠标左键，然后释放修饰键。

图6-27

10 继续此过程，方法是按住 Option（macOS）或 Alt（Windows）键创建尖角，直到路径完成。

11 使用直接选择工具来调整路径，然后取消选择路径。

如果想要更多地练习这一节中绘制的形状，可向下滚动至该画板的"Practice"部分，描摹那里的形状。

6.2.7 合并曲线和直线段

在实际绘图中，不会仅使用钢笔工具来创建单一的曲线或直线。在这一节中，将会学习如何进行曲线绘制和直线绘制之间的切换。

1 在文档窗口左下角的画板导航菜单中选择"6"。选择缩放工具（▇），在画板上半部分单击几次进行放大。

2 选择钢笔工具（▇），单击标签为 Start 的点 1，在红点处停止。释放鼠标左键。

到目前为止，在模板中一直是拖动到一个黄点或红点处。在实际绘图中它们显然是不存在的，因此，创建下一个点时不会有模板作为参考。不要担心，可以随时选择"编辑">"还原钢笔"，然后再试一次！

3 单击并从点 2 向下拖动，当路径与模板大致相同时，则释放鼠标左键，如图 6-28 所示。

现在您应该熟悉这种创建曲线的方法了。

如果您要单击点 3（不要这样做），那么按住 Shift 键不会生成直线，路径将是弯曲的。创建的最后一个点是平滑的锚点并有一个方向手柄。图 6-29 显示了使用钢笔工具单击下一个点时创建的路径。

图6-28　　　　　　　　　　　　　　　图6-29

下面要将下一段路径创建为直线段。

4　将鼠标指针放在创建的最后一个点（点 2）上。当出现转换点图标（ ）时，则进行单击。这会从锚点（而不是末端方向手柄）删除方向手柄，如图 6-30 中的第二个图所示。

图6-30

5　按住 Shift 键，然后单击右侧模板路径的点 3，设置下一个点，创建一个直线段，如图 6-31 所示。

6　对于下一个弧线，将鼠标指针放在创建的最后一个点上。当转换点图标出现（ ）时，则单击并从该点向下拖动到红点处，如图 6-32 所示。这将创建一个新的独立的方向线。

图6-31　　　　　　　　　　　　　　　图6-32

对于本节的其余部分，我将要求您完成路径，按照模板的剩余部分执行操作。

7　单击创建下一个点（点 4），并向上拖动完成弧。

8　单击刚刚创建的最后一个锚点，移除方向线。

9　按住 Shift 键并单击下一个点，创建第二个直线段。

10 单击并从创建的最后一点向上拖动，创建一个方向线。

11 单击并向下拖动到结束点（点 6），创建最后一个弧线。

　　如果想要更多地练习这一节中绘制的形状，可向下滚动至该画板的"Practice"部分，描摹那里的形状。确保先取消选中了之前的图稿。

12 选择"文件">"存储"，然后选择"文件">"关闭"。

　　可以返回到 L6_practice.ai 文件，并在这些钢笔工具模板上工作。可以按照自己的需要慢慢练习。

6.3　使用钢笔工具创建图稿

　　下面将运用所学的知识来创建在本项目中使用的一些图稿。首先绘制一个咖啡杯，它会合并曲线和边角。可以花时间练习绘制此形状，并使用模板指南协助自己进行绘制。

 提示：可以撤销绘制的点（"编辑">"还原钢笔"）。

1 选择"文件">"打开"，打开 Lessons>Lesson06 文件夹中的 L6_end.ai 文件，如图 6-33 所示。

2 选择"视图">"全部适合窗口大小"，查看完成的图稿（使用抓手工具 [🖐] 将图稿移到想要的位置）。如果您不想打开图稿，选择"文件">"关闭"。

3 选择"文件">"打开"，在"打开"对话框中，
　　浏览到硬盘上的 Lessons>Lesson06 文件夹，选择 L6_start.ai 文件。单击"打开"，打开文件，如图 6-34 所示。

图6-33

图6-34

4 选择"视图">"全部适合窗口大小"。

5 选择"文件">"存储为"，在"存储为"对话框中，选择 Lesson06 文件夹，将此文件命名为 CoffeeShop.ai。从"格式"菜单选择 Adobe Illustrator（ai）（macOS）或从"保存类型"菜单选择 Adobe Illustrator（*.AI）（Windows），然后单击"保存"。在"Illustrator 选项"对话框中，保留默认设置，然后单击"确定"。

6 在文档窗口左下角的画板导航菜单中选择 1 Main（如果未选中它的话）。

7 选择"视图">"画板适合窗口大小"。

8 选择缩放工具（🔍），放大画板下半部分的杯子。

9 在"图层"面板（"窗口">"图层"）中，单击选择名
为 Artwork 的图层，如图 6-35 所示。

10 在"属性"面板（"窗口">"属性"）中，确保填充颜
色为无（▨），并且描边颜色是黑色。同时确保"属性"
面板中的描边粗细为 1 pt。

图6-35

绘制咖啡杯

现在已经打开并准备好了文件，您将根据之前的钢笔工具练习来绘制一个咖啡杯。本节的步
骤数超过了平均步骤数，因此不要着急，慢慢来。

1 选择钢笔工具（🖊），并从标签为 A 的蓝色正方形向上方的红点拖动，设置起始锚点和第
一条曲线的方向，如图 6-36 所示。

> **Ai** **注意：**从蓝色正方形（点 A）处开始绘制这个形状并不是必需的。可以沿顺时针
> 或逆时针方向使用钢笔工具设置路径的锚点。

2 从 B 点拖动到红点，创建第一条曲线，如图 6-37 所示。
您创建的下一个点将是一个简单的尖角。

3 将鼠标指针放在 C 点上，单击（不要拖动）设置一个尖角，如图 6-38 所示。

图6-36

图6-37 图6-38

4 按住 Shift 键，单击点 D 创建一条直线，如图 6-39 所示，然后释放 Shift 键。

> **Ai** **注意：**如果绘制的路径填色为白色，则模板中有些点将会被隐藏。此时，将路径
> 的填色更改为"[无]"（▨）即可。

5 再次将钢笔工具鼠标指针放在点 D 上。当鼠标指针旁边出现转换点图标（🖊）时，则从 D
点向下拖动到红点，如图 6-40 所示。这将创建一个新的方向线。
使用钢笔工具进行绘制时，可能需要编辑以前绘制的曲线，而不会结束绘制的路径。选择

钢笔工具，按住修饰键，可以将鼠标指针放在之前的路径段上，并拖动修改它。

图6-39

图6-40

6 将鼠标指针放在点 C 和 D 之间的路径上。按住 Option（macOS）或 Alt（Windows）键，当鼠标指针改变外观（ ）时，向下拖动路径以使其弯曲，如图 6-41 所示。释放鼠标左键，然后释放修饰键。现在可以继续绘制路径了。

图6-41

 提示：还可以按住"Option+Shift"（macOS）或"Alt + Shift"（Windows）组合键来将手柄限制为垂直方向，确保手柄的长度相同。

这在顶部锚点上添加了方向手柄。

7 将鼠标指针放在点 E 上。注意，移动鼠标指针时，可以看到钢笔工具橡皮筋，这意味着仍在绘制路径。单击点 E 创建一个尖角并释放鼠标左键。

8 将钢笔工具鼠标指针放在 E 点上，单击并向右上方拖动，拖动到红点处，如图 6-42 所示。

图6-42

 注意：在上一步中，释放鼠标左键后，如果移开鼠标指针并重新放在点 E 上，则鼠标指针旁边将出现一个转换点图标（^）。

这将创建一个新的方向手柄，并将下一个路径设置为曲线。

9　继续绘制 F 点，从此锚点拖动到红点处，如图 6-43 所示。

对于下一个点（点 G），将创建另一个平滑点，但在绘制时将使用修饰键单独编辑各个方向手柄。先不要释放鼠标左键。

 注意：在此步骤中，当鼠标指针到达黄点时，也可以通过拖动并释放鼠标按钮来创建此点。然后可以将钢笔工具图标放在锚点上。当鼠标指针旁边出现转换点图标（∧）时，可以拖动出一个新的方向手柄。

10　从点 G 拖动到黄点。当鼠标指针到达黄点处时，不要释放鼠标左键，按住 Option（macOS）或 Alt（Windows）键，继续从黄点拖动到红点以使方向手柄更长一些。当鼠标指针到达红点时，释放鼠标左键，然后释放修饰键，如图 6-44 所示。

图6-43　　　　　　　　　　　　　　　　　　　　图6-44

接下来，将创建一个平滑点并拆分方向手柄。

11　继续从点 H 处开始绘制，首先从此锚点拖动到黄点。不要释放鼠标左键，按住 Option（macOS）或 Alt（Windows）键并从黄点拖动到红点，如图 6-45 所示。

图6-45

12　继续绘制点 I，首先从此锚点拖动到黄点。释放鼠标左键，按住 Option（macOS）或 Alt（Windows）键并继续从黄点拖动到红点，如图 6-46 所示。

13　继续绘制 J 点，从此锚点拖动到红点，如图 6-47 所示。

14　从点 K 向红点拖动。拖动时，按住 Shift 键，限制方向手柄。到达红点时，释放鼠标左键，然后释放 Shift 键，如图 6-48 所示。

 注意：如果在单击锚点并拖动之前按住 Shift 键，则此点将与之前的点对齐。这并不是本例中希望出现的情况。

图6-46

图6-47   图6-48

15 继续绘制点 L，从此锚点拖动到红点。

接下来，将闭合路径，完成咖啡杯绘制。

16 将钢笔工具放在起始锚点 A 上，无须单击。注意，钢笔工具鼠标指针旁边出现一个开放的圆（🖋。），如图 6-49 所示，表示如果单击此锚点，则路径将闭合。如果单击并拖动，则此锚点两侧的方向手柄将作为一条直线移动。需要扩展其中一个方向手柄，以与模板保持一致。

Ai 提示：创建闭合锚点时，可以按住空格键，在创建锚点时移动它。

---

17 按住 Option（macOS）或 Alt（Windows）键，将鼠标指针放在点 A 上。单击并向左上方拖动，如图 6-50 所示。

图6-49   图6-50

注意，会在相反的方向（右下方）显示方向手柄。拖动直到曲线看起来正确为止。释放鼠标左键，然后释放修饰键。

通常，远离一个点拖动时，会在此点之前和之后显示方向线。如果不按住修饰键，远离闭合点拖动时，会在此锚点之前和之后重塑路径。在单击闭合点时，按住 Option（macOS）

或 Alt（Windows）键则允许单独编辑之前的方向手柄。

> **Ai** | **注意**：这是在选中钢笔工具时取消选择路径的快捷方法。除其他方法外，还可以选择"选择" > "取消选择"。

18 按住 Command(macOS)或 Ctrl(Windows)键并远离路径单击取消选中它，然后选择"文件" > "存储"。

6.4 使用曲率工具绘制

使用曲率工具（ 🖊 ），可以快速直观地绘制和编辑路径，创建具有平滑曲线和直线的路径，而无须编辑方向线。使用曲率工具，还可以在绘制时或路径完成后编辑路径。它创建的路径由锚点组成，可以使用任何绘图或选择工具编辑。本节将使用曲率工具创建勺子。

1 在文档窗口左下角的画板导航菜单中选择"3 Spoon"。

> **Ai** | **注意**：在本节中可能需要放大勺子模板。

2 选择"视图" > "画板适合窗口大小"（如果需要的话）。
查看模板路径，您会看到一个垂直参考线贯穿点 A 和点 I。绘制了勺子的左半部分后，将会复制它并沿着参考线镜像它，然后将两部分连接在一起。

3 在工具面板中选择曲率工具（ 🖊 ）。单击点 A 处的蓝色正方形，设置起始锚点。如图 6-51 的第一个图所示。

图6-51

> **Ai** | **注意**：与钢笔工具一样，并不是一定要从蓝色正方形（点 A）开始绘制这个形状。可以沿顺时针或逆时针方向使用曲率工具设置路径的锚点。

4 单击点 B 创建一个点。然后，将鼠标指针移离点 B。注意点 B 前后的曲线预览。
曲率工具会在单击的位置创建锚点。绘制曲线将围绕这些点动态"弯曲"。必要时会创建方向手柄，使路径弯曲。

5 单击点 C，然后单击点 D。移动鼠标指针远离点 D，如图 6-52 所示。
此时，点 A 和点 B 之间的路径不再受新点（E、F 等）的影响，但路径不遵循模板。使用曲率工具绘制时，可以返回去编辑并添加点。

6 将鼠标指针悬停在点 A 和点 B 之间的路径段上，当鼠标指针旁边出现加号（+）时，单击创建一个新点。将新点拖动到模板中的红点处，调整它的位置，使其匹配虚线模板的形状，如图 6-53 所示。

  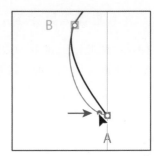

图6-52 图6-53

7 单击点 E，然后单击点 F，如图 6-54 的第一个图所示。

8 按住 Shift 键并单击添加点 G。

按住 Shift 键，同时使用曲率工具单击使其与之前的点垂直对齐（在本例中是这种情况）或水平对齐。注意，点 F 之前和之后的路径段是弯曲的，但它们需要严格遵循模板。若要将默认平滑点转换为尖角，则可以双击使用曲率工具生成的点。

9 将鼠标指针悬停在锚点 F 处。当鼠标指针改变时（▸○），双击将此点转换为尖角。

双击一个点（会把它转换成一个尖角）与拆分方向手柄的效果一样。

图6-54

接下来，会添加一个新点，并将它转换为尖角。

10 按住 Option（macOS）或 Alt（Windows）键并单击点 H，如图 6-55 所示。

使用曲率工具创建点时按住 Option（macOS）或 Alt（Windows）键并单击，会创建尖角而不是默认的平滑点。

11 按住 Shift 键并单击点 I，如图 6-56 所示。

12 按 Esc 键来停止绘制，然后选择"选择">"取消选择"。

图6-55

图6-56

Ai 提示：要使用曲率工具闭合路径，将鼠标指针悬停在路径中创建的第一个点上，鼠标指针旁边会出现一个圆（ ），单击闭合路径。

6.5 编辑曲线

在本节中，将会使用之前介绍的几种方法和新方法来调整之前绘制的曲线。

6.5.1 创建勺子的镜像

由于正在创建的勺子是对称的，因此只绘制了它的左半部分。现在，将复制、镜像并连接勺子路径来创建一个完整的勺子。

1 选择"视图">"智能参考线"，将它们打开。

2 选择选择工具（ ），然后单击选择勺子路径。

3 在"图层"面板中，单击名为"Template"的图层的可见性列（眼睛 ），以便隐藏内容，如图 6-57 所示。

4 在工具面板中单击旋转工具（ ）并按住鼠标左键，选择镜像工具（ ）。

图6-57

5 同时按住 Option（macOS）或 Alt（Windows）键，将鼠标指针放在点 I 上（见图 6-58 的第一个图），当您看到"锚点"一词出现时，则按住修饰键并单击。

图6-58

6 在"镜像"对话框中，选择"垂直"（如果需要的话），单击"预览"。单击"复制"，以便复制形状并创建它的镜像。

7 选中选择工具，按住 Shift 键并单击原始路径，选择两个路径，并按"Command + J"

（macOS）或"Ctrl + J"（Windows）组合键两次，将两个路径连接起来。

8 选择"选择" > "取消选择"。

6.5.2 圆化尖角

第 3 课介绍了实时形状和圆化角的功能，还可以圆化路径上的尖角。

1 选择缩放工具（🔍），在勺子顶部单击几次，进行放大。

2 选择直接选择工具（▷），拖动选中两个点，如图 6-59 所示。

图6-59

注意：每个锚点旁边都有一个实时尖角部件（⦿）。选中了两个点之后，可以通过拖动其中一个实时尖角部件或双击其中一个实时尖角部件来编辑两个角的半径。

3 将任意一个实时尖角部件向勺子中心拖动，使角更圆润一些。当度量标签显示半径大约为 0.1in 时，则释放鼠标左键。

4 选择"选择" > "取消选择"。

5 选择"视图" > "智能参考线"，关闭智能参考线。

6 选中选择工具（▶），然后单击选择勺子路径。

7 选择"编辑" > "复制"。

8 在文档窗口左下角的画板导航菜单中选择"1 Main"。

9 在画板的空白处单击确保它是活动画板。选择"编辑" > "粘贴"，粘贴勺子。暂时将它拖动到一侧外。

Ai | **注意**：由于勺子没有填色，因此需要通过描边来选择它。

6.5.3 编辑路径和点

接下来，将编辑之前创建的咖啡杯的一些路径和点。

1 选择直接选择工具（▷），从图 6-60 中的红色 × 处开始，横跨咖啡杯的"把手"进行拖动，只选择此部分路径。

以这种方式使用直接选择工具进行选择，只会选择路径段和选框内包含的锚点。单击选择工具（▶）选择整个路径。

图6-60

2 选择"编辑">"复制"，然后选择"编辑">"粘在前面"。

3 按"Command+J"（macOS）或"Ctrl+J"（Windows）组合键，闭合路径，如图6-61所示。

图6-61

4 选中选择工具，按住Shift键并将右侧的中央边界点向左拖动，使其变得更小。依次释放鼠标左键和Shift键。

5 选择直接选择工具，单击图中的锚点选择它。将此锚点稍微向右拖动一点，直到它与图大致一样为止。

6 将鼠标指针放在如图6-62所示的路径上，然后单击选择路径。

注意，当路径上的鼠标指针变为▶时，表明可以拖动路径，拖动时将调整锚点和方向手柄，如图6-63所示。

图6-62

图6-63

7 向左上方拖动路径，使曲线更圆滑一些。这是一种编辑路径的简单方法。

> **Ai** **提示：**使用直接选择工具拖动路径时，也可以按住Shift键将把手柄限制成垂直方向，从而确保手柄的长度一样。

> **Ai** **提示：**如果想调整方向手柄，而不是拖动路径并查看所有选定锚点的方向手柄，则可以选择Illustrator CC>"首选项">"选择和锚点显示"（macOS）或"编辑">"首选项">"选择和锚点显示"（Windows），并选择"选择多个锚点时显示手柄"。

8 选择"选择">"取消选择"，然后选择"文件">"存储"。

6.5.4 删除和添加锚点

很多情况下，使用钢笔工具或曲率工具等工具绘制路径是为了避免添加不必要的锚点。删除不必要的锚点，可降低路径的复杂度或修改其整体形状。另外，还可添加锚点调整路径的形状。下面将会针对咖啡杯路径删除和添加锚点，使其底部更平坦。

图6-64

1 在工具面板中选择缩放工具（🔍），在杯子的底部缓慢地双击进行放大。

2 选择直接选择工具（▷），单击咖啡杯路径的边缘。

3 在工具面板中选择钢笔工具（✐），将鼠标指针放在杯子底部中心的锚点上（见图6-64）。当一个减号（-）出现在钢笔工具鼠标指针右侧时（✐_），单击移除锚点。

> **Ai** 提示：选中一个锚点时，也可以在"属性"面板中单击"删除所选锚点"（◪）来删除锚点。

4 再次将钢笔工具鼠标指针放在杯子形状的底部。如图6-65所示的第一个图显示了鼠标指针的位置。这一次，当加号（+）出现在钢笔工具鼠标指针右侧时（✐+），单击添加锚点。

5 将鼠标指针稍微向右移动一点，然后单击路径，添加另一个锚点。保持选中最后一个锚点。

图6-65

在曲线路径上添加锚点意味着锚点很可能有方向线，并且会将它们视为平滑点。

6.5.5 在平滑点和尖角之间转换

为了更精确地控制创建的路径，可使用几种方法在平滑点和尖角之间转换锚点。

> **Ai** 提示：通过双击锚点，或者按住Option（macOS）或Alt（Windows）键，并使用曲率工具单击锚点，也可以在尖角和平滑点之间转换，就像您之前看到的那样。

1 选择直接选择工具（▷），选中最后一个锚点，按住Shift键并单击在左侧添加的另一个锚点。在"属性"面板中单击"将所选锚点转换为尖角"按钮（▛），如图6-66所示。

图6-66

 注意：如果在单击"对齐"按钮之后锚点与画板对齐，请重试。首先确保在"属性"面板中选中了"对齐关键锚点"。

2 选择两个锚点，在"属性"面板中单击"垂直底对齐"按钮（▥），将两个点对齐。如第 2 课所述，所选锚点与最后选定的锚点对齐，该锚点称为关键锚点。

3 按五次向下箭头键，将两个点向下移动，如图 6-67 所示。

4 选择"选择" > "取消选择"。

 注意：如果发现选择第二个点很难，也可以在咖啡杯的底部拖动选框，选择两个锚点或进入"轮廓"模式（"视图" > "轮廓"）。

5 使用直接选择工具，单击咖啡杯路径，显示所有锚点。单击图 6-68 中标签为 1 的锚点，然后按住 Shift 键并标签为 2 的锚点。单击"属性"面板中的"水平左对齐"按钮（▦）对齐它们。

图6-67

图6-68

6 单击图 6-69 中标签为 3 的锚点，然后按住 Shift 键并单击标签为 4 的锚点。单击"水平右对齐"按钮（▦）对齐它们。保持选中路径 (和锚点)。

图6-69

6.5.6 使用锚点工具

另一种在平滑点和尖角之间转换的方法是使用锚点工具。下面将使用锚点工具（⌐）来转换锚点。

1 在工具面板中将鼠标指针放在钢笔工具（✎）上，单击并按住鼠标左键，以便显示更多工具。选择锚点工具（）。还将看到添加锚点工具（ ）和删除锚点工具（ ），它们用于添加或移除锚点。

2　将鼠标指针放在图 6-70 中箭头指向的锚点。单击将点从平滑点（带方向手柄）转换到尖角。

| Ai | 提示：如果将锚点工具鼠标指针放在拆分的方向手柄末端，可以在鼠标指针变为 时按住 Option（macOS）或 Alt（Windows）键，单击使方向手柄再次变为直线（不拆分）。|

3　将鼠标指针放在刚才转换的点下方的锚点上。当鼠标指针变为 时单击并向上拖动，如图 6-71 所示。拖动时按住 Shift 键。向上拖动直到到达它上面的锚点。释放鼠标左键，然后释放 Shift 键。

图6-70　　　　　　　　　　　图6-71

| Ai | 注意：如果鼠标指针变为 ，不要拖动。这表示鼠标指针不在锚点上，如果拖动，将重塑曲线。|

使用锚点工具可以执行下列任务，比如在平滑点和尖角之间转换、拆分方向手柄等。接下来将对咖啡杯的底部右侧执行相同的操作。

4　将鼠标指针放在图 6-72 中箭头指向的锚点上，单击将此点从平滑点（带方向手柄）转换为尖角。

5　将鼠标指针放在刚才转换的点下方的锚点上。当鼠标指针变为 时，单击并向下拖动，如图 6-73 所示。拖动时按住 Shift 键。向下拖动，直到对侧方向手柄末端与上方的点接触为止。释放鼠标左键，然后释放 Shift 键。

图6-72　　　　　　　　　　　图6-73

6　选择"选择" > "取消选择"，然后选择"文件" > "存储"。

6.6　创建虚线

可将对象的描边设置为虚线，这适用于闭合路径和非闭合路径。虚线是通过一系列线段长度和间隙指定的。下面，将创建一条线段并将其设为虚线。

1 选择"视图">"画板适合窗口大小"。

2 在"图层"面板中，单击名为 Text 的图层的可见性列，以便显示图层内容，如图 6-74 所示。

3 选择缩放工具（ 🔍 ）并双击，放大现在显示的红色圆。

4 在工具面板选中选择工具（ ▶ ），单击红色圆中心的暗灰色路径。

图6-74

 提示："保留虚线和间隙的精确长度"按钮（ ▭ ）可以保持虚线的外观，而不考虑对齐的问题。

5 单击"属性"面板选项卡显示此面板。在"属性"面板中单击"描边"显示"描边"面板。如图 6-75 所示，在"描边"面板中更改下列选项。

- 粗细：8 pt。
- 虚线：选中它。
- 第一个虚线值：4 pt（这将创建一个 4 磅虚线和 4 磅间隙的重复模式）。
- 第一个间隙值：2 pt（这将创建一个 2 磅虚线和 2 磅间隙的重复模式）。
- 使虚线与边角和路径终端对齐（ ▭ ）：选中它。

图6-75

6 按 Esc 键，隐藏"描边"面板。

 注意：在面板中更改值时，按 Esc 键时要小心，就像您刚才做的那样。有时，可能不会接收输入的值。可以按 Enter 或 Return 键来接收在面板中最后输入的值并隐藏面板。

7 选择"文件">"存储"，并保持选中此虚线。

6.7 为路径添加箭头

可使用"描边"面板给非闭合路径添加箭头。在 Illustrator 中，可供选择的箭头样式很多，还有很多箭头编辑选项。下面将为虚线路径添加不同的箭头。

1 仍选中虚线，在"属性"面板中再次单击"描边"，打开"描边"面板（或选择"窗口">"描边"）。如图 6-76 所示，在"描边"面板中，只更改下列选项。

- 从"箭头"右侧的菜单中选择"箭头 21"，这会为虚线的起始端（右侧）添加一个箭头。
- 缩放（所选菜单的下方）：30%。
- 从"箭头"最右侧的菜单中选择"箭头 17"，这会为虚线的末端添加一个箭头。
- 缩放（最右侧）：50%。
- 单击"将箭头提示扩展到路径终点外"按钮（）。

图6-76

2 单击咖啡杯路径的边缘，并将填充颜色更改为白色。

3 单击勺子形状，将填色更改为浅灰色（我选择是"C = 0 M = 0 Y = 0 K = 10"）。

Ai **注意**：可能需要缩小，以便查看勺子。

---

4 选中勺子，选择"对象">"变换">"旋转"，将"角度"更改为 90°，选择"预览"，然后单击"确定"，如图 6-77 所示。

Ai **注意**：如果在堆叠顺序中勺子位于咖啡杯后面，可以在选中勺子的情况下选择"对象">"排列">"置于顶层"。

---

5 将勺子拖动到如图 6-78 所示的位置。

图6-77   图6-78

6.8 使用铅笔工具

使用铅笔工具（）可绘制包含曲线和直线的闭合路径或非闭合路径。使用铅笔工具绘图时，Illustrator 可创建锚点并将其放在路径上，而绘制完毕后，还可调整这些锚点。

6.8.1 使用铅笔工具绘制自由路径

接下来，将使用铅笔工具绘制和编辑一个简单的路径。

1 在文档窗口左下角的画板导航菜单中选择 "2 Coffee Bean"。

2 选择 "视图" > "画板适合窗口大小"。

3 在 "图层" 面板中，单击名为 Template 的图层的可见性列，以便显示图层内容，如图 6-79 所示。

4 在工具面板中选择缩放工具（🔍），并在画板顶部 A 所在的位置缓慢单击几次进行放大。

5 选择 "选择" > "取消选择"。

6 在 "属性" 面板中，确保填充颜色为无（▱），并且描边颜色是黑色。

   同时确保 "属性" 面板中的描边粗细为 1 pt。

> **提示**：对于 "保真度" 值，将滑块向 "精确" 一侧拖动通常会创建更多锚点，更准确地反映绘制的路径。向 "平滑" 一侧拖动会创建更少的锚点以及更平滑、不太复杂的路径。

7 在工具面板中单击并按住 Shaper 工具（🖌），选择铅笔工具（✏）。双击铅笔工具。在 "铅笔工具选项" 对话框中，如图 6-80 所示，设置以下选项，将其余选项保持为默认设置。

图6-79   图6-80

- 将 "保真度" 滑块向右侧拖动，向 "平滑" 一侧靠近。这将减少用铅笔工具绘制的路径上的点数，使路径更平滑。
- 保持选定：选择它（默认设置）。
- Alt 键切换到平滑工具：选择它（平滑工具用于在绘制后平滑路径）。
- 当终端在此范围内时闭合路径：选择它（默认设置）。

8 单击 "确定"。

   铅笔工具鼠标指针旁边的星号（*）表示即将创建一条新路径。如果星形没有出现，则意味着重新绘制指针附近的形状。

9　从模板中的红色 × 处开始，单击并拖动虚线模板路径。如图 6-81 所示，当鼠标指针接近路径的开始（红色 ×）时，它旁边将显示一个小圆圈（✐），表示如果释放鼠标左键，路径将闭合。看到此圆圈时，释放鼠标左键，闭合路径。

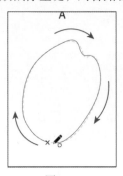

图6-81

> **注意**：如果看到的是 × 而不是铅笔图标（✐），则说明启用了 Caps Lock 键。此键会将铅笔工具图标变成 × 来提高精度。

注意，绘制时路径看起来并不完美。释放鼠标左键后，根据在"铅笔工具选项"对话框中设置的"保真度"值来平滑路径。

> **注意**：使用铅笔工具编辑路径时，可能会发现创建了一条新路径，而不是编辑原始形状。可以还原并确保返回原始路径（或至少接近它）。

10　将铅笔工具放在路径上或附近以重新绘制。当鼠标指针旁边的星号消失时，单击并拖动重塑路径。确保回到原始路径。将它视为重新绘制部分路径，如图 6-82 所示。

图6-82

> **提示**：如果想"平滑"绘制的部分路径，可以按住 Option（macOS）或 Alt（Windows）键并沿着路径拖动。这样可以简化路径并移除锚点。之所以可以这样做是因为之前在"铅笔工具选项对话框"中选择了"Alt 键切换到平滑工具"。

6.8.2 使用铅笔工具绘制直线段

使用铅笔工具,除了绘制更自由的路径,也可以创建角度限制为 45° 的直线。这就是接下来要做的事情。

1 向下滚动画板查看标签为"B"和"C"的模板形状(如果看不到它们的话)。

2 将鼠标指针放在标有"B"的路径底部的红色 × 上,单击并拖动形状的左侧,在绿色 × 处停止,但不要释放鼠标左键。

 注意:绘制路径,到达绿色 × 后,可以释放鼠标左键停止绘图,然后从同一位置开始绘制。当铅笔鼠标指针旁边出现线条(✐)时,用铅笔工具画一条路径,当鼠标指针位于路径的末端时,说明正在继续绘制路径。

3 仍按住鼠标左键,按住 Option(macOS)或 Alt(Windows)键并沿着形状的直边绘制一条直线。再次到达红色 × 处并且铅笔工具鼠标指针旁边有一个小圆圈(✐)时,释放鼠标左键,然后释放修饰键闭合路径,如图 6-83 所示。

图6-83

4 将鼠标指针放在标有"C"(它在"B"下方)的路径上方的红色 × 处。单击并拖动形状的右侧,在绿色 × 处停止,但不要释放鼠标左键。

5 仍按住鼠标左键和 Shift 键,沿着形状的直边拖动一条直线。再次到达红色 × 处并且铅笔工具鼠标指针旁边有一个小圆圈(✐)时,释放鼠标左键,然后释放修饰键闭合路径,如图 6-84 所示。

  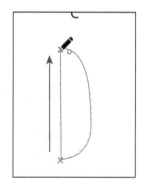

图6-84

6 选择形状"C"，选择"对象">"变换">"旋转"。在"旋转"对话框中，将"角度"更改为 –25°，选择"预览"，然后单击"确定"，如图 6-85 所示。

图6-85

coffee bean 定稿

在此最后一节中，会将使用铅笔工具创建的形状放在一起，以便创建咖啡豆，然后将它添加到最终图稿中。

1 选择"视图">"画板适合窗口大小"。

2 选中选择工具（▶），单击选择顶部标签为"A"的形状。在"属性"面板中将填充颜色更改 CoffeeBean，如图 6-86 所示。

图6-86

3 单击选择形状 B，然后按住 Shift 键并单击选择形状 C。在"属性"面板中将两个形状的填充颜色都更改为 CoffeeBean2。

4 选择"选择">"取消选择"。

5 将形状 B 和形状 C 拖动到形状 A 上，如图 6-87 所示。

可以随意使用所学的方法来调整各个形状。

6 拖动选框以选中所有 3 个形状，然后选择"对象">"编组"。

7 选择"视图">"全部适合窗口大小"。

8 将咖啡豆组拖到咖啡杯和勺子前面，如图 6-88 所示。

9 选择"选择">"取消选择"。

图6-87

图6-88

6.9 使用连接工具连接

在本课和之前的课程中，使用了"连接"命令（"对象">"路径">"连接"）来连接并闭合路径。使用连接工具（）可以轻松地连接交叉、重叠或两端开放的路径。

1 选择"视图">"Steam"，此命令会放大咖啡杯上方的形状，并隐藏名为 Template 的图层。

2 单击并按住铅笔工具（✏），选择连接工具（）。

> **Ai** **注意：** 如果按住"Command+ J"（macOS）或"Ctrl + J"（Windows）组合键来连接开放路径的两端，则会使用直线连接路径两端。

与第 3 课中的"连接"命令（"对象">"路径">"连接"）不同，"连接"工具可以在连接时修剪重叠的路径，而不是简单地在连接的锚点之间创建一条直线。需要考虑将要连接的两条路径之间的角度。

3 选择连接工具，拖动右侧的路径两端（见图 6-89）。

图6-89

当拖动选框选择路径时，它们将被"扩展并连接"或"修剪并连接"。在本例中，路径被扩展和连接。

4 拖动选框选中左侧超出的部分路径，删除它们并闭合路径，如图 6-90 所示。在本例中，路径被"修剪并连接"。

图6-90

5 选择"视图">"画板适合窗口大小"。

6 选中选择工具，并拖动选框，选择杯子上方的 steam 形状。

7 在"属性"面板中将填色更改为 Steam，并将描边粗细更改为 0pt。

8 选择"对象" > "编组"，然后向下拖动该组，如图 6-91 所示。

图6-91

9 选择"选择" > "取消选择"，并退后一步，来欣赏本课完成的所有图稿！
10 选择"文件" > "存储"，然后选择"文件" > "关闭"。

6.10 复习

复习题

1 描述如何使用钢笔工具（✐）绘制垂直、水平或 45° 角度的直线。

2 如何使用钢笔工具绘制曲线？

3 指出两种将曲线的平滑点转换为尖角的方法。

4 哪种工具可以用于编辑曲线段？

5 如何更改铅笔工具（✐）的工作方式？

6 连接工具与"连接"命令（"对象" > "路径" > "连接"）有何不同之处？

复习题答案

1 要绘制直线，可使用钢笔工具（✐），然后移动鼠标指针并再次单击。第一次单击设置直线段的起始锚点，第二次单击设置直线段的终止锚点。要约束直线为垂直、水平或 45°，可以在使用钢笔工具单击的同时按住 Shift 键。

2 要使用钢笔工具绘制曲线，可单击创建曲线的起始锚点，再拖动设置曲线的方向，然后单击设置曲线段的终止锚点。

3 若要将曲线上的平滑点转换为尖角，可使用直接选择工具（▷）选中锚点，再使用转换锚点工具（⋏）拖动方向手柄更改方向。另一种方法是，使用直接选择工具选中一个或多个锚点，然后在"属性"面板中单击"将所选锚点转换为尖角"按钮（◣）。

4 要编辑曲线段，可使用直接选择工具移动它，也可以拖动锚点的方向手柄来调整曲线段的长度和形状。另一种调整路径的方法是，使用直接选择工具拖动路径段或按住 Option（macOS）或 Alt（Windows）键并使用钢笔工具拖动路径段。

5 要改变铅笔工具（✐）的工作方式，可以在工具面板中双击铅笔工具，打开"铅笔工具选项"对话框，即可在其中修改平滑度、保真度和其他选项。

6 与"连接"命令不同，连接工具可以在连接时修剪重叠的路径，不是简单地在连接的锚点之间创建一条直线。要考虑连接的两条路径之间的角度。

第7课 使用颜色改善标志

课程概述

在本课中，您将学习如何执行下列操作：

- 了解颜色模式和主要的颜色控件；
- 使用多种方法创建、编辑颜色并给对象上色；
- 命名并存储颜色，创建色板；
- 使用颜色组；
- 使用"颜色参考"面板；
- 探讨"编辑颜色 / 重新着色图稿"功能；
- 将上色和外观属性从一个对象复制到另一个对象；
- 使用实时上色。

学习本课内容大约需要 90 分钟，请从配套资源中将文件夹 Lesson07 复制到您的硬盘中。

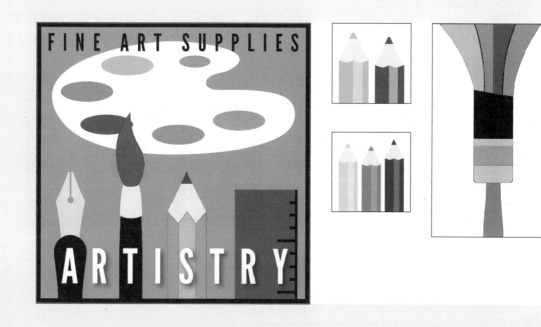

使用 Adobe Illustrator CC 软件中的颜色控件为插图增添趣味。在本课中，不仅会探索如何创建和使用填色、描边，尝试使用"颜色参考"面板，使用颜色组，还将学习给图稿重新着色等技巧。

7.1 开始本课

在本课中，将学习有关颜色的基本知识，还将使用"颜色"面板和"色板"面板等为艺术商店创建标志和徽标并编辑其颜色。

1. 确保工具和面板的功能如本课所述，请删除或禁用（重命名）Adobe Illustrator CC 首选项文件。
2. 启动 Adobe Illustrator CC。
3. 选择"文件" > "打开"，从硬盘上找到 Lessons>Lesson07 文件夹并打开 L7_end.ai 文件，查看图稿的最终版本，如图 7-1 所示。
4. 选择"视图" > "全部适合窗口大小"。可以将文件打开以供参考，或选择"文件" > "关闭"来关闭它。
5. 选择"文件" > "打开"。在"打开"对话框中，找到 Lessons>Lesson07 文件夹并选择 L7_start.ai 文件。单击"打开"以打开此文件，如图 7-2 所示。这个文件具有所有图稿，只需要对它们上色。
6. 选择"视图" > "全部适合窗口大小"。

图7-1

图7-2

7. 选择"文件" > "存储为"。在"存储为"对话框中找到 Lesson07 文件夹，将此文件重命名为 ArtSign.ai。从"格式"菜单（macOS）选择 Adobe Illustrator（ai），或从"保存类型"菜单选择 Adobe Illustrator（*.AI）（Windows），单击"保存"。

 注意:如果在菜单中没有看到"重置基本功能"，请在选择"窗口" > "工作区" > "重置基本功能"之前选择"窗口" > "工作区" > "基本功能"。

8. 在"Illustrator 选项"对话框中，保留默认设置，然后单击"确定"。
9. 选择"窗口" > "工作区" > "重置基本功能"。

7.2 探索颜色模式

在 Adobe Illustrator CC 中，有许多地方需要尝试颜色并对图稿上色。要在 Illustrator 中使用颜色，就需要考虑图稿将会通过何种媒介发布，如打印或网站发布，这样才能根据发布媒介以确定正确的颜色定义和模式。下面将介绍颜色模式。

新建文档时，必须确定图稿应使用哪种颜色模式：CMYK 或者 RGB。

- CMYK：指的是在四色印刷中使用的青色、洋红色、黄色和黑色。这 4 种颜色以网屏的方式组合成大量其他颜色。
- RGB：指的是红色、绿色和蓝色光以不同的方式组合成一系列颜色。如果图像需要在屏幕上显示、上传到网络或移动应用，应选择这种颜色模式。

选择菜单"文件">"新建"来创建新文档时，需要指定适合的新建文档配置文件，这决定了将使用的颜色模式。例如，将配置文件设为"打印"时，将使用 CMYK 颜色模式，如图 7-3 所示。可以通过在"颜色模式"菜单中选择来轻松更改颜色模式。

图7-3

Ai | 提示：要了解有关颜色和图形的更多信息，请在 Illustrator 帮助（"帮助">"Illustrator 帮助"）中搜索"关于颜色"。

选择颜色模式后，文档将以选定模式显示颜色。要更改文档的颜色模式，可选择"文件">"文档颜色模式"，然后在菜单中选择"CMYK 颜色"或"RGB 颜色"。

7.3 使用色彩

本课您将学习在 Illustrator 中给对象着色的传统方法，主要是使用颜色和图案给对象上色，方式则是结合使用各种面板和工具，主要包括"属性"面板、"色板"面板、"颜色参考"面板、拾色器和工具面板中的上色选项。

Ai | 注意：工具面板可能是单列，也可能是双列的，这取决于屏幕分辨率。

在前面的课程中，了解到 Illustrator 中的对象可以有填色、描边。在工具面板（左侧）的底部，有填色框和描边色框。如图 7-4 所示，此时填色框为白色，而描边色框则是黑色。单击描边色框，再单击填色框（确保最后一次选择的是填色框）。注意到单击后的色框位于前面，这表明它被选中。

另外，选中一个颜色后，就可以将其应用于对象的填色或描边色了，具体取决于哪个色框位于前面。随着学习，您会发现"属性"面板和"色板"面板等很多地方都有填色框和描边色框。

图7-4

正如本节所述，Illustrator 提供了许多方法来获得所需的颜色。首先将使用一种现有颜色给形状上色，然后使用一些常用的方法来创建和应用颜色。

7.3.1 应用现有颜色

如前所述，在 Illustrator 中，每个新建的文档都有其默认的一系列可用的颜色色板。这里使用颜色的第一种方法，就是使用现有颜色给形状上色。

> **Ai** **注意：** 在本课中，将在颜色模式为 CMYK 的文档中工作，这意味着创建的大多数颜色默认由青色、洋红色、黄色和黑色组成。

1. 单击文档窗口顶部的 ArtSign.ai 文档选项卡（如果没有关闭 L7_end.ai 文档的话）。
2. 在文档窗口左下角的画板导航菜单中选择"1 Art Sign"（如果未选中它的话），然后选择"视图">"画板适合窗口大小"。
3. 使用选择工具（▶），单击选择背景中的红色形状。
4. 在右侧的"属性"面板中单击填色框（■），显示面板，在此面板中单击"填色"选项（▦），显示保存的默认色板。将鼠标指针放在列表中的任意颜色上，将会显示该颜色的工具提示。单击应用名为"Sign Bg"的蓝色来更改所选图稿的填充颜色，如图 7-5 所示。

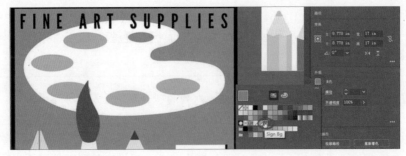

图7-5

5. 按 Esc 键隐藏色板面板。

7.3.2 创建自定义颜色

在 Illustrator 中有很多种创建自定义颜色的方法。使用"颜色"面板（"窗口" > "颜色"）或颜色混合器可以将颜色应用于对象的填色和描边，也可以使用不同的颜色模式（例如 CMYK）编辑和混合颜色。"颜色"面板和颜色混合器显示选定内容的当前填色和描边，并且可以从面板底部的色谱栏直观地选择颜色或混合自己的颜色，并以各种方式更改颜色值。接下来，将使用颜色混合器来创建自定义颜色。

1. 使用选择工具（ ▶ ），单击画板顶部 Art 一词下面的灰色椭圆，如图 7-6 所示。

图7-6

2. 在右侧的"属性"面板中单击填色框（ ▨ ），以便显示面板，在出现的面板中选择"颜色混合器"选项（ ▨ ）。

3. 在色谱的浅绿色部分单击选取一种浅绿色，并将它应用于填色，如图 7-7 所示。

图7-7

由于光谱很小，因此很难取样到相同的颜色。稍后就会编辑它。

如果在以这种方式创建颜色时选择了图稿，则会自动应用该颜色。

Ai | **提示**：CMYK 各自满值均为 100%。

---

4. 如图 7-8 所示，在"颜色混合器"面板的 CMYK 文本字段中输入下列值"C = 52 M = 0 Y = 100 K = 0"。这将确保我们使用相同的绿色。

在"颜色混合器"面板中创建的颜色仅保存在所选图稿的填色或描边色中。如果想在文档的其他地方轻松重用此颜色，则可以在"色板"面板中将它保存为色板。如前所述，所有文档都以默认的色板值开始。在"色板"面板中保存或编辑的任意颜色仅适用于当前文档（默认情况下），因为每个文档都有自己的定义色板。

图7-8

7.3.3 将颜色存储为色板

可以为文档中不同类型的颜色、渐变和图案命名并将它们保存为色板，以便稍后可以应用并编辑它们。"色板"面板以创建顺序列出了色板，但可以根据自己的需要重新进行排序。

接下来，会将刚才创建的绿色保存为色板，以便可以轻松重用它。

1 在右侧的"属性"面板中单击填色框（▨），以便显示面板，在面板的顶部单击"色板"按钮，以便查看色板。在面板底部单击"新建色板"按钮（▤），根据所选图稿的填色创建一个色板，如图7-9所示。

2 如图7-10所示，在出现的"新建色板"对话框中，更改下列选项。
   • 色板名称：Light Green。
   • 添加到我的库：取消选中它（第13课将介绍有关"库"的更多信息）。

图7-9   图7-10

 提示：命名颜色仅是一种形式，可根据它的 CMYK 值（C=45 …）、外观（light green）、用途（text header）或其他属性命名。

注意，默认会选中"全局色"。新建的色板默认是全局色。这意味着，如果稍后编辑此色板，则无论是否选中图稿，应用此色板的位置都会自动更新。

3 单击"确定"，保存色板。

注意，新建的 Light Green 色板在"色板"面板中高亮显示（它周围有一个白色框），这是因为已自动应用它给选中形状上色了。还要注意此色板右下角的小白色三角形，如图 7-11 所示。这表明它是一个全局色。

图7-11

 注意：如果此面板隐藏了，则单击"属性"面板中的填色框。

---

4 保持选中此 Light Green 填色形状，以便下一节使用。

7.3.4 创建色板的副本

创建颜色并将它保存为色板的一种简单方法是制作色板的副本。接下来，将通过复制和编辑 Light Green 色板来创建另一个色板。

1 仍选中此形状，在右侧的"属性"面板中单击填色框（▢），显示面板。在面板的顶部单击"色板"按钮，以便查看色板（如果为显示色板的话）。应该会看到突出显示了 Light Green 色板，因为它应用于此形状。

2 从面板菜单（▤）中选择"复制色板"，如图 7-12 所示。

图7-12

> **Ai** | **注意**：此图显示了单击显示面板菜单的位置。

这将根据所选图稿的填色（Light Green 色板）创建一个新色板，并且现在它已应用于所选形状。

3 单击将原始 Light Green 色板应用于所选形状。

4 使用选择工具（▶），单击 FINE 一词下方的灰色椭圆选择它，如图 7-13 所示。

5 在"属性"面板中单击填色框，并双击绿色色板副本，将它应用于所选图稿并编辑颜色设置，如图 7-14 所示。

图7-13

图7-14

> **Ai** | **提示**：在"色板选项"对话框中，"颜色模式"菜单允许将颜色模式更改为 RGB、CMYK、灰度或创建的其他模式。

6 在"色板选项"对话框中，将名称更改为 Orange，将值更改为"C = 6 M = 51 Y = 89 K = 0"，并确保取消选中了"添加到我的库"。单击"确定"，如图 7-15 所示。

图7-15

确保新的 Orange 色板应用于所选形状。

7.3.5 编辑全局色板

下面，会将一种颜色保存为全局色。编辑全局色时，不论是否选中相应对象，都将会更新所有应用该颜色的图稿的颜色。

1 使用选择工具（▶）单击选择刚应用了 Orange 色板的橘色椭圆下方的灰色椭圆，如图 7-16 所示。

2 在"属性"面板中单击填色框（▨），并单击面板底部的"新建色板"按钮（▣）。

图7-16

3 如图 7-17 所示，在"新建色板"对话框中，更改下列选项。

- 色板名称：Pink。
- 全局色：选择它（默认设置）
- 将 CMYK 值更改为"C = 5 M = 100 Y = 60 K = 0"。
- 添加到我的库：取消选择它。

4 单击"确定"。

注意，新建的色板与灰色色板位于同一行，如图 7-18 所示。选中了形状时，它的填色为灰色，因此在此面板中选中了灰色色板。当单击"新建色板"按钮，创建一种新颜色时，将会创建被选中色板的副本，并将新建的色板放在原始色板的旁边。

图7-17

图7-18

 注意：如果此面板隐藏了，则单击"属性"面板中的填色框。

---

5 将 Pink 色板拖动到 Orange 色板右侧，如图 7-19 所示。

6 使用选择工具单击画板底部的尺子形状。在"属性"面板中单击填色框，选择名为 Pink 的新色板，如图 7-20 所示。

图7-19

7　仍选中尺子形状，在"属性"面板中单击填色框（）。双击名为 Pink 的色板。在"色板
选项"对话框中，将 Y 值（黄色）更改为 30%，选择"预览"，以便查看变化（可能需要
在另一个字段中单击查看变化），然后单击"确定"，如图 7-21 所示。

图7-20

图7-21

虽然没有选中任何对象，但所有应用此全局色的形状都更新了颜色。

7.3.6　编辑非全局色板

默认情况下，Illustrator 自带的默认颜色不会保存为全局色板。这意味着编辑这些色板不会更
新使用该颜色的图稿，除非选择了该图稿。下面将应用并编辑未保存为全局色板的色板。

1　选中选择工具（▶），单击选择背景中首先应用了填色的大蓝色形状。

2　在"属性"面板中单击填色框（），然后单击工具提示为"C=75 M=0 Y=75 K=0"的绿
色色板应用它，如图 7-22 所示。

图7-22

在"色板"面板中,绿色色板的右下角没有小白色三角形,如图7-23所示,这表明它并不是一个全局色板。

3　选择"选择">"取消选择"。

4　选择"窗口">"色板",打开"色板"面板。
双击刚才应用的色板编辑它。
"属性"面板中的大多数格式化选项都可以通过"窗口"菜单在单独面板中找到。例如,打开"色板"面板是无须选择图稿即可使用颜色的一种有效方式。

图7-23

5　在"色板选项"对话框中,将名称更改为Background,并将值更改为"C=80 M=10 Y=45 K=2",选择"预览",如图7-24所示。

图7-24

Ai　注意:要将现有色板更改为全局色板,需要选中之前应用这个色板的所有形状,再编辑色板。或者先编辑色板使之成为全局色板,再对图稿内容重新应用该色板。

注意,背景形状的颜色并未改变。这是因为此色板并不是全局色板(在"色板选项"对话框中并未选中"全局色")。如果编辑非全局色板,则只有应用了此色板的所选形状会更新颜色。

6　单击"确定"。单击"色板"面板组顶部的 × 关闭它。

7　单击选择背景形状。在"属性"面板中单击填色框(▢),注意到应用的不再是绿色色板。

8　单击刚才编辑的绿色Background色板,再次应用它,如图7-25所示。

图7-25

7.3.7 使用拾色器创建颜色

创建颜色的另一种方法是使用拾色器。可以使用拾色器在色域、色谱条中直接输入颜色值或
单击色板以选择颜色，在 InDesign 和 Photoshop 等其他
Adobe 应用中也是如此。下面，将使用拾色器创建颜色，
然后在"色板"面板中将颜色存储为色板。

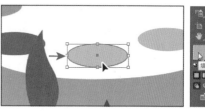

图7-26

1. 使用选择工具（▶）单击棕色笔尖右侧的灰色
   椭圆。
2. 在文档左侧的工具面板底部双击灰色"填色"
   框，打开"拾色器"，如图 7-26 所示。

   在"拾色器"对话框中，左侧的色域显示了饱和度（水平方向）和亮度（垂直方向），而
   右侧条状的色谱条则显示了色相。
3. 在"拾色器"对话框中，单击并上下拖动色谱条（图 7-27 中标为 B 的区域）的滑块，改
   变颜色范围，确保最终滑块在蓝色上（不一定要完全一样）。

Ai | **提示**：还可以通过输入 HSB、RGB 值来修改颜色谱。

---

4. 在色域（图 7-27 中标为 A 的区域）中单击并拖动。左右拖动时，调整的是饱和度，而上
   下拖动时，调整的是亮度。单击"确定"时创建的颜色出现在新的颜色矩形中，图 7-27
   中标为 C 的区域。不要担心与图中的数字不一致。

在色谱条中拖动　　　　　　在色域中拖动

图7-27

5. 在 CMYK 字段中，将值更改为"C = 90 M = 15 Y = 0 K = 0"。
6. 单击"确定"，应该会看到蓝色被应用于形状的填色。
7. 在"属性"面板中，单击填色框（▦）。单击面板底部的"新建色板"按钮（▣），在"新
   建色板"对话框中更改下列选项。
   - 色板名称：Blue。
   - 全局色：选中它（默认设置）。
   - 添加到我的库：取消选中它。

注意：拾色器中的"颜色色板"按钮可显示"色板"面板中的色板和默认的色标簿（Illustrator 中的色板组）。可通过单击"颜色模式"按钮，返回到色谱条和色域，然后继续编辑色板值。

8 单击"确定"，在"色板"面板中查看新出现的色板。

9 选择"选择" > "取消选择"，然后选择"文件" > "存储"。

7.3.8 利用 Illustrator 色板库

色板库是一组预设的颜色，如 Pantone、TOYO 以及诸如"大地色调"和"冰淇淋"等的主题库。而 Illustrator 默认的色板库出现在一个独立的面板中，不能对其进行编辑。将色板库中的颜色应用于图稿时，该颜色就加入到随当前文档一起存储的"色板"面板中。因此，创建颜色时以色板库为基础，是非常不错的选择。

 注意：有时可能会在同一个工作中同时使用印刷色（通常是 CMYK）和专色（例如 PANTONE）。例如，可能需要使用一种专色来打印一份年会报告的纸张中所有的公司徽标（LOGO），而其中的图片则用印刷色即可。这时，就需要 5 种油墨（4 种标准印刷色油墨和一种专色油墨）来印刷了。

下面，将使用 Pantone Plus 库创建一种专色，它使用专色油墨进行打印，然后将此颜色应用于图稿。在 Illustrator 中定义的颜色和稍后打印出的颜色可能不同。因此，大多数印刷人员和设计师使用颜色匹配系统（如 PANTONE 系统），来确保颜色的一致性并为该专色提供更多种颜色。

7.3.9 添加专色

在本节中，您将会学习如何打开颜色库（如 PANTONE 颜色系统）和如何将 PANTONE MATCHING SYSTEM（PMS）颜色添加到"色板"面板中。

1 选择"窗口" > "色板库" > "色标簿" > PANTONE+ Solid Coated，如图 7-28 所示。PANTONE+ Solid Coated 库自成一个面板。

2 在查找文本框中输入 137，以过滤该列表并显示更少的色板。

3 单击色板 PANTONE 137 C 将它添加到此文档的"色板"面板中，如图 7-29 所示。单击查找文本框右侧的 × 停止筛选。

图7-28

图7-29

4 关闭 PANTONE+ Solid Coated 面板。

Ai | **注意**：退出并重启 Illustrator 时，该 PANTONE 面板将不会打开。要让该面板在 Illustrator 重新启动后自动打开，可在该面板菜单（▤）中选择"保持"。

---

5 选中选择工具（▶），按住 Shift 键并单击 ARTISTRY 中字母 S 下方的 3 个白色铅笔形状。确保在"色板"面板中选中了"填色"框，并选择 PANTONE 137 C 色板填充形状。

Ai | **提示**：也可以选择"窗口">"色板库">"色标簿">PANTONE+ Solid Coated。

---

6 在"属性"面板中单击填色框（▢），显示色板并选择 PANTONE 137 C 色板来填充形状，如图 7-30 所示。

图7-30

7 选择"选择">"取消选择"，然后选择"文件">"存储"。

"色板"面板中的PANTONE色板与其他色板

在"色板"面板中，可通过专色图标（▣）来识别专色色板。在列表视图中，可通过专色图标识别专色色板，在缩览图视图中，专色色板右下角有一个点（▣）；而印刷色没有专色图标/点。

7.4 创建并存储色调

色调是混合了白色的较淡颜色版本。可基于全局印刷色（比如 CMYK）或专色创建色调。下面，将创建 PANTONE 色板的一种色调。

1 使用选择工具（▶）单击中间的黄色铅笔形状。

2 在右侧的"属性"面板中单击"填色"框。在出现的面板中单击顶部的"颜色混合器"按钮（▣）。

在"创建自定义颜色"一节中，使用"颜色混合器"滑块创建了一种自定义颜色，并且是从头开始创建自定义颜色。现在，会看到一个代表色调的滑块 T。针对全局色板使用颜色混合器时，将创建一种色调，而不是混合 CMYK 值。

3 将色调滑块向左拖动，以便将色调值更改为 70%，如图 7-31 所示。

图7-31

4 单击面板顶部的"色板"选项（▦），以便显示色板。单击面板底部的"新建色板"按钮（▦），保存此色调，如图 7-32 所示。

图7-32

5 将鼠标指针放在此色板图标上，将显示其名称 PANTONE 137 C 70%。

6 选择"选择">"取消选择"，然后选择"文件">"存储"。

7.4.1 转换颜色

使用颜色时，Illustrator 提供了"编辑颜色"命令（"编辑">"编辑颜色"），可以为选定的图稿转换颜色模式、混合颜色、反转颜色。下面会把铅笔的 PANTONE 颜色（PANTONE 137 C）更改为 CMYK 颜色。

1 选择"选择">"现用画板上的全部对象"，选择画板上的所有图稿，包括应用了 PANTONE 颜色和色调的形状。

2 选择"编辑">"编辑颜色">"转换为 CMYK"。

 注意：目前，"编辑颜色"菜单中的"转换为 RGB"是不可选的。这是因为文档的颜色模式是 CMYK 颜色。要将所选内容的颜色转换为 RGB，可以选择"文件">"文档颜色模式">"RGB 颜色"。

现在选中的形状应用的都是 CMYK 颜色了。使用这种转变方式并不会影响"色板"面板中的 PANTONE 颜色（PANTONE 137 C），因为这仅是将所选图稿的颜色转换为 CMYK 颜色。"色板"面板中的色板不再应用于此图稿。

7.4.2 复制外观属性

有时可能只需要将一些外观属性（比如文本格式、填色和描边）从一个对象复制到另一个对象。可以使用吸管工具（ ✐ ）来加快创作过程。

1 选择"选择">"取消选择"。

 提示：要修改吸管工具挑选和应用的属性，可在取样前双击工具面板中的吸管工具。

2 使用选择工具（ ▶ ）选择最后一个灰色椭圆。

3 在左侧的工具面板中选择吸管工具（ ✐ ），单击铅笔的黄色 / 橙色（不是色调），如图 7-33 所示。

灰色椭圆与铅笔形状的属性一样，包括 1 pt 的黑色描边。

4 在"属性"面板中单击描边色（ ▣ ），并将颜色更改为"无"（ ▢ ）。

5 在工具面板选中选择工具（ ▶ ）。

6 选择"选择">"取消选择"，然后选择"文件">"存储"。

图7-33

7.4.3 创建颜色组

在 Illustrator 中，可将颜色存储到颜色组中。在"色板"面板中，颜色组包含了一系列相关的颜色色板。而根据用途来组织颜色（比如将所有用于徽标的颜色编组）对组织和管理文档很有帮助。另外，颜色组不能包含图案、渐变、"无"颜色或注册颜色。

下面，将针对创建的色板创建一个颜色组，以保持条理。

1 选择"窗口">"色板"，打开"色板"面板。在"色板"面板中，单击名为 Sign Bg 的颜色以选择它。按住 Shift 键，单击右侧名为 Blue 的色板，选择 5 个色板，如图 7-34 所示。

 提示：可能需要拖动"色板"面板底部，以便查看更多内容。

2 单击"色板"面板底部的"新建颜色组"按钮（ ▤ ），如图 7-35 所示。在"新建颜色组"对话框中，将名称更改为 Palette Colors，然后单击"确定"，保存颜色组。

 注意：如果在图稿中有对象被选中的情况下，单击"新建颜色组"按钮，将出现一个扩展的"新建颜色组"对话框。

这时可使用图稿中的颜色创建颜色组，并将这些颜色转换为全局色。

3 使用选择工具（▶）单击"色板"面板的空白区域，以便取消选择刚创建的颜色组，如图7-36所示。

要单独编辑颜色组中的某个色板，可以双击该色板并在"色板选项"对话框中编辑其值。

图7-34

图7-35

图7-36

4 单击颜色组中名为 Sign Bg 的色板并将其拖动到 PANTONE 137 C 70% 色板的右侧，如图7-37所示。保持"色板"面板打开。

图7-37

> **Ai** | **提示**：除了可将颜色拖入/拖出颜色组，还可以重命名颜色组，对组内颜色重新排序以及进行其他各种操作。

可以将颜色拖进或拖出颜色组。拖入颜色组时，确保组中色板的右侧出现了一条短粗线。否则，可能会出现错误操作。这时可选择"编辑"＞"还原移动色板"，撤销操作后重新尝试。

7.4.4 创意灵感与"颜色参考"面板

制作图稿时，"颜色参考"面板可以提供各种颜色，以激发创作的灵感。还可使用它选择颜色色调、近似色等，并将其应用于图稿，使用多种方法编辑它们，并将其保存为"色板"面板中的颜色组。接下来，将使用"颜色参考"面板来为将成为徽标一部分的几支铅笔选择不同的颜色，然后在"色板"面板中将这些颜色保存为颜色组。

1 在文档窗口左下角的画板导航菜单中选择"2 Pencils 1"。

2 使用选择工具（▶）单击深绿色的铅笔杆，如图 7-38 所示。确保在工具面板或"色板"面板中选中了"填色"框。

3 选择"窗口"＞"颜色参考"，打开"颜色参考"面板。单击"将

图7-38

基色设置为当前颜色"按钮（）（见图7-39）。

图7-39

这样做会让"颜色参考"面板根据该按钮的颜色来推荐颜色。在"颜色参考"面板中看到的颜色可能有所差异，这没有关系。

> **提示**：除默认的淡色 / 暗色外，还可以选择其他不同的颜色变体，如冷色 / 暖色。
> 单击"颜色参考"面板菜单按钮（▤），并从中选择即可。

下面，将尝试使用协调规则来创建颜色。

4 在"颜色参考"面板的"协调规则"下拉列表（图7-40中使用红色圈出的部分）中选择"近似色"。

在深绿色基色的右侧，创建了一个颜色的基本组，而一系列基本组的暗色和淡色就出现在了面板中。这里有许多种协调规则可选，而每种都会基于选中的颜色生成一种颜色策略。而这里设置的基色（绿色）就是生成颜色策略的基色。

5 单击"颜色参考"面板底部的"将颜色保存到'色板'面板"按钮（▤），将这些基色（顶部的 5 种颜色）作为一个颜色组保存到"色板"面板中，如图7-40所示。保持此面板打开。

6 选择"选择">"取消选择"。

在"色板"面板中，应该会看到添加了一个新组，如图7-41所示。可能需要向下滚动，以便查看添加的新组。

接下来，将使用刚得到的颜色组来创建另一个颜色组。

7 在"颜色参考"面板的色板列表中，选择第四排从左侧数第五个颜色（见图7-42）。如果铅笔杆仍被选中，则它现在将充满黄色 / 绿色。

图7-40　　　　　　　图7-41　　　　　　　图7-42

注意：如果使用的不是建议的颜色变体，那么本节中所用的颜色将会不同。

8 单击"将基色设置为当前颜色"按钮（■）（图 7-43 中使用红色圈出的位置），确保面板创建的所有颜色都基于此黄色 / 绿色。

9 从"协调规则"菜单中选择"三色组合 2"。

10 单击"将颜色保存到'色板'面板"按钮（■）。将这些颜色作为一个颜色组保存到"色板"面板中，如图 7-44 所示。

图7-43

图7-44

7.4.5 在"编辑颜色"对话框中编辑颜色组

在"色板"面板或"颜色参考"面板中创建颜色组后，仍可编辑"色板"面板中的各个颜色或整个颜色组（双击"色板"面板中的每个颜色或颜色组）。本节将介绍如何使用"编辑颜色"对话框编辑颜色组中的颜色。然后，将会用这些颜色对图稿上色。

图7-45

1 选择"选择" > "取消选择"（如果它是可用的）。
取消选择的这步操作很重要！如果在图稿被选中的情况下编辑颜色组，这些更新将作用于被选中的图稿。

2 在"色板"面板中，单击最底部刚创建的颜色组左侧的"颜色组"图标（■），以便选中该颜色组。图 7-45 中使用红色圈出了该颜色组。

 提示：没有选中图稿的任何内容时，可通过双击颜色组图标来打开"编辑颜色"对话框。

3 单击"色板"面板底部的"编辑颜色组"按钮（●），打开"编辑颜色"对话框。"编辑颜色组"按钮（●）在"色板"面板和"颜色参考"面板中都有出现。"编辑颜色"对话框可以通过各种方法创建、编辑颜色组。在此对话框右侧，"颜色组"的下方，是所有现有颜色组列表。

4 在颜色组中选择"颜色组 2"，并在文本框中将其重命名为 Pencil Colors，如图 7-46 所示。这是重命名颜色组的一种方法。

接下来，将对 Pencil Colors 组中的颜色进行一些更改。在"编辑颜色"对话框的左侧，可编辑整个颜色组，也可独立编辑每个颜色；可直观编辑，也可输入数据以便精确编辑颜色。在色轮中标示了该颜色组中每种颜色的标记（圆圈）。

5 在对话框左侧的色轮中，蓝色圆圈（标记）位于色轮的左下部分，将其向左下方拖动一些，如图 7-47 所示。

图7-46　　　　　　　　　　　　　图7-47

> **Ai** | 提示：颜色组中的所有颜色一起移动或改变。这是因为默认情况下它们是联动的。

将颜色标记向色轮边缘拖动来提高饱和度，将颜色标记向色轮中央拖动来降低饱和度，将颜色标记绕色轮顺时针 / 逆时针转动，则是调整颜色的色相。

> **Ai** | 注意：最大的黄色 / 绿色标记是最初在"颜色参考"面板中设置的颜色组的基色。

6 向右拖动色轮正下方的"调整亮度"滑块，以便同时加亮所有的颜色，如图 7-49 所示。下面，将独立地编辑颜色组中的各个颜色，并将其保存为一个新的颜色组。

> **Ai** | 注意：如果想将颜色设置得与本课预设值接近，可在"编辑颜色"对话框中，将色轮下方的 H（高）、S、B 值调成如图 7-48 所示的数值。

7 单击"编辑颜色"对话框中的"取消链接协调颜色"按钮（），以便独立地编辑颜色。颜色标记（圆圈）与色轮中心之间的线条将变成虚线，这表明可独立地编辑颜色了。下面，将通过输入特定颜色值来编辑颜色，而不是拖动色轮中的标记。

8 单击色轮下方 HSB 值右侧的"颜色模式"图标（），选择"CMYK"（如果 CMYK 滑块不可见的话），如图 7-49 所示。

> **Ai** | 注意：此图显示了更改 CMYK 值的结果。

图7-48

图7-49

9 单击选择色轮右上方的红色 / 紫色标记。将 CMYK 值更改为 "C = 29 M = 81 Y = 100 K = 28"，如图 7-50 所示。

注意，仅有该红色 / 紫色标记在色轮中移动了。这是因为单击了 "取消链接协调颜色" 按钮。保留该对话框为打开状态，以便之后使用。

> **Ai** **注意**：如果 "编辑颜色" 对话框中的颜色标记与图 7-50 中所示的颜色不同，这没有关系。

10 在 "编辑颜色" 对话框的右上角，单击 "将更改保存到颜色组" 按钮（ ），以便保存所做修改，如图 7-51 所示。

图7-50

图7-51

如果决定对另一个颜色组的颜色进行更改，可以在 "编辑颜色" 对话框的右侧选择该颜色组，并在对话框左侧编辑即可。

然后，可以将更改保存到颜色组，方法是单击对话框右上角的 "将更改保存到颜色组" 按钮（ ）。

> **Ai** **注意**：单击 "确定" 按钮后，如果出现了对话框，单击 "是" 将修改保存至颜色组即可。

11 单击“确定”，关闭“编辑颜色”对话框。而更改后的颜色都将显示在“色板”面板中。如果看到的颜色与图 7-52 不一致也没关系。

12 选择“文件”>“存储”。

图7-52

7.4.6 编辑图稿中的颜色

使用“重新着色图稿”命令可以编辑选定图稿的颜色。在没有使用全局色板时，这非常有用，但更新选定图稿的颜色时可能会花费些时间。接下来，将编辑铅笔图稿的颜色，而它所使用的一些颜色并不是全局色板。

Ai | **提示**：还可以选择“编辑”>“编辑颜色”>“重新着色图稿”。

---

1 选择“选择”>“现用画板上的全部对象”，选择所有图稿，如图 7-53 所示。

2 在“属性”面板中单击“重新着色”按钮，打开“重新着色图稿”对话框。

在“重新着色图稿”对话框中，可以编辑、重新指定或减少所选图稿的颜色数，还可以创建和编辑颜色组。它和“编辑颜色”对话框十分相似。最大的不同在于“编辑颜色”对话框只能编辑颜色和颜色组，而“重新着色图稿”对话框还可以动态编辑当前所选图稿的颜色。

图7-53

3 在“重新着色图稿”对话框中，单击对话框右侧的“隐藏颜色组存储区”图标（◀）（见图 7-54 ）。

和“编辑颜色”对话框相似，“色板”面板中所有的颜色组都出现在“重新着色图稿”对话框的右侧（颜色存储区）。在该对话框中，可以用这些颜色组中的颜色为所选图稿上色。在本节中，只需要编辑所选图稿中的颜色。

4 单击“重新着色图稿”对话框右上角的“从所选图稿获取颜色”图标（✎），以便确保所选图稿的颜色显示在此对话框中。

5 单击“编辑”选项卡，使用色轮编辑图稿中的颜色。

6 确保“链接协调颜色”图标是禁用的，以便独立编辑各个颜色。“链接协调颜色”图标是

[8]而不是[8]。

颜色标记（圆）与色轮的中心之间的线应该是虚线。创建颜色组后，可使用色轮和 CMYK 滑块来编辑颜色。这一次，将使用另一种方法来调整颜色。

7 单击"显示颜色条"按钮（▦），以便显示所选图稿应用的颜色，如图 7-55 所示。

图7-54   图7-55

8 单击深橙色的颜色条。

Ai **提示**：如果要恢复原始徽标的颜色，可单击"从所选图稿获取颜色"按钮（⚲）。

---

9 在此对话框的底部，将 M 值（洋红色）更改为 100，如图 7-56 所示。如果此对话框没有遮住图稿，则可以看到图稿的变化。

图7-56

10 单击当前选定颜色条右侧的浅橙色颜色条。

将鼠标指针放在浅橙色颜色条上，右键单击并从显示的菜单中选择"选择底纹"。在底纹拾色器中单击并拖动，以便更改该颜色条的颜色。在底纹菜单外单击关闭它。

Ai **注意**：如果没有看到 CMYK 滑块，则从"重新着色图稿"对话框滑块右侧的菜单（▤）中选择 CMYK。

编辑颜色有许多颜色选项，是另一种观察和编辑颜色的方法。有关其选项的更多信息，请在 Illustrator 帮助（"帮助" > "Illustrator 帮助"）中搜索"颜色组（协调规则）"。

 提示：要将编辑后的颜色保存为颜色组，可以单击"重新着色图稿"对话框右侧的"显示颜色组存储区"图标（▶），然后单击"新建颜色组"按钮（🔲）。

11 在"重新着色图稿"对话框中单击"确定"。

12 选择"选择" > "取消选择"，然后选择"文件" > "存储"。

使用Adobe颜色主题

"颜色主题"面板（"窗口" > "颜色主题"）显示并同步使用您的账户在Adobe Color CC网站上创建的颜色主题。在Illustrator CC中使用的Adobe ID会自动登录到Adobe Color CC网站，并且"颜色主题"面板会显示最新的Adobe颜色主题。

 注意：有关使用"颜色主题"面板的更多信息，请在 Illustrator 帮助（"帮助" > "Illustrator 帮助"）中搜索"颜色主题"。

7.4.7　给图稿指定颜色

从前面的章节中了解到，在"重新着色图稿"对话框中，可以直接编辑图稿中现有的颜色，还可以选择一个已存在的颜色组指定给图稿。下面，将指定一个颜色组给其他图稿上色。

1 在文档窗口左下角的画板导航菜单中选择"3 Pencils 2"。

2 选择"选择" > "现用画板上的全部对象"，选择彩色铅笔图稿，如图 7-57 所示。

3 在"属性"面板中单击"重新着色"按钮，打开"重新着色图稿"对话框。

4 单击对话框右侧的"显示颜色组存储区"图标（▶），显示颜色组。确保选中对话框左侧顶部的"指定"选项卡。

图7-57

在"重新着色图稿"对话框的左侧，注意，选中铅笔图稿所应用的颜色出现在"当前颜色（7）"栏，而且是按"色相 – 向前"排序。这表明从上到下的顺序是按照色轮中的排序：红色、橘色、黄色、绿色、蓝色、靛蓝色和紫色。

 注意：如果图稿的颜色没有改变，确保选中了"重新着色图稿"左下角的"图稿重新着色"。

5 在"重新着色图稿"对话框的"颜色组"下，选择之前创建的 Pencil Colors，如图 7-58 所示。画板上的所选图稿应该改变颜色。

图7-58

在"重新着色图稿"对话框的左侧，注意到 Pencil Colors 颜色组的颜色被指定给铅笔图稿。"当前颜色"栏显示的是铅笔图稿中的原始颜色，而"新建"栏显示的是铅笔图稿将会变成什么颜色（被指定了哪种颜色）。

> **Ai** | **注意**：指定颜色组时，白色、黑色和灰色是典型的预留色，不会改变。

6 单击"隐藏颜色组存储区"图标（ ◀ ），隐藏颜色组。拖动对话框顶部的标题栏，以便观察图稿的变化。

7 单击"当前颜色"栏中奶油色右侧的小箭头（见图 7-59）。

图7-59

这会告诉 Illustrator 不要更改所选图稿（铅笔原图）的颜色。

您也可能不喜欢 Pencil Colors 组中的颜色指定给图稿的方式。可以用不同的方式在"新建"栏中编辑颜色，甚至重新指定当前颜色。

8　在"当前颜色"栏中，将较浅的蓝色条向上拖动到较深的蓝色条上方，如图 7-60 所示。

图7-60

基本上，您只是告诉 Illustrator 使用"新建"栏中的洋红色（红色）取代深蓝色和浅蓝色。Illustrator 使用与原始颜色相同的色调值来指定两种颜色。

9　在"新建"栏中，将顶部的黄色框向下拖动到蓝色的上方，如图 7-61 所示，然后释放鼠标左键。

图7-61

这是将颜色组重新指定给图稿的一种方法。而"新建"栏中的颜色是图稿中会出现的颜色。如果单击"新建"栏中的一个颜色，会注意到通过对话框底部的 CMYK 滑块可以编辑它。

10 单击"新建"栏（图 7-62 中使用红色圈出的部分）中的酒红色（红色）框。将 Y 值（黄色）更改为 100%。

 提示：也可以在"新建"栏中双击颜色，在拾色器中编辑颜色。

11 单击对话框右侧的"显示颜色组存储区"图标（ ），显示颜色组。

12 单击"重新着色图稿"对话框右上角的"将更改保存到颜色组"按钮（ ），以便保存编辑后的颜色组。此时对话框仍为打开状态。

13 单击"确定"，关闭"重新着色图稿"对话框，此时被编辑的颜色已被保存到"色板"面板中。

 注意：有关如何使用颜色组的更多信息，请在 Illustrator 帮助（"帮助" > "Illustrator 帮助"）中搜索"使用颜色组"。

14 选择"选择" > "取消选择"，然后选择"文件" > "存储"，如图 7-63 所示。

图7-62

图7-63

在"重新着色图稿"对话框中，包含许多用于编辑选中图稿的颜色的选项，比如减少颜色数、应用其他颜色（如 PANTONE 颜色）以及其他设置。可以关闭"颜色参考"面板组和"色板"面板组。

7.5　使用实时上色

实时上色能够自动检测、校正原本将影响填色和描边色应用的间隙，并给矢量图形上色。路径将绘图表面分割成不同的区域，其中每个区域都可上色。而不管该区域的边界是由一条路径还是多条路径构成。给对象实时上色，就像填充色标簿或者使用水彩给铅笔素描上色一样。

 注意：有关实时上色的更多信息，请在 Illustrator 帮助（"帮助" > "Illustrator 帮助"）中搜索"实时上色组"。

7.5.1 创建实时上色组

下面将使用实时上色工具给图稿上色。

1. 在文档窗口左下角的画板导航菜单中选择"4 Live Paint"。
2. 选中选择工具（▶），拖动选框，选中画板顶部的图稿，如图 7-64 所示。
   此图稿由一个闭合路径及在其上方绘制的 3 条线组成。

Ai **注意**：可以按 Esc 键，隐藏面板。

---

3. 在工具面板的形状生成器工具（🔾）组中选择实时上色工具（🔲）。
4. 单击右侧"属性"面板中的填色框，显示面板。单击面板顶部的"色板"选项，以便查看色板。单击选择原始 Palette Colors 组中名为 Light Green 的色板，如图 7-65 所示。

图7-64   图7-65

Ai **提示**：可以通过选择"对象">"实时上色">"建立"将选定的图稿转换为实时上色组。

---

5. 将鼠标指针放在形状的第一部分上（见图 7-66），然后单击将选定的形状转换为实时上色组。

图7-66

可单击任意形状，将其转换为实时上色组，此时选中的形状变成了绿色。使用实时上色工具单击已选中的形状，可创建实时上色组，并用该工具对其上色。创建实时上色组后，路径被当作对象组，仍是可编辑的。而移动路径或调整其形状时，将自动把颜色重新应用于编辑后的路径形成的区域。

7.5.2 使用实时上色组工具上色

将对象转换为实时上色组后，可以通过多种方法对其上色。

1 将鼠标指针放置在实时上色组中绿色区域的右侧，如图 7-67 所示。

将被上色的形状周围将会出现一个红色高亮的边界线，而鼠标指针上面将出现 3 个色板，如图 7-68 所示。所选颜色（浅绿色）位于中间。

图7-67   图7-68

2 按一次向右箭头键，选择橙色色板（鼠标指针上方的 3 个色板会有所反映）。单击将橙色应用于形状。

 注意：按箭头键来更改颜色时，"色板"面板中的此颜色会突出显示。可以按向上或向下箭头键，以及向左或向右箭头键来选择一种新色板进行上色。

3 在右侧的"属性"面板中单击填色框，单击选择名为 Pink 的色板。在橙色区域的右侧区域中单击（见图 7-69）。

4 在右侧的"属性"面板中单击填色框，单击选择 Blue 色板，然后在粉色区域的右侧单击。默认情况下，只能用实时上色工具进行填色。下面将了解如何使用实时上色工具进行描边上色。

5 在工具面板中双击实时上色工具（ ），这将打开"实时上色工具选项"对话框。选择"描边上色"选项，然后单击"确定"，如图 7-70 所示。

图7-69   图7-70

 注意：在工具面板中选择实时上色工具，还可以在"属性"面板中单击"工具选项"按钮来打开工具选项对话框。

6 在右侧的"属性"面板中单击描边色框，选择"[无]"（ ）。按 Esc 键隐藏色板面板。将鼠标指针直接放在颜色区域外的路径上，如图 7-71 所示。当鼠标指针变为一个画笔（ ）时，单击描边，删除描边颜色（通过应用"[无]"色板）。为其他两个描边重复相同的操作。

7 选择"选择">"取消选择"，然后选择"文件">"存储"，效果如图 7-72 所示。

图7-71   图7-72

7.5.3 修改实时上色组

建立实时上色组后，其中的每条路径仍是可编辑的。移动或调整路径后，之前填充的颜色不会像油画或图像编辑程序中那样保持不动。相反，Illustrator 将自动把颜色重新应用于编辑后的路径新区域。下面将编辑实时上色组中的路径。

1 选中选择工具（▶），拖动选中画板底部的灰色矩形和棕色手柄。如图 7-73 的第一部分。

图7-73

2 选择"对象">"实时上色">"建立"。

3 将选定的组直接向上拖动，使其与上面的白色矩形重叠。

4 使用选择工具，按住 Shift 键并单击白色矩形，选择两个对象。

5 在"属性"面板中单击"合并实时上色"按钮，将新的白色形状添加到实时上色组中。

6 在工具面板选择实时上色工具（🖌）。在"属性"面板中单击填色框，选择一种浅灰色。单击以对画笔的上半部分上色。在"属性"面板中为填色选择一种深灰色，并单击重叠区域以对其进行上色，如图 7-74 所示。

7 使用选择工具选中实时上色对象，双击实时上色对象，以便进入隔离模式。

8 单击底部的灰色形状（棕色手柄正上方）。向上拖动顶部的中间边界点，调整大小，如图 7-75 所示。

图7-74   图7-75

请注意，每次释放鼠标左键时，填色和描边色是如何变化的。

9　选择"选择">"取消选择"，然后按 Esc 键退出隔离模式。

10　选择"对象">"显示全部"，显示文件中画刷的刷尾如图 7-76 中箭头指示的方向。

11　选择"视图">"全部适合窗口大小"。

图7-76

12　选择"文件">"存储"，然后选择"文件">"关闭"。

7.6 复习

复习题

1 描述什么是全局色?
2 如何存储颜色?
3 描述什么是色调?
4 如何选择颜色的协调规则?
5 指出至少两种"重新着色图稿"对话框的作用。
6 说明实时上色能够完成哪些任务。

复习题答案

1 全局色是一种颜色色板,可以编辑它,它将自动更新应用该色板的所有图稿的颜色。所有专色都是全局色,而印刷色可以是全局色,也可以是局部色。
2 可以将颜色添加到"色板"面板来存储它,以便使用它给图稿中的其他对象上色。选择要存储的颜色,并执行以下操作之一即可。
   • 将其从填色框拖动到"色板"面板中。
   • 单击"色板"面板底部的"新建色板"按钮(▣)。
   • 从"色板"面板菜单(▤)中选择"新建色板"。
   • 从"颜色"面板菜单(▤)中选择"创建新色板"。
3 色调是混合了白色的较淡颜色版本。可基于全局印刷色(比如 CMYK)或专色创建色调。
4 可以在"颜色参考"面板中选择颜色协调规则。颜色协调规则可根据选定的基色来生成一种颜色策略。
5 "重新着色图稿"对话框可以更改选定图稿中的颜色,创建和编辑颜色组,重新指定或减少图稿中的颜色数。
6 实时上色能够自动检测、校正原本将影响填色和描边色应用的间隙,并给矢量图形上色。路径将绘图表面分割成不同的区域,其中每个区域都可上色,而不管该区域的边界是由一条路径还是多条路径构成。给对象实时上色,就像填充色标簿或者使用水彩给铅笔素描上色一样。

第8课　为海报添加文字

课程概述

在本课中，您将学习如何执行下列操作：

- 创建和编辑区域文字和点文字；
- 导入文本；
- 更改文本属性；
- 格式化文字；
- 使用修饰文字工具修改文本；
- 创建多列文本；
- 创建和编辑段落和字符样式；
- 将文本绕排在对象周围；
- 使用变形调整文本形状；
- 沿路径和形状创建文本；
- 创建文字轮廓。

 学习本课内容大约需要 75 分钟，请从配套资源中将文件夹 Lesson08 复制到您的硬盘中。

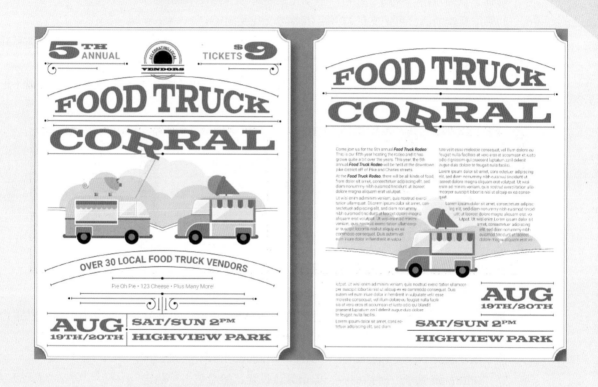

作为一种设计元素，文本在插图中
扮演了非常重要的角色。和其他对象一
样，也可以给文字上色，对其进行缩放、
旋转等操作。本课将探索如何创建基本
的文字和有趣的文字效果。

8.1 开始本课

在本课中，会为海报添加文字，但在此之前需要恢复 Adobe Illustrator CC 的默认首选项，并打开本课最终完成的图稿文件，以便查看最终效果。

1 确保工具和面板的功能如本课所述，请删除或禁用（重命名）Adobe Illustrator CC 首选项文件。

2 启动 Adobe Illustrator CC。

3 选择 "文件">"打开"。找到 Lessons>Lesson08 文件夹中名为 L8_end.ai 的文件，如图 8-1 所示。单击 "打开"。可能会因为文件使用的某一特定的 Typekit 字体而导致出现 "缺少字体" 对话框，只需单击 "关闭" 即可。本课稍后将详细介绍 Typekit 字体。

   如果您喜欢的话，可把文件打开后供参考。我关闭了它。

4 选择 "文件" > "打开"，在 "打开" 对话框中，找到硬盘上的 Lessons>Lesson08 文件夹并选择 L8_start.ai 文件，单击 "打开"，以便打开此文件。

此文件内已有非文本内容，如图 8-2 所示。之后将会为其添加所有文本元素，完成这张海报（正面和背面）。

图8-1

图8-2

5 选择 "文件" > "存储为"，在 "存储为" 对话框中，找到 Lesson08 文件夹，将文件重命名为 FoodTruck.ai。从 "格式" 菜单（macOS）选择 Adobe Illustrator（ai），或从 "保存类型" 菜单选择 Adobe Illustrator（*.AI）（Windows），单击 "保存"。

6 在 "Illustrator 选项" 对话框中，保留默认设置，然后单击 "确定"。

7 选择 "窗口" > "工作区" > "重置基本功能"。

> **Ai** 注意：如果在工作区菜单中，没有看到 "重置基本功能"，请在选择 "窗口" > "工作区" > "重置基本功能" 之前选择 "窗口" > "工作区" > "基本功能"。

8.2 添加文字

文字功能是 Illustrator 的一个强大功能。就像在 Adobe InDesign 中一样，可以在图稿中添加单行文字、创建多列和多行文字、沿形状或路径排列文字以及像使用图形对象那样使用文字。在

Illustrator 中，创建文本主要有 3 种不同的方式：点文字、区域文字和路径文字。

8.2.1 添加点文字

点文字是一行或一列文字，它从鼠标单击的位置开始，并随字符的输入而不断延伸。每行文本都是独立的，编辑时它将扩大或收缩，但不会换行，除非手动加入段标记或换行符。在图稿中添加标题或为数不多的单词时，可以使用这种方式。下面，将为海报添加一些点文字。

1 确保在文档窗口左下角的画板导航菜单中选择了"1 Poster"。

2 选择"视图">"画板适合窗口大小"，然后按"Command++"（macOS）或"Ctrl++"（Windows）组合键 3 次左右，进行放大。

3 选择"窗口">"图层"以便显示"图层"面板。如果未选中它的话，选择名为 Text 的图层，如图 8-3 所示。单击"属性"面板选项卡显示它。

图8-3

 注意：选择一个图层意味着之后创建的所有内容都将位于此图层上。第 9 课将介绍有关图层的所有信息和如何使用它们。

4 在工具面板中选择文字工具（ T ），在画板顶部的白色区域中单击（不要拖动）。画板上会出现一个光标和一些选定的占位符文本"Lorem ipsum"。输入"Pie Oh Pie • 123 Cheese • Plus Many More!，如图 8-4 所示。

图8-4

要在单词之间添加项目符号，可以选择"文字">"插入特殊字符">"符号">"项目符号"。还可以添加连字符（-）或其他字符。

 注意：以这种方式缩放点文字将拉伸文本，如果拖动任意边界点的话，可能生成不是整数的字体大小（例如 12.93 pt）。

5 在工具面板选中选择工具（ ▶ ），将右下方的边界点向左下方拖动，如图 8-5 所示。

图8-5

6 选择"编辑">"还原缩放"。

7 选择"视图">"画板适合窗口大小"。

8.2.2 添加区域文字

区域文字使用对象（比如矩形）的边界来控制字符的排列方式，或水平排列，或垂直排列。当文字到达边界时，将自动换行以限定在指定区域内。在需要创建一个或多个段落时，比如海报或小册子，可以使用这种方法。

要创建区域文字，可使用文字工具（**T**）单击要显示文字的地方，再拖动一个区域以创建一个区域文本对象（文本区域）。还可以将现有形状或对象转换成文本对象，方法是使用文字工具单击对象的边缘或内部。下面，将创建区域文本对象，并输入一些文字。

1　选择缩放工具（🔍），并在同一画板的左下角从左向右拖动。

2　选择文字工具（**T**），将鼠标指针放在画板的空白区域。单击并向右下方拖动，创建宽大约为 1in 且高大约为图 8-6 所示数字的文本区域。

图8-6

默认情况下，会使用所选的占位符文本填充文本对象，可以将占位符文本替换成自己的内容。

3　选中占位符文本，输入"Sat/Sun 2pm Highview Park"，如图 8-7 所示。

 提示：可以在首选项中更改填充文本对象的文本。选择 Illustrator CC>"首选项"（macOS）或"编辑">"首选项"（Windows），选择"文字"类别，并取消选择"用占位符文本填充新文本对象"，关闭此选项。

注意文本会水平自动换行，以便适应文本区域。

4　选中选择工具（▶），然后将右下方的边界点向左侧拖动，如图 8-8 所示，然后再拖动回右侧，查看文本是如何换行的。

可以拖动任何文本区域 8 个边界点中的任意一个来调整大小。

在继续之前，请确保该文本区域如图 8-9 所示。

图8-7　　　　　　　　图8-8　　　　　　　　图8-9

8.2.3 使用自动调整

默认情况下，使用文字工具拖动创建区域文本时，文本区域不会自动调整以适应其中的文本（与

InDesign 默认对待文本框的方式类似）。如果文本太多，则在文本区域以外的文本将不可见并且将被视为溢流文本。对于每个文本区域，可以启用自动调整功能，这样文本区域将自动调整以适应其中的文本。

Ai **注意**：此图显示的是双击之前的状态。

1 选择文本区域，查看底部的中间边界点，会看到一个小部件（⬇），表示文本区域未设置为自动调整大小。将鼠标指针悬停在小部件末端的方框上，鼠标指针变为 ⬇ 时双击，如图 8-10 所示。

双击该部件，将启用自动调整。在编辑文本时，文本框缩小和（仅）纵向增加以适应不断增加的文本并消除溢流文本（超出文本框的内容），无须手动重新调整文本框，如图 8-11 所示。

图8-10

图8-11

Ai **提示**：如果为选定的文本区域启用了自动调整，则将文本区域底部的一个边界点向下拖动会禁用自动调整。

2 选择文字工具（**T**），然后将鼠标指针放在 Park 之后，确保看到的鼠标指针是 ⌶ 而不是 ⌶，如图 8-12 所示，单击插入光标。按 Enter 或 Return 键，并输入 "Raleigh, North Carolina"。

图8-12

Ai **提示**：如果使用选择工具（▶）或直接选择工具（▷）双击文本，则将选中文字工具。

Ai **注意**：在本例中看到此鼠标指针（⌶）时，单击将创建一个新的点文本区域。

文本区域将纵向扩展以适应新文本。如果双击自动调整小部件，则将关闭此区域文字的自动调整。此文本区域将保持当前大小，无论将添加多少文本。

3 选择并删除"Raleigh, North Carolina"文本，如图 8-13 所示。

图8-13

 注意：还可以选择"编辑">"还原键入"来删除文本。在本课中，将介绍更多选择文本的方式。

注意，文本区域会纵向收缩以适应文本，因为此文本对象启用了自动调整。

8.2.4 在区域文字和点文字之间转换

可以轻松地在区域文本对象和点文本对象之间转换。如果通过单击（创建点文字）键入了一个标题，但稍后希望调整大小并添加更多文本，并且不会拉伸内部的文本，则在两种文字之间转换可能很有用。这种方法还适用于下列情况：从 Adobe InDesign 向 Illustrator 中粘贴一段文字，粘贴后是点文字类型。大多数情况下，它更适合作为区域文本对象，这样其中的文本可以流动。接下来会将一个文本对象从区域文字转换成点文字。

1 选中选择工具，按住 Option（macOS）或 Alt（Windows）键，并将上一节创建的文本对象向画板的右侧拖动，如图 8-14 所示。释放鼠标左键和修饰键以制作一个副本。

图8-14

 提示：在 Illustrator 中，在文本中单击一次会插入光标，单击两次会选择一个单词，单击三次将选择整个段落。

2 将鼠标指针移动到文本区域的左侧，双击插入光标并切换到文字工具。按"Command+A"（macOS）或"Ctrl+A"（Windows）组合键，选择文本区域内的所有文本，然后键入 AUG 19th/20th。

3 在 19th 中的 1 前面单击，如图 8-15 所示。按 Backspace 或 Delete 键，删除 AUG 和 19th 之间的空格。

4 按"Shift +Enter"（Shift+Return）组合键添加软回车，如图 8-16 所示。

图8-15   图8-16

提示：要查看软回车，可以通过选择"文字">"显示隐藏字符"来显示隐藏字符。

5 按 Esc 键，选中选择工具（▶）。

6 将鼠标指针放在文本对象右边缘外的注释器（─●）上。注释器末端被填充表明这是区域文字。当鼠标指针改变时（↘ɪ），单击一次会看到一条消息"双击转换为点状文字"；双击注释器将区域文字转换为点文字。

 提示：选中文本对象时，也可以选择"文字">"转换为点状文字"或"转换为区域文字"，这取决于所选文本区域的类型。

注释器末端现在应该是空心的（─○），表明这是点文本对象。如果要调整边框的大小，则文本也会相应地缩放，如图 8-17 所示。

图8-17

7 按住 Shift 键，将右下角的边界点向右下方拖动，直到文本正好位于两条线之间，如图 8-18 所示。释放鼠标左键，然后释放 Shift 键。

由于文本现在是点文字，因此在调整文本区域时它会随着拉伸。这时按住 Shift 键很重要，否则文本很可能会被扭曲。

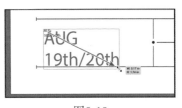

图8-18

8 选择"文件">"存储"。

8.2.5 导入纯文本文件

可以将其他应用程序创建的文件中的文本导入图稿中。编写本书时，Illustrator 支持 DOC、DOCX，RTF，使用 ANSI、Unicode、Shift JIS、GB2312、Chinese Big 5、Cyrillic、GB18030、Greek、Turkish、Baltic 和 Central European 编码的纯文本（ASCII）。与复制并粘贴文本相比，从文件中导入文本的优点之一是，导入的文本将保留其字符和段落格式（默认情况下）。例如，在 Illustrator 中，来自 RTF 文件的文本将保留其字体和样式，除非在导入文本时选择删除格式。在本节中，会将纯文本文件的文本置入设计稿中。

 提示：如果还没有最终文本，则可以将占位符文本添加到文件中。将光标放在文本对象或路径文本中，选择"文字">"用占位符文本填充"。

1 在文档窗口左下角的画板导航菜单中选择"2 Poster 2"。

2　选择"文件"＞"置入"。在 Lessons>Lesson08 文件夹中，选择 L8_text.txt 文件。

在出现的"文本导入选项"对话框中，可以在导入文本之前设置一些选项，如图 8-19 所示。

图8-19

 提示：还可以将文本置入现有文本区域中。

3　保留默认设置，然后单击"确定"。

4　将加载文本图标移动到浅绿色参考线上，出现"参考线"字样后，单击并向右下方向拖动，然后释放鼠标左键。使用图 8-20 作为参考。

图8-20

如果仅使用加载文本鼠标指针单击，将会创建比画板小的区域文本对象。

5　使用选择工具（▶）将文本对象的底部边界点向上拖动到水平参考线。在输出连接点会出现一个溢流文本图标（⊞），如图 8-21 所示。

图8-21

提示：在 Illustrator 中置入（"文件"＞"置入"）RTF（富文本格式）或 Word 文档（.doc 或 .docx）时，将会出现"Microsoft Word 选项"对话框。在该对话框中，可选择保留"目录文本""脚注／尾注"或"索引文本"，或选择"移去文本格式"。而默认情况下，会将文本的类型和格式一起导入到 Illustrator 中。

8.2.6　串接文本

使用区域文字（不是点文字）时，每个区域文本对象都包含一个输入连接点和一个输出连接点，如图 8-22 所示。由此可链接到其他对象并让文本在它们之间流动。

空输出连接点表示所有文本都是可见的，且对象尚未链接。连接点中的箭头表示此文本对象已链接到另一个文本对象。输出连接点中的红色加号符号（⊞）表示对象包含其余文本，这些剩余的不可见文本称为溢流文本。要显示所有的溢流文本，可以将文本串接到另一个文本对象，调整文本对象的大小或调整文本。要将文本从一个对象串接到另一个对象，则必须链接这些对象。链接的文本对象可以是任何形状，但是，文本必须是路径文字或区域文字，而不能是点文字（仅用文字工具单击而创建的文字）。

下面将串接几个文本区域之间的文本。

1　使用选择工具（▶），单击文本对象（它有一个红色的加号符号⊞）右下角的输出连接点（较大的框），如图 8-23 所示。

图8-22　　　　　　　　　　　　　　　　图8-23

移动时鼠标指针将变为加载的文本图标（▦）。

Ai　**注意**：如果双击输出连接点，将新建一个文本区域。此时可将新建的文本区域拖放到正确的位置，也可选择"编辑">"还原链接串接文本"，以便重新操作这一步。

2　将鼠标指针放置在画板的左下角并单击，创建的区域文本对象将与原始文本对象大小相同，如图 8-24 所示。

在仍选中第二个文本对象的情况下，注意到两个文本区域之间有一条直线，这表明两个文本区域是相连的，如图 8-25 所示。如果看不到该连接线，可以选择"视图">"显示文本串接"。

Ai　**提示**：在对象之间串接文本的另一种方法是，先选择一个区域文本对象，再选择一个或多个要链接到的对象，然后选择"文字">"串接文本">"创建"。

画板顶部的文本对象的输出连接点（▶）和画板底部的文本对象的输入连接点（▶）都有一个小箭头，表示文本如何从一个对象流到另一个对象。

图8-24

图8-25

3 单击顶部文本对象，将底部中央的点向上拖动，使其更小一些，如图 8-26 所示。

图8-26

文本将在两个文本对象之间流动。如果删除第二个文本对象，则其中的文本将返回到原来的文本区域并成为溢流文本。溢流文本虽然不可见，但并没有删除。

> **提示：**可以分割串接文本，以便每个文本区域与另一个文本区域不再连接，方法是通过选择"文字" > "串接文本" > "移去串接文字"来选择其中一个串接文本区域（但文本仍然存在）。选择"文字" > "串接文本" > "释放所选文字"会移除所选文本区域的串接并移除文本。

8.3　格式化文字

可以设置文字的格式，如字符格式和段落格式、填色和描边色、透明度等。还可以对文本对象中选中的单个文字、一段文字或所有文字应用某个格式。选中整个文本对象，而不是对象内部的文本，就可以对对象内的所有文本应用全局格式选项，包括"字符"和"段落"面板中的选项、填色和描边色属性、透明度等。

在本节中，将探索如何修改文本属性，如大小和字体，稍后将学习如何将格式保存为文本样式。

8.3.1　更改字体系列和字体样式

在本节中，将向文本应用字体。除了从自己的计算机为文本应用本地字体外，Creative Cloud 订阅者还可以应用同步到自己计算机上的 Typekit 字体。Typekit 是一项订阅服务，可让您访问庞大的字体库，以供在桌面应用程序（比如 InDesign 或 Microsoft Word）和网站中使用。Typekit 组合计划包含在 Creative Cloud 订阅中。Creative Cloud 试用会员可获取来自 Typekit 的部分字体，以便在 Web 和桌面应用程序中使用。这些字体与在本地安装的其他字体一同位于 Illustrator 的字体列表中。默认情况下，Creative Cloud 桌面应用（版本 1.9 及更高版本）会启用 Typekit，这样就可以同步这些字体，使其可供桌面应用使用。

 注意：您的计算机必须安装 Creative Cloud 桌面应用程序，并且必须具有互联网连接以开始同步字体。首次安装 Illustrator 等 Creative Cloud 应用程序时通常会自动安装 Creative Cloud 桌面应用程序。

同步 Typekit 字体

接下来，将会选择几种 Typekit 字体并使其同步到您的计算机上，以便在 Illustrator 中使用它们。

1　确保启动了桌面应用程序的 Creative Cloud，并使用自己的 Adobe ID 登录（这需要互联网连接），如图 8-27 所示。

2　在 Illustrator 中，选择"选择">"取消选择"。

3　按"Command + +"（macOS）或"Ctrl + +"（Windows）组合键两次，放大画板中心的文本。

4　在工具面板中选择文字工具（**T**），并将鼠标指针放在文本上，单击在任意一个串接文本对象中插入光标。选择"选择">"全部"或按"Command +A"（macOS）或"Ctrl + A"（Windows）组合键，选择串接文本对象的所有文本。

5　在文档右侧的"属性"面板中，单击"字体系列"菜单右侧的箭头，并注意菜单中显示的字体。这些字体都安装在本地。

　　在字体菜单中，列表中字体名称右侧的图标表明字体类型（Tk 是 Typekit，O 是 OpenType，TT 是 TrueType，a 是 Adobe Postscript）。

6　单击"从 Typekit 添加字体"按钮，如图 8-28 所示。

图8-27

图8-28

浏览器将打开，并且进入 Typekit 网站，使用自己的 Adobe ID 登录。如果没有互联网连接，可以从 Illustrator 的字体菜单中选择任意一种字体。

 注意：如果进入 Typekit 主页，则可以简单地单击页面上的 Browse 选项。

7 在浏览器中打开 Typekit 网站后，如果在右侧没有看到 Classification 选项，则单击 Show Filters 按钮。单击 Classification 选项中的 Sans Serif 选项，排列字体。

8 将鼠标指针悬停在任意字体上。如果想要使用一种字体，可以单击了解将同步的字体样式（粗体、斜体等），如图 8-29 所示。

图8-29

Ai **注意**：单击搜索放大镜（🔍），或者按 Enter 或 Return 键来在网站中搜索 Roboto 字体，如果没有出现结果菜单，则从打开的页面选择 Roboto。

9 在页面顶部的 Search Typekit 字段中输入 Roboto，从出现的结果菜单中选择 Roboto，如图 8-30 所示。

图8-30

Ai **提示**：字体会同步到安装了 Creative Cloud 应用的所有计算机上。要查看字体，打开 Creative Cloud 桌面应用程序，然后单击"资源" > "字体"面板。

10 在出现的页面中，单击 Roboto Light、Roboto Italic、Roboto Bold 和 Roboto Condensed Regular 右侧的 SYNC 按钮，如图 8-31 所示。

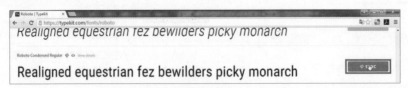

图8-31

11 同步了 Roboto 字体样式后，按照同样的步骤搜索 Colt 字体。当 Colt 页面打开时，单击 Colt Bold 的 SYNC 按钮。可以关闭浏览器并返回到 Illustrator。一旦字体同步到自己的计算机上（要有耐心，它可能需要一些时间），就可以开始使用它们了。

在 Illustrator 中将字体应用于文本

现在，Typekit 字体已同步到您的计算机上，可以在任意应用程序中使用它们。

1 返回到 Illustrator 中，仍选中串接文本，在文档右侧的"属性"面板中单击"字体系列"菜单右侧的箭头。单击"应用 Typekit 过滤器"按钮（ ），以便过滤字体列表并只显示刚才同步的 Typekit 字体，如图 8-32 所示。

 注意：可能会在菜单中看到除 Roboto 和 Colt 以外的其他 Typekit 字体。

 提示：还可以使用（向上和向下）箭头键浏览字体列表。选择了自己想要的字体后，可以按 Enter 或 Return 键来应用它。

---

2 将鼠标指针移动到菜单中的字体上，应该会看到所选字体的预览并将其应用于所选文本。选择 Roboto Light，如图 8-33 所示。

图8-32　　　　　　　　　　　　　　　　图8-33

3 在文档窗口左下角的画板导航菜单中选择 1 Poster 1。

4 使用选择工具（ ▶ ），单击画板底部的 AUG 19th/20th 文本，选择此文本对象。按住 Shift 键并单击右侧的文本对象，选择这两个文本对象，如图 8-34 所示。

如果想为点文本或区域文本对象的所有文本应用相同的字体，可以简单地选择对象，而不是文本，然后应用字体。

5 选中这两个文本对象，在"属性"面板中单击字体名称（我看到的字体是 Myriad Pro）。键入字母 col，如图 8-35 所示。

图8-34　　　　　　　　　　　　　　　　图8-35

 提示：当光标位于字体名称字段中时，也可以单击"字体系列"字段右侧的 × 来删除当前显示的字体。

在键入文字的下方会出现一个菜单。Illustrator 会过滤字体列表并显示包含"col"的字体名称，无论"col"位于字体名称的何处或者是否大写。Typekit 字体过滤器一直是开启的，接下来将关闭它。

6 在菜单中单击"清除过滤器"按钮（），会显示查看所有可用的字体，而不只是 Typekit 字体。在键入文字下方显示的菜单中，将鼠标指针移动到列表中的字体上。Illustrator 会对文本进行实时字体预览。单击选择 Colt Bold 来为选中的文本应用字体，如图 8-36 所示。

图8-36

> **Ai** 提示：可以单击"字体名称"字段左侧的"放大镜"图标（🔍），选择只搜索第一个单词。还可以打开"字符"面板（"窗口">"文字">"字符"），并通过键入名称来搜索字体。

7 在内容以外的空白区域单击取消选中文本。

8.3.2 更改字体大小

默认情况下，字体大小以点（一点等于 1/72in）衡量。在本节中，将更改文本的字体大小，并了解点文字缩放之后的情况。

1 单击选择包含文本"SAT/SUN..."的文本对象。

2 在"属性"面板中从"字体大小"菜单中选择 36 pt，如图 8-37 所示。

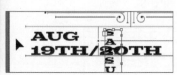

图8-37

> **Ai** 提示：还可使用快捷键快速更改选定文本的字体大小。每次增大字体2pt，使用"Ctrl+Shift+>"（Windows）或"Command+ Shift+>"（macOS）组合键；要减小字体，使用"Ctrl+Shift+<"（Windows）或"Command+Shift+<"（macOS）组合键。

3 在"属性"面板中单击"字体大小"字段左侧的向下箭头两次，将字体大小更改为 34。

4 选择"视图">"放大"以查看所选文本对象中的所有文本。

5 拖动文本对象的右下角，使其更大一些，如图 8-38 所示。

图8-38

6 选择"视图">"画板适合窗口大小"。

7 在文本 AUG 19th/20th 中双击切换到文字工具并插入光标；然后拖动选择文本 19th/20th。
查看"属性"面板的"字符"部分，如图 8-39 所示，会看到字体大小不是整数。这是因为之前是通过拖动来缩放点文字的。

图8-39

8 在"字体大小"字段中选择值 20pt。目的是让文本 19th/20th 与文本 AUG 的宽度一样。按 Enter 或 Return 键。

 注意：如果需要，可更改字体大小，以便文本 19th/20th 与文本 AUG 的宽度一样。

9 选中选择工具，按住 Shift 键并拖动 AUG 文本对象的一角，使它（及其中的文本）更大一些。将它拖动到图 8-40 所示的位置。

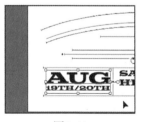

图8-40

8.3.3 更改字体颜色

可以通过应用填色、描边色等来更改文本的外观。在本节中，将更改选中文本对象的描边色和填色。可以使用文字工具选择文本来为文本应用不同的填色和描边色。

1　选中选择工具（▶），并仍选中 AUG 19th/20th 文本对象，按住 Shift 键并单击右侧"SAT/SUN...."开头的文本。

2　在"属性"面板中单击填色框。在出现的面板中选择"色板"选项（▦），选择 Pink 色板，如图 8-41 所示。

图8-41

3　选择"选择">"取消选择"。

4　选择"文件">"存储"。

8.3.4　更改其他字符格式

在 Illustrator 中，除了字体、字体大小和颜色之外，还可以更改很多文本属性。与在 InDesign 中一样，文本属性分为字符格式和段落格式，主要位于"属性"面板、控制面板和两个主要面板（"字符"面板和"段落"面板）中。

通过单击"属性"面板"字符"部分中的"更多选项"（▦），或者选择"窗口">"文字">"字符"可以访问"字符"面板，此面板包含所选文本的一些格式，比如字体、字体大小和字间距等。这里将应用其中的一些属性，以尝试各种设置文本格式的方式。

1　选中选择工具（▶），单击 SAT/SUN 文本对象。

2　在"属性"面板中，将"行距"（▦）更改为 63 pt，如图 8-42 所示。

图8-42

行距是文字行之间的垂直距离。调整行距有助于文本适应文本区域。在本例中，会在文本行之间添加空格，以便文本更好地适应画板的装饰线条。

3 将两个文本对象拖动到图 8-43 所示的位置。

图8-43

4 选择文字工具，拖过 2 PM 中的 PM 选择它。

5 选中此文本，在"属性"面板的"字符"部分中单击"更多选项"（ ···，见图 8-44 中使用红色圈出的位置），显示"字符"面板。单击"上标"按钮（ T¹ ），使单词变为上标。

图8-44

Ai **注意**：如果文本对象中的文本换行不同，选中选择工具，并将文本对象右侧中央的点向左或向右拖动，与图保持一致。

---

6 选中选择工具（ ▶ ），单击包含文本"AUG 19th/20th"的文本对象。

7 选择"编辑" > "复制"，然后选择"编辑" > "粘贴"，粘贴副本。

8 双击此文本插入光标，按"Command+A"（macOS）或"Ctrl+A"（Windows）组合键，选择所有文本。键入大写字母 CORRAL，如图 8-45 所示。稍后使用修饰文字工具修改文本时，将使用此文本。

图8-45

8.3.5 更改段落格式

和字符格式一样，在输入新文字或更改现有文字外观之前，就可以设置段落属性，如对齐和缩进。

段落格式应用于整个段落而不是所选内容。大多数的段落格式都可通过"属性"面板、控制面板或"段落"面板进行设置。可通过在"属性"面板的"段落"部分中单击"更多选项"（ ），或者是选择"窗口"＞"文字"＞"段落"来访问"段落"面板。

1 在文档窗口左下角的画板导航菜单中选择"2 Poster 2"。

2 选择文字工具（ T ），在串接文本中单击。按"Command+A"（macOS）或"Ctrl+A"（Windows）组合键，选择两个文本对象之间的所有文本。

3 在"属性"面板的"段落"部分单击"两端对齐，末行右对齐"按钮（ ），使文本右侧对齐，如图 8-46 所示。

图8-46

4 选中文本后，在"属性"面板的"段落"部分中单击"更多选项"（ ），显示"段落"面板。

5 在"段落"面板中将"段后间距"（ ）更改为 6 pt，如图 8-47 所示。

通过设置段后间距，而不是按 Enter 或 Return 键，有利于保持文本的一致性，方便以后编辑。

6 按 Esc 键隐藏"段落"面板。

7 在"属性"面板中，从"字体大小"菜单中选择"18 pt"。

8 选择"选择"＞"取消选择"，然后选择"文件"＞"存储"，效果如图 8-48 所示。

图8-47

图8-48

8.3.6 使用修饰文字工具修改文本

使用修饰文字工具（ ），可以使用鼠标光标或触摸控件修改字符的属性，比如大小、比例和旋转等。这是一种应用字符格式化属性（基线偏移、水平缩放和垂直缩放、旋转和字距调整）的直观（和有趣的）方式。

1　在文档窗口左下角的画板导航菜单中选择"1 Poster 1"。

2　单击"图层"面板选项卡，显示"图层"面板。单击 Background 图层左侧的可见性列，如图 8-49 所示。

3　单击"属性"面板选项卡，再次显示此面板。

4　使用选择工具（▶），单击选择之前创建的文本对象 CORRAL，并在右侧的"属性"面板中将字体大小更改为 118 pt。将它拖动到图 8-50 所示的位置。

图8-49

图8-50

5　选择几次"视图">"放大"。

6　选择修饰文字工具（🔠），方法是在工具面板中按住文字工具（**T**），然后选择修饰文字工具。

选择了修饰文字工具后，文档窗口顶部会出现一条消息，告诉您单击一个字符来选择它。

7　单击 CORRAL 中的第一个字母 R 选择它。

选中该字母后，在它周围会出现一个方框和一个圆点，如图 8-51 所示。方框上的不同点可以不同的方式调整字符。

8　单击并将方框的右上角拖离中心，使字母变得更大一些。当在度量标签中看到水平比例和垂直比例大约为 105% 时停止拖动，如图 8-52 所示。

图8-51

图8-52

注意，宽度和高度会成比例缩放。只是调整了字母 R 的水平比例和垂直比例。如果查看"字符"面板（"窗口">"文字">"字符"），会看到"水平缩放"和"垂直缩放"值大约是 105%。

9　将鼠标指针放在旋转手柄（字母 R 上方的小圆圈）上。当鼠标指针改变时（↻），逆时针拖动，直到在度量标签中看到显示大约 -17°，如图 8-53 所示。

图8-53

Ai 提示：也可以使用箭头键或按 Shift + 箭头键，以更大的增量移动选定的字母。

10 将所选的字母 R 向左下方拖动一点，如图 8-54 所示。

通过将字母向上或向下拖动，可调整基线偏移。确保字母覆盖其下方的棕色路径。

Ai 注意：向任何方向拖动的距离都是受限的。具体取决于字符间距和基线偏移的极限值。

11 单击选择右侧的第二个字母 R。

将此字母从其中心向左侧稍微拖动一点，以便缩小两个字母 R 之间的间隙，如图 8-55 所示。

图8-54   图8-55

8.4 重新调整文本对象的大小和形状

有多种方法可以重新调整文本对象的形状，从而创建独特的文本对象形状，包括使用直接选择工具为区域文本对象添加列或者重新调整文本对象的形状。

在本节中，会将第一个画板底部的一些文本复制到第二个画板，以便拥有更多的文本进行处理。

1 选择"视图">"全部适合窗口大小"。

2 选中选择工具（▶），按住 Option（macOS）或 Alt（Windows）键，并将包含文本 AUG 19th/20th 的文本对象副本拖动到右侧画板的任意位置，如图 8-56 所示。依次释放鼠标左键和修饰键。

图8-56

Ai 提示：在文本中单击一次，插入光标；单击两次，选择此单词；单击三次，选择整个段落。

3 按住"Option（macOS）"或 Alt（Windows）键，并将包含"SAT/SUN..."的文本对象副本拖动到右侧画板的任意位置。依次释放鼠标左键和修饰键。

4 将这两个文本对象拖动到图 8-57 所示的位置。

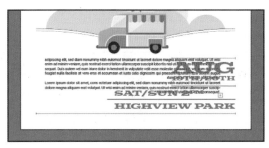

图8-57

串接文本将溢出文本。

8.4.1 创建多列文本

使用"文字">"区域文字选项"命令,可以轻松地创建多行和多列文本。对于创建具有多列文本的单个区域文本对象,或者是组织表格或简单图表的文本来说,此命令非常有用。下面,将会向一个文本对象添加几列文本。

1 选择"视图">"画板适合窗口大小"。

2 选中选择工具(▶),单击卡车上方的文本,选择顶部的文本对象。

3 选择"文字">"区域文字选项"。在"区域文字选项"对话框的"列"部分中将"数量"更改为2,然后选择"预览"。单击"确定",如图8-58所示。

现在,顶部文本对象中的文本在两列之间流动。

 提示:要了解"区域文字选项"对话框中的大量选项,请在Illustrator帮助("帮助">"Illustrator帮助")中搜索"创建文本"。

4 向上和向下拖动底部中间边界点,以便查看列之间的文本流与下方的串接文本。拖动以便文本覆盖卡车图稿,如图8-59所示。

图8-58

图8-59

8.4.2 调整文本对象的形状

在本节中,将调整文本对象的形状和大小,使其更好地容纳文本。

1　选中选择工具（▶），单击画板底部文本对象中的文本。将右侧中央的手柄向左侧拖动。当文本对象的右侧边缘与卡车尾部对齐时停止拖动，如图 8-60 所示。

图8-60

2　按几次"Command++"（macOS）或"Ctrl++"（Windows）组合键，放大所选的文本对象。选择直接选择工具（▷）。单击文本对象的右下角，选择此锚点。

将此锚点向左拖动调整路径的形状，以便使文本围着文本"SAT/SUN..."排列，如图 8-61 所示。拖动时按住 Shift 键。完成时，依次释放鼠标左键和 Shift 键。

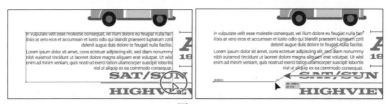

图8-61

8.5　创建和应用文本样式

样式可确保文本格式的一致性，并且在需要全局更新文本属性时很有帮助。创建样式后，只需要编辑存储的样式，之后应用该样式的所有文本都将自动更新。在 Illustrator 中有以下两种文本样式。

- 段落样式：包含了字符和段落属性，将应用于整个段落。
- 字符样式：包含字符属性，只应用于所选文本。

注意：如果要置入 Microsoft Word 文档并保留其格式，则在 Word 文档中应用的那些样式可能会被带入到 Illustrator 文档并出现在"段落样式"面板中。

8.5.1　创建和应用段落样式

首先，将为正文的副本创建一种段落样式。

1　选择"视图" > "全部适合窗口大小"。

2　在工具面板中选择文字工具（T），方法是按住修饰文字工具（🔲），然后选择文字工具。将光标插入串接文本的任意位置。

要创建段落样式并不需选中文本，但是必须要将光标插入文本中，才能保存该文本中的各种属性。

3　选择"窗口" > "文字" > "段落样式"，然后单击"段落样式"面板底部的"创建新样式"

按钮（），如图 8-62 所示。

图8-62

这将在面板中创建一个新的段落样式，名称是"段落样式 1"。这个样式保存了段落总的字符格式和段落格式。

4　在样式列表中双击样式名称"段落样式 1"，将名称更改为 Body，如图 8-63 所示，然后按 Enter 或 Return 键，编辑内联名称。

双击样式即可编辑其名称，并应用该新建样式到光标所在的段落。这意味着只要编辑 Body 段落样式，该段落将会自动更新。

图8-63

5　将光标仍放在文本中，选择"选择" > "全部"，选择所有文本。

6　单击"段落样式"面板中的 Body 样式，将此样式应用于文本，如图 8-64 所示。

图8-64

> **Ai** **注意**：在此步骤之后，会看到文本的外观没有变化。目前，只是做了一些额外的工作，以便稍后可以更快速地工作。如果稍后决定更改 Body 样式，则目前选中的所有文本都将更新以与样式保持一致。

文本的外观应该不会改变，因为目前所有文本的格式都是相同的。

7 选中选择工具（▶），单击第一个画板上以"Pie Oh Pie...."开头的文本。在"段落样式"面板中单击 Body 样式，将它应用于文本，如图 8-65 所示。

8 选中"Pie Oh Pie...."文本对象，在"属性"面板中将字体大小更改为 24。单击填色框，确保在出现的面板中选择了"色板"选项，选择 Pink。

9 将文本向下拖动到图 8-66 所示的位置。

图8-65

图8-66

8.5.2 编辑段落样式

创建段落样式后，仍可以编辑它的样式格式。而应用了该段落样式的对象，其格式都将自动更新。下面将编辑 Body 样式，亲自体验为什么可以使用段落样式来节省时间并保持一致性。

1 选择"视图">"全部适合窗口大小"。选中选择工具，单击其中一个串接文本对象。

 提示：有许多段落样式选项可供选择，其中大部分选项在"段落样式"面板菜单中都可以找到，包括复制、删除和编辑段落样式。要了解有关这些选项的更多信息，请在 Illustrator 帮助（"帮助">"Illustrator 帮助"）中搜索"段落样式"。

---

2 在"段落样式"面板中双击样式名称 Body 的右侧，打开"段落样式选项"对话框，选择对话框左侧的"缩进和间距"类别，并更改下列内容。

   • 对齐方式：左。
   由于默认勾选了"预览"复选框，因此可移动该对话框来观察文本的变化。

3 单击"确定"，如图 8-67 所示。

4 保持选中此文本对象，并选择"文件">"存储"。

图8-67

8.5.3 创建和应用字符样式

段落样式应用于整个段落，而字符样式则应用于所选文本，且只包含字符格式。下面，将根据两列文本的样式来创建一种字符样式。

1 选择"视图">"放大"，放大所选的文本对象。

2 使用文字工具（T），在第一列中选择 Food Truck Rodeo。

3 在"属性"面板中单击填色框，选择名为 Brown 的色板。从"字体样式"菜单中选择"Italic"，如图 8-68 所示。

图8-68

4 在"段落样式"面板组中，单击"字符样式"面板选项卡。

5 在"字符样式"面板中，按住 Option（macOS）或 Alt（Windows）键并单击底部的"创建新样式"按钮（），如图 8-69 所示。

图8-69

按住 Alt（Windows）或 Option（macOS）键后，再单击"字符样式"面板或"段落样式"面板中的"创建新样式"按钮，可以在将样式选项加入面板之前编辑它们。

6 在"字符样式选项"对话框中，更改下列选项。

• 样式名称：EventName。

• 添加到我的库：取消选择它。

7 单击"确定"。

该样式记录了应用于选定文本的属性。

注意：如果应用的字符样式名称旁边有一个加号，则可以按住 Option（macOS）或 Alt（Windows）键，并单击样式名称来应用此样式。

---

8 仍选中文本，在"字符样式"面板中单击名为 EventName 的样式，将此样式应用于该文本，以便样式格式更改时将更新该样式，如图 8-70 所示。

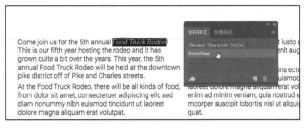

图8-70

9 在剩余文本中，选中所有的 Food Truck Rodeo，然后在"字符样式"面板中单击 EventName 应用它，如图 8-71 所示。

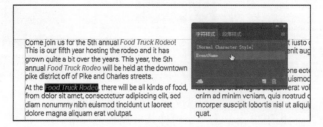

图8-71

> **Ai** | **注意**：必须选择整个词组 Food Truck Rodeo，而不是只在文本中插入光标。

10 选择"选择">"取消选择"。

8.5.4 编辑字符样式

创建字符样式后，仍可以轻松地编辑它的样式格式。而应用了该字符样式的对象，其格式都将自动更新。

图8-72

1 在"字符样式"面板中，双击 EventName 样式名称的右侧（而不是样式名称本身）。在"字符样式选项"对话框中，单击对话框左侧的"字符颜色"类别，如图 8-72 所示，更改下列选项。

- 字符颜色：黑色。
- 添加到我的库：取消选择它。
- 预览：选中它。

2 单击"确定"，效果如图 8-73 所示。

图8-73

8.5.5 取样文本格式

使用吸管工具（🖊），可以快速采集文本属性并将其应用于其他文本，无须创建文本样式。

1 在文档窗口左下角的画板导航菜单中选择"1 Poster 1"。

2 使用文字工具（**T**），在文本"CORRAL"上方的空白区域单击，键入 FOOD TRUCK RODEO，
如图 8-74 所示。

图8-74

3 单击新建的文本选择它。

键入的文本可能是斜体的，这表示应用了名为 EventName 的字符样式。

4 在工具面板中选择吸管工具（🖋），单击文本 CORRAL 中的 C，如图 8-75 所示。注意不
要单击任意一个字母 R，因为使用修饰文字工具进行的所有文本修改都将被取样。

图8-75

这会将文本 CORRAL 的格式应用于所选文本。

5 在文档右侧的"属性"面板中将字体大小更改为 55。

6 选择"选择" > "取消选择"。

7 稍后将处理文本"FOOD TRUCK..."。

8.6 绕排文本

在 Illustrator 中，可以将文本环绕在对象周围，比如绕开其他文字对象、导入的图像或矢量
图稿，从而避免文本与对象重叠，或者达到出人意料的设计效果。下面会让文本沿着部分图
稿绕排。在 Illustrator 中（比如 InDesign），会对文本将绕排的内容应用文本绕排。

1 在文档窗口左下角的画板导航菜单中选择"2 Poster 2"。

2 选中选择工具（▶），单击冰淇淋车图稿，如图 8-76 所示。

3 选择"对象" > "文本绕排" > "建立"。

如果有对话框出现，单击"确定"。

要将文本绕排在对象周围，则要环绕文本的对象必须与文本处于同一个图层，并且在图层
层次结构中必须位于文本之上。

4 仍选中卡车，选择"对象">"排列">"置于顶层"。

现在，在堆叠顺序中，卡车应位于文本上方，并且文本应该绕着冰淇淋车图稿排列，如图8-77所示。

图8-76   图8-77

5 选择"对象">"文本绕排">"文本绕排选项"，在"文本绕排选项"对话框中，将"位移"更改为 20 pt，然后选择"预览"，以便查看更改。单击"确定"，如图8-78所示。

图8-78

Ai | 注意：您的文字绕排可能有点不同。

现在，可能会在底部文本对象中看到一个红色加号。文本在卡车图稿周围流动，并且一些文本被挤到了底部文本对象中。在实际中，可能需要复制填充文本，方法是更改字体大小和行距等外观属性，或者是编辑文本。

8.7 变形文本

通过使用封套变形改变文本的形状，可以创作出许多有趣的设计效果。可以使用画板中的对象创建封套，还可以将预设的变形形状或网格作为封套。使用封套变形文本时，您会发现除了图形、参考线或链接对象外，可以在任何对象上使用封套。

8.7.1 使用预设的封套变形调整文本的形状

Illustrator 中有一系列的预设变形形状，可将其应用于文本并使之变形。下面，将应用 Illustrator 提供的一个预设变形形状。

注意：有关封套的更多信息，可在 Illustrator 帮助（"帮助" > "Illustrator 帮助"）中搜索"使用封套调整形状"。

1 在文档窗口左下角的画板导航菜单中选择"1 Poster 1"。

2 使用选择工具（▶），单击"FOOD TRUCK RODEO"文本对象选择它。

3 选择"对象" > "封套扭曲" > "用变形建立"。

4 在出现的"变形选项"对话框中，选择"预览"。默认情况下，文本显示为弧形。确保在"样式"菜单中选择了"上弧形"。拖动"弯曲""水平"和"垂直"扭曲滑块，查看文本的效果。尝试结束后，将两个"扭曲"滑块拖动到 0%，确保"弯曲"为 30%，然后单击"确定"，如图 8-79 所示。

图8-79

8.7.2 编辑封套变形

如果想做任何更改，可以单独编辑构成封套变形对象的文本和形状。下面将先编辑文本，再扭曲形状。

1 仍选中封套对象，在"属性"面板顶部单击"编辑内容"按钮（▣），如图 8-80 所示。

图8-80

 提示：如果使用选择工具双击，将会进入隔离模式。这是编辑封套变形对象中文本的另一种方法。按 Esc 键即可退出隔离模式。

2 选择文字工具（**T**），将光标放置在变形的文本上。注意，未变形的文本以蓝色显示。双击单词 RODEO 选择它。按 Delete 或 Backspace 键两次，删除 RODEO 文本与前面的空格，如图 8-81 所示。

图8-81

也可以编辑预设形状，这是接下来要做的事情。

3 选中选择工具（▶），并确保仍选中封套对象。在"属性"面板顶部单击"编辑封套"按钮（▦）。

> **Ai** 提示：要将文本移出变形形状，可使用选择工具选中文本，再选择"对象" > "封套扭曲" > "释放"。这将得到两个对象：文本对象和上弧形形状。

4 在"属性"面板中单击"变形选项"按钮，显示与第一次应用变形时相同的"变形选项"对话框。可以将"弯曲"更改为20%，确保"水平"和"垂直"扭曲均为0，并单击"确定"，如图8-82所示。

5 使用选择工具，按住 Shift 键，并拖动一角，使封套对象变得更大一些。将它拖动到大约海报中心的位置，确保尽量与右图保持一致，如图8-83所示。

图8-82

图8-83

8.8 使用路径文字

除了点文字和区域文字外，还能沿路径绕排文字。这样，文本可沿非闭合或闭合路径排列开来，创建出许多非常有创意的显示方式。

8.8.1 创建非闭合路径文字

在本节中，将向非闭合路径添加一些文本。

1 使用选择工具（▶），选择两个卡车下面的棕色弯曲路径。

2 按住"Command++"（macOS）或"Ctrl++"（Windows）组合键几次进行放大。

3 使用文字工具（T），将光标放在路径的中间，会看到一个带有交叉波浪路径的插入点（ₓ）（见图8-84），在此光标出现时单击。

图8-84

占位符文本起始于路径上单击的那个位置。您
的文本可能与在图 8-84 中看到的格式不同。
此外，将此路径的描边属性更改为"[无]"。

4 选择"窗口">"文字">"段落样式"，打开
"段落样式"面板。单击 [Normal Paragraph
Style] 以应用此样式，如图 8-85 所示。关闭
此面板。

图8-85

注意：您可能在路径上看到更少的文字。

---

5 键入文本 Over 30 Local food truckvendors。新文本会沿着路径排列开来。

6 按 "Command+A"（macOS）或 "Ctrl++"（Windows）组合键，选择所有文本。

7 在文档右侧的"属性"面板中，如图 8-86 所示，更改下列选项。

- 填色：Pink。
- 字体系列：Roboto。
- 字体样式：Bold。
- 字体大小：40 pt。

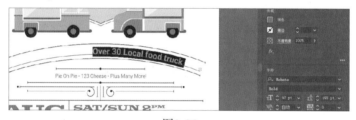

图8-86

8 选择"文字">"更改大小写">"大写"。

9 按 "Command++"（macOS）或 "Ctrl++"（Windows）组合键，进一步放大。

10 选中选择工具，并将鼠标指针定位在文本的左侧（Over 中 O 的左侧）。看到这个光标（ ）
时，单击并向左拖动，尽量让文本与路径中心对齐。使用图 8-87 作为参考。

图8-87

 提示：选中路径或路径上的文本后，可以通过选择菜单"文字">"路径文字">"路
径文字选项"，进而设置更多选项。

文本会沿着在路径上单击的位置向路径末端流动。如果将文本向左、居中或向右对齐，则文本会与路径上的区域对齐。

11 选择"选择">"取消选择"，然后选择"文件">"存储"。

8.8.2 创建闭合路径文字

下面，将在一个闭合的圆形上添加文本，并了解一些可用的路径文字选项。

1 按"Command+0"（macOS）或"Ctrl+0"（Windows）组合键，让画板适合文档窗口。

2 在工具面板中选择缩放工具（🔍），并放大画板顶部的白色圆形（文本 FOOD TRUCK 上面）。

3 选择文字工具（T），并将鼠标指针放置在白色圆圈的顶部边缘。当文字光标（🔲）变为带有圈的文字光标（⬚）时，表明如果单击（暂时不这样操作）的话，文本将会置入圆形内部，创建一个圆形的文本对象，如图 8-88 所示。

我们想要为路径添加文本，而不是在圆形内部添加文本，接下来将为路径添加文本。

4 按住 Option（macOS）或 Alt（Windows）键，将鼠标指针放在具有黑色描边的白色圆形的顶部（使用图 8-89 作为参考），会出现一个具有交叉波浪路径的插入点（🔀），单击会显示并选择出现的占位符文本。

图8-88

图8-89

 注意：使用文字工具时，不用按住 Option（macOS）或 Alt（Windows）键，可以在工具面板中按住文字工具，选择路径文字工具（✓），这样就可以在路径上键入文本。

5 输入"CELEBRATING LOCAL"，如图 8-90 所示。

6 单击 3 次文本以选择它。将字体大小更改为 16 pt，选择字体 Roboto Bold（如果未选中它的话）。接下来，将编辑圆形路径上的文字。

7 在工具面板选中选择工具（▶）。

选中路径文本对象，选择"文字">"路径文字">"路径文字选项"，在"路径文字选项"对话框中，选择"预览"，将"间距"更改为 20 pt，如图 8-91 所示。

注意：要了解有关"翻转"等路径文字选项的更多信息，在 Illustrator 帮助（"帮助">"Illustrator 帮助"）中搜索"创建路径文字"。

图8-90

图8-91

8　单击"确定"。

9　将鼠标指针放在单词"CELEBRATING"左侧的短线上，看到的那条线叫作括号。看到这个光标（➴，箭头指向左侧）时，逆时针沿圆形向左下方拖动。这会移动到文本末端，为您提供可以移动到开头的空间。如图 8-92 的前两个图。

 注意：括号标记出现在文本的起始处、路径的终点和两端中点上。所有这种括号都可用于调整路径上文本的位置。

10　将鼠标指针移动到单词"CELEBRATING"左端的线上。看到这个光标（➴，箭头指向右侧）时，逆时针沿圆形向左下方拖动。这会移动到文本开头。如图 8-92 的最后一个图。

图8-92

8.9　创建文本轮廓

将文本转换为轮廓，意味着将其转换为矢量形状，这样可以像对待任意其他图形对象一样编辑和操作它。文本轮廓对于更改较大的显示类型很有用，但是很少用于正文文本或其他小号的文字。而这样操作后，接收方不需要安装相应的文字就能够打开并使用该文件。

将文本转换为轮廓时，需要考虑到这样操作后，该文本将不再可编辑。此外，位图文字和受轮廓保护的字体不能转换为轮廓，也不推荐将小于 10 pt 的文本轮廓化。当文字转换为轮廓时，该文字失去了它的控制指令，而将其融入到了轮廓文字中，以便在不同字体大小时实现最优的显示、打印效果。另外，必须将所选对象中的文字全部转换为轮廓，而不能仅转换某个字母。下面，会将主标题转换为轮廓。

1　选择"视图">"全部适合窗口大小"。

2　单击"图层"面板显示它；单击 Frames 图层左侧的可见性列显示它，如图 8-93 所示，单击"属性"面板选项卡，再次显示它。

图8-93

3　使用选择工具（▶），单击左侧画板上的标题文本 CORRAL 选择它。

Ai 注意：原始文本仍然存在，它只是隐藏了。通过这种方式，如果需要更改，可以随时选择"对象">"显示全部"来查看原始文本。

4 选择"编辑">"复制"，然后选择"对象">"隐藏">"所选对象"。

5 选择"编辑">"贴在前面"。

6 选择"文字">"创建轮廓"。

此时该文本不再链接到某个特定字体。相反，现在它已经成为图稿，就像 Illustrator 中其他的矢量图形一样，如图 8-94 所示。

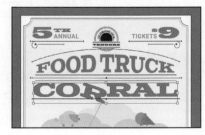

图8-94

7 选择"视图">"参考线">"隐藏参考线"，然后选择"选择">"取消选择"，然后选择"选择">"取消选择"。

定稿

还要做一些事情才能制作成右侧的海报。

1 选中选择工具（▶），单击选择文本"FOOD TRUCK"。按住 Shift 键并单击周围的一条线以选择整个线条组，并单击文本 CORRAL，选择所有内容，如图 8-95 所示。

2 在"属性"面板中单击"编组"按钮，以便编组内容。

3 选择"编辑">"复制"。

4 在文档窗口左下角的画板导航菜单中选择"2 Poster 2"。

5 选择"编辑">"就地粘贴"。将粘贴的组向上拖动到空白区域。

6 选择"选择">"取消选择"。

7 选择"视图">"全部适合窗口大小"，查看所有内容，效果如图 8-96 所示。

8 选择"文件">"存储"，然后选择"文件">"关闭"。

图8-95

图8-96

8.10 复习

复习题

1 指出几种在 Adobe Illustrator 中创建文本的方法。
2 使用修饰文字工具（🔲）的作用是什么？
3 什么是溢流文本？
4 什么是文本串接？
5 字符样式和段落样式之间有什么不同之处？
6 将文本转换为轮廓有什么优点？

复习题答案

1 可使用下列方法来创建文本。
- 使用文字工具（T）在画板中单击，当光标出现后，即可输入文本。这将创建一个点文本对象，容纳文本。
- 使用文字工具拖动选框创建一个文本区域。在光标出现时输入文本即可。
- 使用文字工具，单击一条路径或闭合形状，将其转换为路径文本或文本区域。按住 Option（macOS）或 Alt（Windows）键，单击闭合路径的描边，可沿路径排列文本。

2 修饰文字工具（🔲）可直观地编辑文本中单个字符的某种字符格式选项。可以编辑文本中字符的旋转、字距、基线偏移、水平缩放和垂直缩放比例。

3 当文本不再适合其文本区域的大小或路径时，就会产生溢流文本。此时将会在输出连接点处出现一个红色的加号（⊞），表明该对象包含额外的文本。

4 文本串接通过链接文本对象，让文本可以从一个对象流到另一个对象继续显示。链接的文本对象可以是任意形状的，但必须是区域文字或路径文字，而不能是点文字。

5 字符样式只能应用于所选文本，而段落样式可应用于整个段落。段落样式适合缩进、间距和行距。

6 将文本转换为轮廓，就不再需要随 Illustrator 文件一起传输文件中安装的各种字体，仅发送文件即可，并且可以为文本添加之前不可能的效果。

第9课 使用图层组织图稿

课程概述

在本课中，您将学习如何执行下列操作：

- 使用"图层"面板；
- 创建、重新排列和锁定图层、子图层；
- 在图层之间移动对象；
- 将多个图层合并为一个图层；
- 定位"图层"面板中的对象；
- 隔离图层中的内容；
- 将对象及其图层从一个文件复制粘贴到另一个文件；
- 建立图层剪切蒙版；
- 将外观属性应用于对象和图层。

 学习本课内容大约需要 45 分钟，请从配套资源中将文件夹 Lesson09 复制到您的硬盘中。

图层将图稿组织成为多个不同的层次，这样既可独立，又可整体编辑和浏览图稿。每个 Adobe Illustrator CC 文档至少包含一个图层。通过在图稿中创建多个图层，可轻松地控制图稿的打印、显示、选择和编辑方式。

9.1 开始本课

在本课中，您将组织一个房地产应用程序设计的图稿，探讨使用"图层"面板的各种方法。

1 确保工具和面板的功能如本课所述，请删除或禁用（重命名）Adobe Illustrator CC 首选项文件。

2 启动 Adobe Illustrator CC。

3 选择"文件">"打开"，找到 Lessons>Lesson09 文件夹并打开 L9_end.ai 文件。

4 选择"视图">"全部适合窗口大小"，如图 9-1 所示。

图9-1

5 选择"窗口">"工作区">"重置基本功能"。

 注意：如果在工作区菜单中没有看到"重置基本功能"，请在选择"窗口">"工作区">"重置基本功能"之前，选择"窗口">"工作区">"基本功能"。

6 选择"文件">"打开"，在"打开"对话框中，找到硬盘上的 Lessons>Lesson09 文件夹，并选择 L9_start.ai 文件。单击"打开"。

可能会出现"缺少字体"对话框，表明 Illustrator 无法在您的机器上找到文件使用的一种字体（ProximaNova）。文件使用的 Typekit 字体很可能并未同步到您的计算机上，因此，在进行下一步之前需要修复缺少的字体。

 注意：如果字体无法同步，则可能是没有 Internet 连接或可能需要启动 Creative Cloud 桌面应用程序，使用您的 Adobe ID 登录，选择"资源">"字体"，并单击"启用 Typekit"。如果已经学习了第 8 课，则此功能已开启。

7 在"缺少字体"对话框中，确保在"同步"列中选中了"同步"，然后单击"同步字体"，如图 9-2 所示。一段时间后，字体应同步您的机器上，在"缺少字体"对话框中，您应该看到一条成功的信息。单击"关闭"。

图9-2

这会将 Typekit 字体同步到您的计算机，并确保字体显示在 Illustrator 中。

 注意：如果在"缺少字体"对话框中看到一条警告消息或者无法选择"同步"，则可以单击"查找字体"来使用本地字体进行替换。在"查找字体"对话框中，确保在"文档中的字体"部分选择了 Proxima Nova，并从"替换系统来自"菜单中选择"系统"。这将显示所有可用的 Illustrator 本地字体。从"系统中的字体"部分选择一种字体，然后单击"更改全部"来替换字体。对 Proxima Nova Bold 执行同样的操作。单击"完成"。

---

8 选择"文件">"存储为"，将文件重命名为 RealEstateApp.ai，并选择 Lesson09 文件夹。从"格式"菜单（macOS）选择 Adobe Illustrator（ai），或从"保存类型"菜单选择 Adobe Illustrator（*.AI）（Windows），然后单击"保存"。在"Illustrator 选项"对话框中，保留 Illustrator 默认选项，然后单击"确定"按钮。

9 选择"选择">"取消选择"（如果可用的话）。

10 选择"视图">"全部适合窗口大小"。

理解图层

图层就像独立的文件夹一样，可以帮助保存和管理其中组成图稿的各个对象（甚至是很难被选中或跟踪的对象）。如果改变这些"文件夹"的顺序，将会改变图稿中各个项的堆叠次序。有关堆叠顺序的更多信息，请参见第 2 课。

根据需求，文档中图层的结构可以很简单，也可以很复杂。创建一个新的 Illustrator 文档时，所有内容默认都在一个图层中。但是，也可以如本课中所要讲述的那样，创建新图层和子图层（就像子文件夹一样）来组织图稿。

1 单击文档窗口顶部的 L9_end.ai 选项卡，显示此文档。

2 单击工作区右侧的"图层"面板选项卡，或者选择"窗口">"图层"。

除了可以组织图稿内容，通过"图层"面板还可以方便地选择、隐藏、锁定或更改图稿的外观属性。在图 9-3 中，"图层"面板可能与您看到的不一样，没关系。在整个练习过程中都可以参考图 9-3。

A. 图层颜色

B. 可视性栏（眼睛图标）

C. 模板图层图标

D. 编辑栏（锁定/解锁）

E. 展开三角形（展开/折叠）

F. 收集以导出

G. 定位对象

H. 建立/释放剪切蒙版

I. 创建新子图层

J. 创建新图层

K. 删除所选图层

L. 当前图层指示器（三角形）

M. 目标栏

N. 选择栏

图9-3

 注意：此图显示的是"图层"面板的顶部和底部。基本功能工作区中的"图层"面板非常高，因此在此图中面板是分裂的。

9.2 创建图层和子图层

默认情况下，每个文档最初都只有一个图层，名为"图层1"。但创建图稿时可重命名该图层，还可随时添加图层和子图层。通过将对象放置在独立的图层中，可轻松地选择和编辑它们。例如，通过将文字放在独立的图层中，可同时修改所有文字，而不影响图稿中的其他部分。

9.2.1 创建新图层

接下来，将更改默认的图层名称，然后使用不同的方法创建新图层。这个项目旨在组织图稿，以便稍后可以更轻松地使用它。在实际情况中，在图稿上开始工作或创建图稿之前，将设置图层。在本课中，将在创建图稿之后使用图层来组织图稿，这可能会更有挑战性。

 注意：创建多少个图层、以什么命名它们以及如何组织这些图层中的内容，这些取决于正在工作的项目。没有"错误的"图层结构，但是，随着使用图层经验的增加，您会了解对自己更有意义的方式。

1 单击文档窗口顶部的 RealEstateApp.ai 选项卡。

2 如果"图层"面板不可见，则单击工作区右侧的"图层"面板选项卡，或者选择"窗口">"图层"。Layer 1（第一个图层的默认名称）呈高亮显示，这表明它是当前图层，处于活动状态。

3 在"图层"面板中，双击图层名称"Layer 1"来编辑它。

键入 Phone Body，如图 9-4 所示，然后按 Enter 或 Return 键。

与将所有内容放在一个图层相反，本课将创建多个图层和子图层，以便更好地组织图稿内容，并使之后选中图稿内容时更加方便。

4 单击"图层"面板底部的"创建新图层"按钮（■），如图 9-5 所示。

图9-4

图9-5

 提示：要删除图层，可以选中图层或子图层，再单击面板底部的"删除所选图层"按钮（■）即可。这将删除图层或子图层及其上的所有内容。

图层和子图层之间并不是按顺序命名的。例如，最新图层的名称就是"图层 2"。当"图层"面板中的图层或子图层包含其他项目时，图层或子图层名称的左侧会显示一个三角形（▶）。可以单击此三角形来显示或隐藏内容。如果没有显示三角形，则表示图层没有内容。

5 在"图层"面板中，双击图层 2 的图层缩略图（白色框），或图层名称"图层 2"的右侧，打开"图层选项"对话框。将名称更改为 Phone Content，并注意所有可用的其他选项。单击"确定"，如图 9-6 所示。

图9-6

 注意："图层选项"对话框有很多您已经使用过的选项，包括命名图层、预览或轮廓模式、锁定图层、显示和隐藏图层。在"图层选项"对话框中，也可以取消选中"打印"选项，该图层上的任何内容都不会打印。

默认情况下，在"图层"面板中，新图层会添加到当前所选图层（在本例中是 Phone Body）的上方并处于活动状态。注意到新图层的名称左侧，它的图层颜色略有不同，是浅红色的。这点对于之后选中图稿的内容来说，十分重要。下面，将会通过使用修饰键，将创建新图层和对其命名合为

一步操作。

6　按住 Option（macOS）或 Alt（Windows）键，并单击"图层"面板底部的"创建新图层"按钮（）。在"图层选项"对话框中，将名称更改为 Menu Icons，然后单击"确定"，如图 9-7 所示。

图9-7

提示：从"图层"面板菜单（▤）中选择"新建图层"将创建一个新图层，并打开"图层选项"对话框。

7　在"图层"面板中仍选中名为"Menu Icons"的图层，单击"图层"面板菜单（▤），并选择"复制'Menu Icons'"，创建一个图层副本，如图 9-8 所示。

图9-8

8　在此面板中直接双击新图层的名称，并将其更改为 Design Content。按 Enter 或 Return 键，接受更改。

注意：图层副本与原始图层（Menu Icons）具有相同的图层颜色。在本课中，这是没关系的，但在现实世界中，您可能希望每一个图层具有不同的图层颜色。这有助于稍后选择图稿。

9.2.2　创建子图层

接下来，将创建一个嵌套的子图层。子图层有助于组织图层中的内容，无须编组或取消编组内容。

1　在"图层"面板中，单击名为"Phone Content"的图层选择它，然后单击底部的"创建新子图层"按钮（▤），创建一个新的子图层，如图 9-9 所示。

注意：要将创建子图层和对其命名合为一步操作，可按住 Alt（Windows）或 Option（macOS）键，再单击"创建新子图层"按钮，打开"图层选项"对话框。

这样做会在 Phone Content 主图层下面创建一个新的子图层并选中它。可以将新的子图层视为名为"Phone Content"的"父"图层的"子"图层。

2　双击新的子图层的名称（在本例中是"图层 5"），将名称更改为 Main Menu，然后按 Enter 或 Return 键，如图 9-10 所示。

创建一个新的子图层会打开所选图层，显示现有子图层和内容。

3　单击 Phone Content 图层左侧的三角形（▾），隐藏此图层的内容，如图 9-11 所示。

图9-9

图9-10

图9-11

4　将"图层"面板的左边缘向左拖动，使其更宽，如图 9-12 所示。

图9-12

9.3　编辑图层和对象

通过重新排列"图层"面板中的图层，可修改图稿中对象的堆叠顺序。在画板中，"图层"面板列表中位于顶部图层中的对象在位于底部图层中对象的前面，并且每个图层也都有自己的堆叠顺序。图层很有用，比如可以在图层和子图层之间移动对象，以便组织图稿并更轻松地选择图稿。

9.3.1　定位图层

创作图稿时，时常会需要选中画板上的内容，并在图层面板中定位与之相同的内容。这样有助于查看各个内容之间的组织方式。

1　使用选择工具（▶），单击选择左侧画板底部带文本的绿色矩形。单击"图层"面板底部的"定位对象"按钮（🔍），在"图层"面板中显示其对象组，如图 9-13 所示。

图9-13

单击"定位对象"按钮，将会在"图层"面板中打开该内容所在图层，并显示出所选对象。

在"图层"面板中，会在＜编组＞对象的最右侧看到选择指示器（■，图9-14中箭头指向的位置），并看到组中的对象。

2 在"图层"面板中，双击＜编组＞文本，并将其重命名为 Description，如图9-15所示。

图9-14

图9-15

编组内容时，会创建一个包含编组内容的编组对象（＜编组＞）。在"属性"面板的顶部可以看到"编组"一词。重命名组不会改变它是一个组的事实，但可以在"图层"面板中更轻松地找到它。

3 选择"选择"＞"取消选择"。

4 单击 Description 组左侧的三角形（▼），折叠该组，然后单击 Phone Body 图层名称左侧的三角形（▼），折叠该图层并隐藏整个图层的内容，如图9-16所示。

图9-16

保持图层、子图层和组折叠是让"图层"面板整齐的一种好方法。Phone Content 图层和 Phone Body 图层是有三角形的两个图层，因为它们是带有内容的图层。

9.3.2 在图层之间移动内容

接下来，会将图稿移动到不同的图层，利用创建的图层和子图层。

1　在图稿中，使用选择工具（▶），单击文本 "FOR SALE $450,000" 来选择一组内容。
　　在"图层"面板中，注意，Phone Body 图层名称具有选定图稿指示器（彩色正方形），如图 9-17 中箭头所示。

图9-17

还要注意所选图稿的定界框、路径和锚点的颜色与图层颜色匹配。
如果要将所选图稿从一个图层移动到另一个图层，可以拖动每个子图层右侧的选定图稿指示器，或者拖动图层名称右侧的选定图稿指示器。

2　选定图稿指示器（小方框），从 Phone Body 图层名称最右侧向上拖动到 DesignContent 图层的目标图标（◉）的右侧，如图 9-18 所示。
　　这个操作会将所选图稿移动到 Design Content 图层。图稿中的定界框、路径和锚点的颜色会变为 Design Content 图层的颜色，也就是绿色（在本例中），如图 9-19 所示。

图9-18　　　　　　　　　　　　　　　图9-19

 提示：也可以按住 Option（macOS）或 Alt（Windows）键并将选定图稿指示器拖动到另一个图层以复制内容。请记住依次释放鼠标左键和修饰键。

3　选择"选择">"取消选择"。
4　单击 Phone Body 图层左侧的三角形（▶），显示其图层内容，如图 9-20 所示。
5　单击包含顶部导航图稿的顶部 <编组> 对象。按住 Shift 键，然后单击 <Image> 对象来选择 <编组>、Description 和 <图像> 图层，而不是选择画板上的图稿。
6　将所选对象拖到列表顶部的 Design Content 图层。当 Design Content 图层高亮显示时，则释放鼠标左键，如图 9-21 所示。

图9-20

图9-21

Ai 注意：这是另一种在图层之间移动图稿的方法。被拖到另一个图层的任何内容都
会自动出现在该图层的图层堆栈顶部。

7 单击 Phone Body 图层左侧的三角形（ ⌄ ），隐藏图层内容。

9.3.3 查看图层

"图层"面板可以隐藏图层、子图层或各个对象。图层被隐藏时，其中的内容也将被锁定，无
法选中或打印它们。还可以在预览或轮廓模式下，使用"图层"面板查看各图层或对象。本节将
介绍如何在轮廓模式下查看图层，使选择图稿变得更简单。

1 选择"视图" > "轮廓"。这将仅显示图稿的轮廓（或路径）。您应该能够看到隐藏在绿色
形状下面的菜单图标，在图 9-22 中箭头指向的位置。

注意现在"图层"面板中的眼睛图标（ ◉ ），它们表示该图层上的内容处于轮廓模式，如图 9-23
所示。

图9-22

图9-23

2 选择"视图" > "GPU 预览"，如果"CPU 预览"不可用的话，选择"视图" > "在 CPU
上预览"（或"预览"）。

有时，您可能希望在轮廓模式下查看部分图稿，同时保留剩余图稿的描边和填色。如果您
需要查看指定图层、子图层或组中的所有图稿，这会很有用。

3 在"图层"面板中，单击 Design Content 图层的三角形（ ▸ ），显示其图层内容。按住
Command（macOS）或 Ctrl（Windows）键并单击 Design Content 图层名称左侧的眼睛图标

（），以轮廓模式显示其内容，如图 9-24 所示。

Ai 　**提示**：要以轮廓模式查看图层图稿，还可以双击任意一个图层缩览图，或双击图层名称的右侧，打开"图层选项"对话框。然后取消选中"预览"复选框，再单击"确定"。

在轮廓模式下显示图层也有助于选择对象上的锚点或中心点。

4　选中选择工具（▶），并单击其中一个移动图标选择该组，如图 9-25 所示。

图9-24　　　　　　　　　　　　　　　　　图9-25

5　单击"图层"面板底部的"定位对象"（🔍）按钮，在"图层"面板中查看所选组的位置。

6　选择"编辑">"剪切"，从文档中剪切此移动图标组。

剪切或删除内容将从"图层"面板中移除它。

7　单击 Design Content 图层和 Phone Body 图层左侧的三角形（▼），隐藏其图层内容。

Ai 　**注意**：在此图中，所有图层都切换为关闭。您的图可能看起来不一样。

8　单击选择 Menu Icons 图层并选择"编辑">"就地粘贴"，将组粘贴到该图层中，如图 9-26 所示。

图9-26

在 Illustrator 中创建或粘贴内容之前经常会选择图层。这样，就可以组织内容，把它放在您认为最佳的图层上。

 注意："就地粘贴"和"在所有画板上粘贴"命令会将图稿从原画板粘贴到活动画板的相同位置。

9 按住 Command（macOS）或 Ctrl（Windows）键，并单击 Design Content 图层名称左侧的眼睛图标（👁），再次以预览模式显示该内容，如图 9-27 所示。

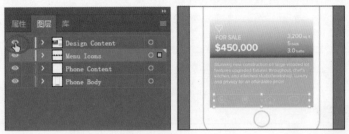

图9-27

现在菜单图标位于设计内容的后面，因为在"图层"面板中 Menu Icons 图层位于 Design Content 图层下面。下面会解决此问题。

9.3.4 重新排列图层

在之前的课程中，您了解到对象有一个堆叠顺序，这取决于它们的创建时间和创建方式。堆叠顺序适用于"图层"面板中的每一个图层。通过在图稿中创建多个图层，可以控制如何显示重叠对象。接下来，会重新排列图层来实现不同的堆叠顺序。

1 单击 Design Content 图层左侧的三角形（▶），显示图层内容（如果有必要的话）。

2 按住 Option（macOS）或 Alt（Windows）键，并单击 Design Content 图层左侧的眼睛图标（👁），隐藏其他图层，如图 9-28 所示。

隐藏除使用图层之外的所有图层非常有用，可以让您专注于手头的内容。

3 使用选择工具（▶），在远离图稿外的空白区域单击取消选择图稿。按住 Shift 键并将图像从图板的左边缘拖动到画板的中心，如图 9-29 所示。释放鼠标左键，然后释放 Shift 键。

注意"图层"面板中 Design Content 图层的 <图像> 对象。

图9-28

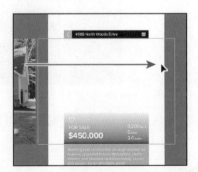

图9-29

4 选择"对象" > "排列" > "置于底层"，如图 9-30 所示。

图9-30

 提示：也可以在"图层"面板中将＜图像＞对象拖动到＜编组＞对象下方。当出现一条高亮线时，释放鼠标左键，重新排列图层。"排列"命令适用于具有所选内容的图层。

5　选择"选择"＞"取消选择"。

6　单击 Design Content 图层左侧的三角形（ﾍ），隐藏图层内容。

在我看来，实际练习折叠图层很有用，这样稍后在"图层"面板中就可以更轻松地查找内容并使用图层。

7　从"图层"面板菜单（▤）中选择"显示所有图层"，或者按住 Option（macOS）或 Alt（Windows）键，并单击 Design Content 图层左侧的眼睛图标（👁），再次显示所有图层。

8　如果有必要的话，在"图层"面板中单击 Design Content 图层，按住 Shift 键并单击 Menu Icons 图层，选择这两个图层。

9　将任意一个图层向下拖动到 Phone Content 图层上。当图层高亮显示时，释放鼠标左键，将两个图层移动到 Phone Content 图层中，如图 9-31 所示。它们现在是父图层 Phone Content 图层的子图层。

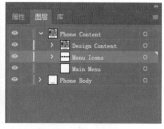

图9-31

9.3.5　合并为一个新图层

为简化图稿，可以合并各个图层、子图层、内容或对象组。而各个对象将会被合并到最后所选中的那个图层或对象组中。下面，将会把内容合并到一个新图层，然后将一些子图层合并为一个图层。

1　单击 Phone Content 图层左侧的三角形（ﾍ），隐藏图层内容。单击 Phone Body 图层左侧的三角形（▶），显示图层内容。

2 按住 Option（macOS）或 Alt（Windows）键，并单击缩略图中有一个圆的 < 路径 > 对象，选择画板上的内容，如图 9-32 所示。

图9-32

如果您正在查看"图层"面板中的内容并需要选择它，或者至少要查看文档中的内容，这可能会有所帮助。也可以单击选择列（选定指示器出现的位置），选择内容而不选择图层。

 提示：也可以按住 Command（macOS）或 Ctrl（Windows）键，并在"图层"面板中单击图层或子图层，选择多个不连续的图层。

3 在 Phone Body 图层的内容中，仍选择此 < 路径 > 图层，按住 Shift 键并单击其上方的 < 路径 > 对象来选择两个对象，如图 9-33 所示。

4 单击"图层"面板菜单图标（▤），选择"收集到新图层中"，创建一个新的子图层（在本例中），并将所选内容放入其中。
新的子图层中的对象仍保持其原来的堆叠顺序。

 提示：从"图层"面板菜单中选择"合并所选图层"，将所选内容合并到一个图层中。所选的最后一个图层决定了合并图层的名称和颜色。只能合并"图层"面板中位于同一层级的图层。同样的，也只能合并位于同一个图层、层级相同的子图层。对象不能与其他对象合并。

5 双击新的子图层名称（我的是"图层 6"）并将名称更改为 Front，如图 9-34 所示。按 Enter 或 Return 键。您看到的图层颜色可能与您在图中看到的不一样。

图9-33　　　　　　　图9-34

6 选择"选择" > "取消选择"。

7 选择"文件">"存储"。

9.3.6 复制图层内容

也可以使用"图层"面板来复制图层和其他图稿内容。接下来，将会复制 Front 子图层，然后将内容移动到右侧画板上，最后将在图层之间复制内容。

1 将 Front 子图层向下拖动到"创建新图层"按钮（▣）上制作此图层的副本。双击新图层的名称（Front_复制）并将其命名为 Back，如图 9-35 所示。
Phone Body 图层顶部的 < 复合路径 > 对象需要在 Front 图层和 Back 图层之间。接下来，将一个副本拖动到 Back 子图层中，然后将原始图层拖动到 Front 子图层中。

2 单击选择 < 复合路径 > 对象。按住 Option（macOS）或 Alt（Windows）键，将此对象拖动到 Back 子图层，如图 9-36 所示。

图9-35   图9-36

当 Back 子图层高亮显示时，释放鼠标左键，然后释放修饰键。
这会将 < 复合路径 > 内容（手机的形状）复制到 Back 子图层。拖动时按住修饰键会复制所选内容。这与下列选择画板内容的方式相同：选择"编辑">"复制"，在"图层"面板中选择 Back 图层，然后选择"编辑">"就地粘贴"。

 提示：也可以按住 Option（macOS）或 Alt（Windows）键，并拖动选定图稿指示器以复制内容。也可以在"图层"面板中选择 < 复合路径 > 行，然后从图层面板菜单中选择"复制 < 复合路径 >"，创建具有相同内容的副本。

接下来，会将 Back 子图层内容移动到右侧画板。

3 单击 Back 图层名称最右侧的选择列。如果您已经看到了颜色框，请再次单击它，选择图层上的所有内容，如图 9-37 所示。

4 在文档窗口左下角的画板导航菜单中选择"2 Phone Back"，让画板居中显示并选择它。

5 单击"属性"面板选项卡，打开"属性"面板。在"属性"面板中从"对齐所选对象"菜单中选择"对齐画板"。然后单击"水平居中对齐"按钮（▣），将 Back 子图层的内容与Phone Back 画板的水平中心对齐，如图 9-38 所示。

图9-37

图9-38

6 单击"图层"面板选项卡,再次显示"图层"面板。在"图层"面板中单击选择原始＜复合路径＞对象。将它拖到 Front 子图层上,移动到此子图层中,如图 9-39 所示。

图9-39

7 单击 Phone Body 图层左侧的三角形（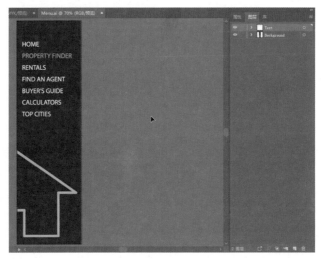），隐藏内容。

8 选择"视图"＞"全部适合窗口大小"。

9 选择"选择"＞"取消选择"，然后选择"文件"＞"存储"。

9.3.7 粘贴图层

要完成此应用设计，还需要从另一个文件中复制并粘贴图稿所需的其他部件。可以将一个分层文件粘贴到另一个文件中，并保持所有图层原封不动。在本节中，您还将学习一些新内容，包括如何为图层应用外观属性和重新排列图层。

1 选择"窗口"＞"工作区"＞"重置基本功能"。

2 选择"文件"＞"打开"，打开硬盘上的 Lessons>Lesson09 文件夹中的 Menu.ai 文件。

3 选择"视图"＞"画板适合窗口大小"。

4 单击"图层"面板选项卡，显示该面板。要观察各个图层中对象的组织方式，可以按住 Option（macOS）或 Alt（Windows）键，再依次单击各个图层左侧的眼睛图标（👁），即可只观察该图层的内容，而将其他图层隐藏起来。还可以单击图层名称左侧的三角形（▶），以便展开或折叠图层以便进一步查看内容。尝试结束后，确保所有图层均显示出来，而其子图层均折叠了，如图 9-40 所示。

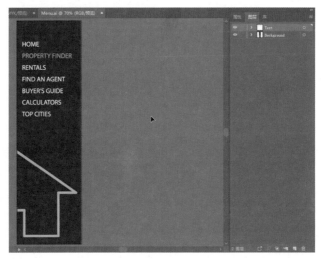

图9-40

5 选择"选择"＞"全部"，然后选择"编辑"＞"复制"来选择内容并将内容复制到剪贴板。

6 选择"文件"＞"关闭"，关闭 Menu.ai 文件而不保存任何更改。如果出现警告对话框，请单击"否"（Windows）或"不保存"（macOS）。

7 在 RealEstateApp.ai 文件中，从"图层"面板菜单（☰）选择"粘贴时记住图层"，这时该选项旁出现一个对勾，表明该项已被选中。

Ai | **注意**：如果目标文档中包含同名图层，Illustrator 将会把原文件中该图层的内容粘贴在同名图层中。

选中"粘贴时记住图层"选项，在图稿中粘贴来自另一个文件的多个图层时，将把它们作为独立的图层添加到"图层"面板中。如果没有选该项，所有对象都将粘贴到活动图层中，而原文件中的图层不再出现。

8 选择"编辑">"粘贴"将内容粘贴到文档窗口的中心，如图 9-41 所示。

图9-41

"粘贴时记住图层"选项让 Menu.ai 作为 2 个独立的图层粘贴到"图层"面板的顶部，包括 Text 图层和 Background 图层。现在，会将新粘贴的图层移动到 Phone Content 的子图层 Main Menu 中，然后更改这些图层的顺序。

9 选择 Text 图层（如果未选中它的话），按住 Shift 键并在"图层"面板中单击 Background 图层名称来选择两个图层。

10 单击 Phone Content 图层左侧的三角形（▶），显示图层内容。

11 将所选图层（Text 或 Background）向下拖动到 Main Menu 子菜单上，将内容移动到此新图层，如图 9-42 所示。

这 2 个粘贴而来的图层成为了 Main Menu 图层的子图层。注意，每个图层都有其独特的图层颜色。

12 选择"选择">"取消选择"。

图9-42

9.3.8 更改图层顺序

如您所见，可以在"图层"面板中随意拖动图层、子图层、组和其他内容，重新排列图的顺序。也有一些"图层"面板命令选项，比如反向顺序等，可以让重新排列图层顺序变得更简单。

1 单击 Main Menu 子图层左侧的三角形（▶），隐藏其内容。

298 第9课 使用图层组织图稿

2　单击 Design Content 子图层，按住 Shift 键并单击 Main Menu 子图层名称，选择所有 3 个图层（Design Content、Menu Icons 和 Main Menu）。

3　从"图层"面板菜单（▤）中选择"反向顺序"，颠倒图层的顺序，如图 9-43 所示。

图9-43

4　单击 Main Menu 图层名称最右侧的选择列，选择图层内容，如图 9-44 所示。

5　使用选择工具将内容拖动到左侧画板上，如图 9-45 所示。

图9-44

图9-45

6　选择"选择"＞"取消选择"（如果可用的话）。

9.3.9　将外观属性应用于图层

> **Ai** | 注意：有关使用外观属性的更多信息，请参见第 12 课。

在"图层"面板中，可将外观属性（如样式、效果、透明度等）应用于图层、对象组和对象。将外观属性应用于图层时，该属性将应用于图层中的所有对象。而将外观属性应用于特定对象时，仅会影响该对象，而不是整个图层。接下来会将效果应用于图层中的图稿。

注意：我拖动了"图层"面板的左侧边缘，以便查看图层名称。

1 如果有必要的话，单击 Main Menu 子图层左侧的三角形（▸），显示图层内容。单击 Background 子图层右侧的目标图标（◉），如图 9-46 所示。

图9-46

注意：单击目标图标也将在画板上选中该对象。也可以只在画板上选中内容，对其应用效果。

单击目标图标，表明要把效果、样式或透明度应用于图层、子图层、对象组或对象。也就是说，该图层、子图层、对象组或对象被选中了。而在文档窗口中，其对应的内容也被选中了。当目标图标变成了双环图标（◉或◎）时，表明该对象被选中了，而单环图标则表明该对象没有被选中。

2 单击"属性"面板选项卡，显示"属性"面板。在"属性"面板中将"不透明度"更改为 75%，如图 9-47 所示。

图9-47

在"图层"面板中，Background 图层的目标图标（◉）也出现了阴影效果，这表明至少有一个外观属性（不透明度变更）应用于该对象。此图层上的所有内容都会应用此不透明度变更。

3　选择"选择">"取消选择"。

9.4　创建剪切蒙版

"图层"面板可以创建剪切蒙版，以控制显示或隐藏图层（或编组）中的内容。剪切蒙版是一个对象或一个对象组，它给自身下层的内容添加蒙版，使得只有在其自身形状内的内容可见。第 14 课将介绍如何在不使用"图层"面板的情况下创建剪切蒙版。现在，将为 Phone Content 图层创建一个剪切蒙版。

1　单击"图层"面板选项卡，显示"图层"面板。单击 Phone Body 图层左侧的三角形（▶），显示其内容；单击 Phone Content 图层左侧的三角形（⌄），隐藏其内容。

Ai　注意：再次折叠 Phone Content 图层会让"图层"面板显得更整洁。

2　将名为 < 路径 > 的图层拖动到 Phone Content 图层上，将其移动到该图层，如图 9-48 所示。此路径将用作此图层上所有内容的剪切蒙版。

3　单击 Phone Content 图层左侧的三角形（▶），显示其图层内容。在"图层"面板中，蒙版对象必须位于它要剪切对象的上层。在图层蒙版中，蒙版对象必须是图层中最顶部的对象。可以为整个图层、子图层或对象组创建剪切蒙版。在本节中，由于要遮盖 Phone Content 图层上的所有内容，因此剪切对象要位于 Phone Content 图层的顶部。

图9-48

4　按住 Option（macOS）或 Alt（Windows）键，并单击 Phone Content 图层顶部的 < 路径 > 对象，选择画板上的内容，如图 9-49 所示。

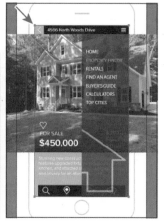

图9-49

不需要选择形状来制作蒙版。我只是想让您了解它的大小及其位置。

5　选择"选择">"取消选择"。

6 在"图层"面板中选择 Phone Content 图层,高亮显示它。单击"图层"面板底部的"建立 / 释放剪切蒙版"按钮(),如图 9-50 所示。

图9-50

> **提示**:要释放剪切蒙版,可以再次选中 Phone Content 图层,再单击"建立 / 释放剪切蒙版"按钮(⊡)。

<路径>子图层名称出现了下划线,这表明它是一个蒙版形状,它已被命名为"剪贴路径"。在画板上,<路径>子图层将位于它自身形状外的内容剪切掉了。

现在,图稿已经完成,您可能想把所有图层合并成一个图层,然后删除空白图层,这被称为拼合图稿。以单个图层文件的方式提交完成的图稿可以防止意外事件,比如印刷时隐藏了图层或者是省略了部分图稿。要拼合特定图层,而不删除隐藏图层,可以选择想要拼合的图层,然后从"图层"面板菜单(▤)中选择"合并所选图层"。

> **注意**:要获得使用"图层"面板的完整的快捷键列表,可在 Illustrator 帮助("帮助">"Illustrator 帮助")中查找"键盘快捷键"。

7 选择"文件">"存储",然后选择"文件">"关闭"。

9.5 复习

复习题

1 指出创建图稿时使用图层的两个好处。

2 描述如何调整文件中图层的排列顺序。

3 更改图层的颜色有什么用途?

4 将分层文件粘贴到另一个文件中将发生什么?"粘贴时记住图层"选项有什么用处?

5 如何创建图层剪切蒙版?

复习题答案

1 创建图稿时使用图层的好处:有效组织图稿的内容;便于选中特定内容;保护不想修改的图稿;隐藏不想处理的图稿,以免被分散注意力;控制选择要打印的内容。

2 要调整图层的排列顺序,可以在"图层"面板中单击图层名称并将其拖动至新位置。而"图层"面板中各图层的顺序,决定了文档中图层的顺序——面板顶部的图层位于图稿中的最上层。

3 图层的颜色决定了图层中所选锚点及其方向线的颜色,并有助于识别文档的各个图层。

4 默认情况下,粘贴命令将分层文件或从不同图层复制而来的对象粘贴到当前活动图层中。而"粘贴时记住图层"选项可保留各粘贴对象对应的原始图层。

5 要在图层上创建一个剪切蒙版,可选择该图层,在"图层"面板中单击"建立 / 释放剪切蒙版"按钮 (▣)。在该图层中,位于最上方的对象就会成为剪切蒙版。

第10课 渐变、混合和图案

课程概述

在本课中，您将学习如何执行下列操作：

- 创建和保存渐变填色；
- 应用和编辑描边的渐变；
- 应用和编辑径向渐变；
- 向渐变中添加颜色；
- 调整渐变方向；
- 调整渐变中颜色的不透明度；
- 按指定步数混合对象的形状；
- 在对象之间创建平滑的颜色混合；
- 修改混合及其路径、形状和颜色；
- 创建图案并使用图案上色。

 学习本课内容大约需要 60 分钟，请从配套资源中将文件夹
Lesson10 复制到您的硬盘中。

在 Illustrator 中，要为图稿添加纹
理和趣味性，可以应用渐变填充（两种
或多种颜色、图案的过渡混合以及形状
和颜色的混合）。在本课中，将探索如
何使用这些内容来完成项目。

10.1　开始本课

在本课中，将探索使用渐变、混合形状和颜色以及创建和应用图案的各种方法。但在此之前需要恢复 Adobe Illustrator CC 的默认首选项。然后，打开本课最终完成的图稿文件，以便查看最终效果。

1　确保工具和面板的功能如本课所述，请删除或禁用（重命名）Adobe Illustrator CC 首选项文件。

2　启动 Adobe Illustrator CC。

3　选择"文件">"打开"，找到硬盘上的 Lessons>Lesson10 文件夹并打开 L10_end.ai 文件。

4　选择"视图">"全部适合窗口大小"，如图 10-1 所示。如果不想打开此文档，请选择"文件">"关闭"。

　　要开始工作，应打开需要完成的图稿文件。

5　选择"文件">"打开"。在"打开"对话框中，找到硬盘上的 Lessons> Lesson10 文件夹，并选择 L10_start.ai 文件。单击"打开"，打开此文件。

6　选择"视图">"全部适合窗口大小"，如图 10-2 所示。

图10-1

图10-2

7　选择"文件">"存储为"，将文件命名为 Cake.ai，并选择 Lessons>Lesson10 文件夹。从"格式"菜单选择 Adobe Illustrator（ai）（macOS），或从"保存类型"菜单选择 Adobe Illustrator（*.AI）（Windows），然后单击"保存"。

8　在"Illustrator 选项"对话框中，保留 Illustrator 默认选项，然后单击"确定"按钮。

9　在应用程序栏的工作区切换器中选择"重置基本功能"。

 注意：如果在工作区菜单中没有看到"重置基本功能"，则在选择"窗口">"工作区">"重置基本功能"之前，选择"窗口">"工作区">"基本功能"。

10.2　使用渐变

渐变填充是两种或多种颜色之间的过渡混合，通常包括一个起始色和结束色。在 Illustrator 中，可自行创建各种渐变填充：线性渐变（它的起始色沿着一条直线混合到结束色）和径向渐变（它的起始色从中心处向外辐射渐变为结束色），如图 10-3 所示。用户可使用 Adobe Illustrator CC 提供的渐变，也可在自行创建渐变后，将其作为色板保存以备后用。

线性渐变 ———   ——— 径向渐变

图10-3

可以使用"属性"面板来访问"渐变"面板（"窗口" > "渐变"）或渐变工具（■）来应用、创建和修改渐变，如图 10-4 所示。在"渐变"面板中，渐变填色框或描边色框显示了当前对象的填色或描边所应用的渐变颜色和渐变类型。

A. 渐变	H. 位置
B. 填色框 / 描边框	I. 渐变类型
C. 反向渐变	J. 描边渐变类型
D. 渐变中点	K. 角度
E. 渐变滑块	L. 长宽比
F. 色标	M. 删除色标
G. 不透明度	

图10-4

注意：您看到的"渐变"面板可能与此图不一致。

在"渐变"面板中，渐变滑块（图 10-4 中标为"E"的区域）下最左侧的渐变色标（标记为"F"）被称为色标，表示起始色；右侧的渐变色标表示结束色。色标是渐变从一种颜色变为另一种颜色的点。可通过在渐变滑块下方单击来添加色标。双击色标将打开一个面板，让用户能够自行通过色板或颜色滑块来选择颜色。

10.2.1 将线性渐变应用于填色

两色线性渐变的起始色（左侧色标）沿着一条直线混合到结束色（右侧色标）中。本课首先将为绿色背景形状应用 Illustrator 自带的一种渐变填充。

1 使用选择工具（▶），单击选择左侧画板背景中的绿色矩形。

2 在"属性"面板中单击填色（■），选择"色板"选项（▥），选择"White, Black"渐变色板，如图 10-5 所示。保持显示色板。

默认的黑白色渐变会应用于所选形状的填色。

图10-5

10.2.2　编辑渐变

接下来，将编辑应用的默认黑白色渐变。

1　如果需要的话，在"属性"面板中再次单击填色，显示色板。在出现的"色板"面板中单击"渐变选项"按钮，打开"渐变"面板（"窗口">"渐变"），如图 10-6 所示，并执行以下操作。

- 确保填色框被选中（图 10-6 中使用红色圈出的地方）。
- 双击最左侧的白色渐变色标，选择渐变的起始色（图中箭头指向的位置）。
- 在出现的面板中单击"色板"按钮（ ▦ ）。
- 单击以选择名为"BG 10%"的浅棕色色板。

图10-6

2 在"渐变"面板的空白区域单击关闭"色板"面板。

3 在"渐变"面板中，执行下列操作。

- 在"渐变"面板中，双击渐变滑块右侧的黑色色标编辑颜色（图10-7中使用红色圈出的位置）。在出现的面板中，单击"颜色"按钮（🎨），打开"颜色"面板。
- 单击菜单图标（☰），从菜单中选择"CMYK"（如果CMYK值不显示的话）。
- 将CMYK值更改为"C=25 M=25 Y=25 K=0"。

 提示：要在文本框之间移动，可按 Tab 键。而按 Enter 或 Return 键可应用最近一次输入的数值。

- 输入最后一个值后，在"渐变"面板的空白区域单击。

图10-7

10.2.3 保存渐变

接下来，将在"色板"面板中将刚才编辑的渐变保存为色板。保存渐变是将渐变轻松应用于其他图稿并保持渐变外观一致的一种好方法。

1 在"渐变"面板中，单击"类型"左侧的渐变菜单箭头（▼），并在出现的面板底部单击"添加到色板"按钮（⬇），如图10-8所示。
"渐变"菜单列出了可以应用的所有默认渐变和保存的渐变。

图10-8

提示：与 Illustrator 中的大多数操作类似，有多种方法可以保存渐变色板。要存储渐变，还可以选中一个带有渐变填充（或渐变描边）的对象，在"色板"面板中单击填色框（或描边框），然后在"色板"面板底部单击"新建色板"按钮（⬜）。

---

2 单击"渐变"面板顶部的 × 关闭它。

3 仍选中背景形状，在"属性"面板中单击填色框。选择"色板"选项（▦），双击"新建渐
变色板1"缩略图，打开"色板选项"对话框，如图10-9所示。

4 在"色板选项"对话框中，在"色板名称"字段中输入 Background，然后单击"确定"。

5 在"色板"面板的底部单击"显示'色板类型'菜单"按钮（▦），并从菜单中选择"显示渐
变色板"以在"色板"面板中只显示渐变色板，如图10-10所示。

图10-9

图10-10

"色板"面板支持根据类型（如渐变色板）对颜色进行排序。

6 仍选中画板上的矩形，在"色板"面板中单击各色板，以尝试对它应用其他渐变。

7 在"色板"面板中单击名为"Background"的渐变以确保应用了它，然后继续下一步。

8 在"色板"面板的底部单击"显示'色板类型'菜单"按钮（▦），并从菜单中选择"显示
所有色板"。

9 选择"文件">"存储"，并保持选中矩形。

10.2.4 调整线性渐变填充

使用渐变填充对象后，还可以使用渐变工具调整渐变的方向、起点和终点。现在将调整背景
形状中的渐变填充。

1 选中选择工具（▶），双击背景形状隔离它。

这是进入单个形状的隔离模式的一种好方式，这样就可以专注于此形状，而无须考虑其他内容。

2 选择"视图">"缩小"。

3 在工具面板中选择渐变工具（▦）。

使用渐变工具，可以为对象的填色应用渐变，也可以编辑现有的渐变填充。注意，水平渐
变条出现在矩形中央，如图10-11所示。渐变条指出了渐变的方向，左侧大圆圈显示了渐
变的起始点（起始色标），右侧小矩形则表明了终点（结束色标）。

Ai | 提示：要隐藏渐变批注者（渐变条），可选择"视图">"隐藏渐变批注者"。要
再次显示，可选择"视图">"显示渐变批注者"。

---

4 将鼠标指针放在渐变批注者上。

渐变条变为了渐变滑块，与"渐变"面板中的渐变滑块类似。可以使用图稿上的渐变滑块来编辑渐变，而无须打开"渐变"面板，如图10-12所示。

图10-11   图10-12

5 选择渐变工具，按住 Shift 键，单击画板顶部，并向下拖动到画板底部，以更改矩形中渐变的起始色和结束色的位置、方向。依次松开鼠标和按键，如图 10-13 所示。

图10-13

6 使用渐变工具，将鼠标指针放在渐变批注者底部的白色小矩形外。旋转图标（⟳）出现时，在矩形中向右拖动旋转渐变，然后释放鼠标左键，如图 10-14 所示。

7 在工具面板中双击渐变工具，打开"渐变"面板。确保在该面板中选中了填色框（图 10-15 中使用红色圈出的位置），然后从"角度"菜单中选择 −60。

8 选择"对象">"锁定">"所选对象"，锁定矩形，以免稍后意外地移动它，并使选择其他图稿变得更简单一些。

图10-14

图10-15

9 选中选择工具，按 Esc 键，退出隔离模式。应该会再次看到所有图稿。

10 选择"文件">"存储"。

10.2.5　将线性渐变应用于描边

还可以将渐变混合色应用于对象的描边。要作用于描边，则不能像应用于填色一样使用渐变工具来编辑渐变了。与渐变填充相比，在"渐变"面板中，渐变描边具有更多的选项。下面，将对描边渐变添加一系列颜色，为图稿创建边框。

1 在工具面板择选中选择工具（▶），并单击蛋糕周围形状的红色描边，选择此形状。

> **Ai** | **注意**：根据屏幕分辨率，可能会看到单列工具面板。

2 单击工具面板底部的描边框，然后单击填色框下方的渐变框，应用上一次使用的渐变，如图 10-16 所示。

图10-16

注意："颜色"面板组可能是打开的，如果是，则关闭它。

3　在工具面板中选择缩放工具（🔍），在所选形状的描边上拖动，进行放大。

10.2.6　编辑描边的渐变

对于描边的渐变，可以选择如何将渐变与描边对齐：描边中、沿描边或跨描边。在本节中，将介绍如何将渐变与描边对齐，并编辑渐变的颜色。

1　在"渐变"面板中，单击描边色框（如果未选中的话，单击图 10-17 中使用红色圈出的位置），编辑应用于描边的渐变。保留"类型"为"线性"，再单击"跨描边应用渐变"按钮（▣），以便更改渐变类型。

图10-17

 注意：可以按 3 种方式为描边应用渐变：在描边中应用渐变（默认情况）（▣）、沿描边应用渐变（▣）和跨描边应用渐变（▣）。

下面将使用几种方法为渐变添加颜色。

2　将鼠标指针置于渐变滑块下方的两个色标之间。当鼠标指针旁出现一个加号符号（▷₊）时，单击添加另一个色标，如图 10-18 所示。

3　双击新的色标，选择色板（▦），单击名为"BG 10%"的色板，如图 10-19 所示。按 Esc 键，隐藏色板并返回到"渐变"面板。

图10-18　　　　　　　　　　　　　　　　　図10-19

4　仍选择新色标，将"位置"更改为 50%，如图 10-20 所示。
对于接下来的几个步骤，您将了解如何通过在"渐变"面板中拖动色标副本来向渐变添加更多的颜色。

5　按住 Option（macOS）或 Alt（Windows）键，将最右侧的色标向左拖动，当看到"位置"值大约为 25% 时，释放鼠标左键，然后释放修饰键，如图 10-21 所示。

图10-20

图10-21

现在有 4 个色标。下面将介绍如何删除色标。

6　将最左侧的色标拖离渐变滑块。当看不到它时，释放鼠标删除它，如图 10-22 所示。

图10-22

7　单击"渐变"面板顶部的 × 关闭它。

10.2.7　将径向渐变应用于图稿

如前所述，径向渐变的起始色（最左侧的色标）位于填色的中心处，并向外辐射到结束色（最右侧的色标）。下面，将对船的视窗（舷窗）创建并应用径向渐变填充。

1　选择"视图">"画板适合窗口大小"。

2　选中选择工具（▶），单击橘色椭圆。

3　按"Command++"（macOS）或"Ctrl++"（Windows）组合键几次，进行放大。

4　在"属性"面板中，将填充颜色更改为"White, Black"渐变，如图 10-23 所示。保持显示"色板"面板。

图10-23

5 在"色板"面板中单击"渐变选项"按钮，打开"渐变"面板。在"渐变"面板中，确保填色框已被选中。从"类型"菜单中选择"径向"，将形状中的线性渐变转换成径向渐变，如图 10-24 所示。

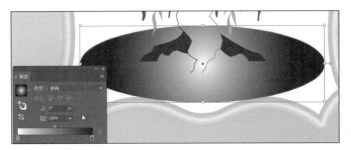

图10-24

10.2.8　编辑径向渐变的颜色

本节之前介绍了在"渐变"面板中编辑渐变颜色，还可以使用渐变工具来编辑渐变的颜色。

1 仍选中椭圆，在"渐变"面板中，单击"反向渐变"按钮（），交换渐变中的黑色和白色，如图 10-25 所示。

图10-25

2 在工具面板中选择渐变工具（）。

3 将鼠标指针放在椭圆中的渐变批注者（渐变条）上，将显示渐变滑块，执行图 10-26 的操作。

图10-26

- 双击椭圆中心的黑色色标，编辑颜色。
- 在出现的面板中，单击"色板"按钮（▦）（如果未选中它的话）。
- 选择名为 Radial 1 的色板。

注意，渐变批注者起始于椭圆中心，并指向右侧。它周围的虚线圆形表明这是径向渐变。稍后会为径向渐变设置其他的选项。

4 按 Esc 键，隐藏面板。

5 将鼠标指针放在渐变滑块下方的中心，当鼠标指针旁出现加号符号时（▷₊），单击为渐变添加另一种颜色（见图 10-27 中的第一个图）。

图10-27

6 双击新的色标。在出现的面板中，单击"色板"按钮（▦），选择名为 "Radial 2" 的色板。将"位置"更改为 45%。按 Enter 或 Return 键，更改值并隐藏面板。

 提示：编辑应用了色板的色标时，可以轻松地看到应用了哪个色板，因为色板会在面板中突出显示。

7 选择"文件">"存储"。

10.2.9 调整径向渐变

下面将更改径向渐变的长宽比，并更改径向渐变的半径和起始点。

1 选择渐变工具（▦），并且仍选中此椭圆，将鼠标指针放在渐变批注者最右端（见图 10-28 的第一个图）。当鼠标指针变为 时，向右拖动，在椭圆形状的右边缘停止，释放鼠标左键，延长渐变。

图10-28

 注意：拖动渐变批注者的端点时可能无法看到虚线圆形。如果拖动右侧端点前，先将鼠标指针指向渐变条，该圆形就会出现。

2 在"渐变"面板中，确保填色框被选中，然后从菜单中进行选择，将"长宽比"（）更改为30%，如图 10-29 所示。保持此面板处于打开状态。

图10-29

 提示：还可以拖动渐变滑块来重新定位椭圆中的渐变。

 提示：可以将白色小圆点向大圆点的左侧拖动，重新定位渐变的中心，而无须移动整个渐变条。这样做还会更改渐变的半径。

长宽比可将径向渐变变为椭圆形渐变，让它更适合图稿的形状。编辑长宽比的另一种方法是直观地进行更改。如果选中了渐变工具，将鼠标指针放在所选图稿的渐变上，然后将鼠标指针放在虚线路径顶部的黑色圆圈上，鼠标指针将变为，然后就可以拖动来更改渐变的长宽比了。

 注意：长宽比是 0.5% ～ 32767% 之间的数值。长宽比越小，椭圆就会越扁、越宽。

3 在工具面板择选中选择工具（▶），并在工具面板中双击比例缩放工具（回）。将比例缩放"等比"值更改为 80%，然后单击"确定"，如图 10-30 所示。

图10-30

如果变换应用了渐变的形状，比如缩放或旋转形状（以及其他类型的变换），则渐变也会变换。顺便说一下，与其他变换工具一样，双击比例缩放工具与选择"对象">"变换">"缩放"的效果一样（在本例中是这样）。

4 选择"选择">"取消选择"，然后选择"文件">"存储"。

10.2.10 将渐变应用于多个对象

要将渐变应用于多个对象，可选中这些对象，应用一种渐变色，再使用渐变工具在这些对象中拖动。下面，将为组成蛋糕的两个形状应用线性渐变填充。

1 选择"视图">"画板适合窗口大小"。

2 使用选择工具（▶），单击选择奶油色的蛋糕形状。按住 Shift 键并单击另一个蛋糕形状，选择两个形状，如图 10-31 所示。

3 在"属性"面板中单击填色，在出现的面板中，确保选择了"色板"选项（▦），选择 Background 渐变色板，如图 10-32 所示。

图10-31   图10-32

4 在工具面板中选择渐变工具（▦）。选择"视图">"隐藏渐变批注者"，这样形状中的渐变条将暂时隐藏。

5 从顶部形状的中心向底部形状拖动，如图 10-33 所示。保持选中这两个形状。

图10-33

使用渐变工具在多个形状之间拖动，可以在多个形状之间应用渐变。

10.2.11 增加渐变的透明度

通过给渐变的不同色标指定不同的不透明度，可以创建渐隐、渐显、隐藏或显示底层图稿的渐变效果。下面，将应用渐变使蛋糕形状逐渐变成透明的。为此，将复制蛋糕形状并为这些副本应用渐变。

1 选中选择工具（▶），仍选中这两个蛋糕形状，选择"编辑">"复制"，然后选择"编辑">"贴在前面"。

2 选择"对象">"排列">"置于顶层"，将它们放在其他蛋糕形状上方，如图 10-34 所示。

3 在"渐变"面板中，确保选择了填色框，单击渐变菜单箭头（▾），然后选择"White, Black"，为填色应用通用渐变，如图 10-35 所示。

4 在渐变面板中单击"反向渐变"按钮（▦），这样渐变将以黑色开始（黑色将是渐变滑块左侧的色标），如图 10-36 所示。

图10-34

图10-35

图10-36

5 在工具面板中选择渐变工具（▦），将大蛋糕形状的左边缘向右拖动到中间，如图 10-37 所示。

图10-37

6 在"渐变"面板中，单击黑色色标，将"不透明度"更改为 40%。单击白色色标并将"不透明度"更改为 0%，如图 10-38 所示。

图10-38

7 将渐变中点（菱形）向右拖动，直到"位置"字段的值大约为 60% 为止，如图 10-39 所示。单击"渐变"面板选项卡，以便折叠"渐变"面板组。

图10-39

8 选择"对象">"隐藏">"所选对象"。
9 选择"文件">"存储"。

10.3 使用混合对象

可以通过混合两个对象，在它们之间创建多个形状并均匀分布它们。而用于混合的形状可以相同，也可以不同。可以混合两条非闭合路径，从而在两个对象之间创建平滑的颜色过渡，也可以同时混合颜色和对象，以创建一系列颜色和形状平滑过渡的对象。

图 10-40 所示为可以创建的不同混合对象类型的示例。

图10-40

创建混合时，被混合的对象将被视作一个整体对象，称为混合对象。如果移动原始对象之一或编辑原始对象的锚点，混合得到的形状将自动改变。另外，还可以扩展混合以将其分解为不同的对象。

10.3.1 使用指定的步数创建混合

接下来，将使用混合工具（🖼）来混合两个形状，稍后将使用它们来为蛋糕装饰创建图案填充。

1   选择"视图">"放大"几次进行放大。确保仍然可以看到蛋糕上的两个小茶色形状（参见图 10-41）。

 提示：可以为混合添加两个以上的对象。

2   在工具面板中选择混合工具（），将鼠标指针（）的小方框部分移动到蛋糕左侧小茶色形状的中央并单击。

 注意：要结束当前路径，并在另一条路径上混合其他对象，可先单击工具面板中的混合工具，再单击要混合的对象。

3   将鼠标指针从此形状上移开，会看到鼠标指针变为，这表示可以添加混合对象。将鼠标指针的小方框部分（而不是加号）移动到蛋糕右侧的小茶色形状中央，并单击在两个对象之间创建混合，如图 10-41 所示。

图10-41

4   仍选中混合对象，选择"对象">"混合">"混合选项"。在"混合选项"对话框中，从"间距"菜单选择"指定的步数"，将指定的步骤更改为 9，然后单击"确定"按钮，如图 10-42 所示。

图10-42

 提示：要编辑对象的混合选项，还可以在选中混合对象后双击混合工具。也可以在工具面板中双击混合工具（），设置工具选项，然后创建混合对象。

10.3.2   修改混合

现在，将编辑混合路径的轴，以便形状沿着曲线弯曲。

1   在工具面板择选中选择工具（▶），在混合对象的任意位置单击选择它（如果未选中的话）。选择"视图">"放大"，确保仍可以看到整个混合对象。

2　双击混合对象的任意位置，进入隔离模式。

这会暂时取消混合对象的编组，可以编辑每个形状和轴。轴是混合对象中各步骤对齐的路径。默认情况下，轴是一条直线。

3　选择"视图">"轮廓"。

在轮廓模式下，可以看到两个原始形状的轮廓及其之间的直线（轴）。默认情况下，这 3 个对象组成了混合对象。在轮廓模式下，可以更轻松地编辑原始对象之间的路径。

4　单击右侧较小形状的边缘并向上拖动，直到它碰到上方的蛋糕装饰为止，如图 10-43 所示。

图10-43

确保拖动的是形状而不是两个形状之间的路径。

5　选择"选择">"取消选择"，仍保持在隔离模式下。

> **Ai** | 提示：一种调整混合路径形状的快捷方法是，让对象沿另一条路径混合。可以绘制另一条路径，选中混合对象，再选择菜单"对象">"混合">"替换混合轴"。

6　在工具面板中选择钢笔工具（✒）。按住 Option（macOS）或 Alt（Windows）键，将鼠标指针放在两个形状之间的路径上。鼠标指针改变时（▸），将路径向上拖动，如图 10-44 所示。

图10-44

7　选择"视图">"GPU 预览"（如果支持的话），选择"视图">"CPU 预览"（"预览"），以便查看更改。

> **Ai** | 提示：如果茶色形状没有与上方蛋糕形状的锚点对齐，可以在使用钢笔工具拖动之后按（向左或向右）箭头键来调整路径的形状。还可以选择钢笔工具，按住 Option/Alt 键并再次拖动路径，如图 10-45 所示。

图10-45

8 按 Esc 键，退出隔离模式。

9 选择"选择" > "取消选择"，然后选择"文件" > "存储"。

10.3.3 创建和编辑平滑的颜色混合

混合两个及以上的对象形状和颜色以创建新对象时，可选择多个混合选项。在"混合选项"
对话框中选择"平滑颜色"混合选项时，Illustrator 将会混合
对象的形状和颜色，创建多个中间对象，从而在原始对象之
间创建平滑过渡的混合，如图 10-46 所示。

图10-46

如果对象的填色或描边具有不同的颜色，则会计算步骤，
以提供最佳数量的步骤，获得平滑的颜色过渡。如果对象包
含相同的颜色，或如果它们包含渐变或图案，则会根据两个对象的定界框边缘之间最长的距离来
计算步数。

现在，会将两个形状合并成一个平滑的颜色混合来创建作为蛋糕塔腿的树干。

1 选择"视图" > "画板适合窗口大小"。

2 选择缩放工具（ 🔍 ），拖过蛋糕下面的路径。
   两条棕色路径都有描边色，但没有填色。与没有描边的对象相比，描边对象的混合方式不同。

3 选中选择工具（ ▶ ）并单击左侧的路径。按住 Shift 键并单击右侧的路径，选择两个路径，
   如图 10-47 所示。

图10-47

4 选择"对象" > "混合" > "建立"。
   接下来，将更改树干的混合设置，使其混合为平滑的颜色，而不是使用指定的步数。

5 仍选择混合对象，在工具面板中双击混合工具（ 🐾 ）。在"混合选项"对话框中，从"间
   距"菜单中选择"平滑颜色"，设置混合选项，这将保持设置，直到您改变它们。选择

"预览", 然后单击"确定"按钮, 如图 10-48 所示。

6   选择"选择">"取消选择"。

 注意: 在有些情况下, 在路径之间创建平滑颜色混合有些棘手。例如, 线条相交或曲率过大, 将可能导致意想不到的结果。

在对象之间建立平滑颜色混合后, 还可对其进行编辑。下面, 将编辑组成混合的路径。

7   使用选择工具(▶)双击颜色混合对象, 进入隔离模式。单击左侧的路径选择它, 在"属性"面板中任意更改描边颜色, 如图 10-49 所示。按 Esc 键, 隐藏面板。注意颜色是如何混合的。

图10-48

图10-49

 提示: 如果很难选择路径, 选择"视图">"轮廓", 进入隔离模式。选择路径, 然后选择"视图">"GPU 预览"(如果支持的话)或"视图">"在 CPU 上预览"("预览")。

8   选择"编辑">"还原应用色板", 直到显示出原始颜色。
9   在混合对象外双击退出隔离模式并取消选择所有内容。
10 选择"视图">"画板适合窗口大小"。
11 选择"文件">"存储"。

10.4 使用图案上色

除印刷色、专色和渐变外, "色板"面板还可以包含图案色板。在 Illustrator 默认的"色板"面板中, 各种类型的色板是作为独立库存在的, 而且还可以创建自定义的图案和渐变色板。在本节中, 将会创建、应用和编辑各种图案。

10.4.1 应用现有图案

图案是存储在"色板"面板中的图稿, 可将其应用于对象的填色和描边。可以定制现有图案, 还可以使用 Illustrator 工具设计图案。所有图案都是在一个形状内平铺单个拼贴形成的, 平铺时从标尺原点出发, 并向右延伸。下面, 会将现有图案应用于形状。

1 选择"对象">"全部解锁"。

2 选择"选择">"取消选择"。

3 使用选择工具（▶），单击选择所有图稿后面的背景矩形。

4 在"属性"面板的"外观"部分中单击更多选项，打开"外观"面板（或者选择"窗口">"外观"）。单击此面板底部的"添加新填色"按钮，如图 10-50 所示。这会为矩形添加第二个渐变填充并将它放在图层的顶部。

图10-50

Ai | **注意**：第 12 课将介绍有关"外观"面板的详细信息。

5 在"外观"面板中，单击顶部"填色"右侧的填色框，显示色板面板。单击图 10-51 中箭头指向的位置，选择 Pompadour 色板。

此图案色板作为第二个填色（位于第一个填色顶部）填充形状。Pompadour 色板包含在"打印"文档的色板中。在 Illustrator 中，通过选择"窗口">"色板库">"图案"并选择一种图案库，可以找到许多图案色板。

6 在"外观"面板中，单击顶部"填色"左侧的箭头。单击出现的"不透明度"一词以打开"透明度"面板（或选择"窗口">"透明度"）。将"不透明度"值更改为 20%，如图 10-52 所示。按 Esc 键，隐藏此面板。

图10-51

图10-52

7 关闭"外观"面板。

8 选择"对象">"锁定">"所选对象"，然后选择"文件">"存储"。

10.4.2 创建自己的图案

在本节中，将会创建自定义图案并将其作为色板添加到此文档的"色板"面板中。

1 不选中任何内容，在"属性"面板中单击"下一项画板"按钮，显示右侧较小的画板，如图 10-53 所示。

2 选中选择工具（▶），选择"选择">"现用画板上的全部对象"，选择将用来创建图案的图稿，如图 10-54 所示。

图10-53

图10-54

3 选择"对象">"图案">"建立"。在出现的对话框中单击"确定"。

 注意：创建空图案时，不需要选中任何对象。在"图案编辑"模式下编辑时，可以为图案添加内容。

与之前遇到的对象组隔离模式相似，创建图案时，Illustrator 将进入图案编辑模式。在图案编辑模式下可以创建和编辑图案，能在画板上预览图案的变化，还可以打开"图案选项"面板（"窗口">"图案选项"），提供创建图案是必需的选项。

4 选择"选择">"现用画板上的全部对象"。

 注意：图案可由多个形状、符号或置入的栅格图像组成。例如，创建用于衬衫的法兰绒图案，创建 3 个彼此重叠、外观选项各不相同的矩形或直线。

5 按"Command + +"（macOS）或"Ctrl + +"（Windows）组合键几次，进行放大。
中心图稿周围的系列浅色对象是图案重复。它们在那里可供预览并会变暗，使您专注于原始图案。原始对象组周围的蓝框是图案拼贴（重复的部分）。

6 在"图案选项"面板中，将名称更改为 Cake Top，并从"拼贴类型"菜单中选择不同的选项，以便查看图案效果。在继续之前，确保选择了"网格"。
"图案选项"面板中的名称 Cake Top 作为色板名称保存在"色板"面板中。这对于识别各种图案色板很有帮助。"拼贴类型"决定如何平铺图案。有 3 个主要的拼贴类型可供选择：默认的网格图案、砖形图案或十六进制图案，如图 10-55 所示。

图10-55

7   从"图案选项"面板底部的"份数"菜单中选择1×1。这将删除重复图案，让您暂时专
     注于主要的图案图稿。

8   单击空白区域，取消选中图稿。

9   按住"Option+Shift"（macOS）或"Alt+Shift"（Windows）组合键并将中心的蓝色圆向蓝
     色图案拼贴框的右上角外拖动，如图 10-56 所示。

  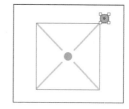

图10-56

10   在"图案选项"面板中，更改下列选项（使用图 10-57 作为参考）。

     • 从"份数"菜单中选择5×5，再次查看重复图案。
     注意，拖动到图案拼贴以外的圆不会重复。这是因为它没有在图案拼贴中，只有位于图案
     拼贴中的图稿才是重复的。

 提示："水平间距"和"垂直间距"可为正值、可为负值，分别对拼贴部分进行分
离或靠近。

     • 选中"将拼贴调整为图稿大小"复选框。
     该选项将拼贴区域（蓝色正方形）调整为适合图稿大小，改变了重复对象之间的间距。取消
     选中"将拼贴调整为图稿大小"复选框（见图 10-58）后，还可以在"宽度"和"高度"文
     本框中手动更改图案定义区域的宽度和高度，以包含更多内容或编辑图案之间的间距。另外，
     还可以通过"图案选项"面板左上角的"图案拼贴工具"按钮（▦）来手动编辑拼贴区域。

图10-57   图10-58

如果将"水平间距"和"垂直间距"设为负值，则图案拼贴中的图稿将重叠。默认情况下，对象水平重叠时，左侧对象在顶层；垂直拼贴时，上方的对象在顶层。可以将重叠值设置为"左侧在前""右侧在前"以水平重叠，还可以将重叠值设置为"顶部在前"或"底部在前"以垂直重叠。

 注意：有关"图案选项"面板的更多信息，可在 Illustrator 帮助（"帮助">"Illustrator 帮助"）中搜索"创建和编辑图案"。

11 单击文档窗口上方灰色栏中的"完成"，如图 10-59 所示。如果有对话框出现，单击"确定"按钮。

图10-59

12 选择"文件">"存储"。

 提示：如果想要创建图案的变体，可在该灰色栏中单击"存储副本"，这会在"色板"面板中将当前图案保存为副本，并可以继续对该图案进行编辑。

10.4.3 应用自己的图案

指定图案有很多种方法。这里将使用"属性"面板中的填色来应用图案。

1 不选择任何内容，在"属性"面板中单击"上一项画板"按钮（◀），显示左侧较大的画板。

2 使用选择工具（▶），单击顶部的蛋糕形状（见图 10-60）。选择"编辑">"复制"，然后选择"编辑">"贴在前面"。

3 在"属性"面板的填色中选择名为 Cake Top 的色板。

图10-60

注意：不制作形状的副本，而是像之前那样为形状应用第二个填充色。

10.4.4 编辑图案

接下来，会在"图案编辑"模式下编辑 Cake Top 图案色板。

1 仍选中此形状，在"属性"面板中单击填色。双击 Cake Top 图案色板，在图案编辑模式下编辑图案。

2 按几次"Command++"（macOS）或"Ctrl++"（Windows）组合键，进行放大。

3 在图案编辑图案下，选中选择工具（▶），单击其中一个蓝色圆，然后按住 Shift 键并单击选择另一个蓝色圆。

4 在"属性"面板中，将填色更改为名为 BG 的棕色色板，如图 10-61 所示。

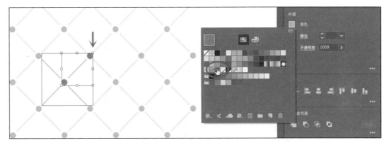

图10-61

5 单击文档窗口顶部灰色条中的"完成"，退出图案编辑模式。

6 选择"视图" > "画板适合窗口大小"。

7 单击顶部带有图案填色的蛋糕形状选择它（如果有必要的话）。

提示：在"缩放"对话框中，如果要缩放图案和形状，可以选择"转换对象"并选择"变换图案"。还可以在"变换"面板（"窗口" > "变换"）中变换图案，方法是在应用变换之前从面板菜单(▤)中选择"仅变换图案""仅变换对象"或"变换两者"。

8 仍选中此形状，在工具面板中双击比例缩放工具（），缩放图案而不是形状。在"比例缩放"对话框中，更改图 10-62 所示的选项（如果尚未设置的话）。

图10-62

- 等比：50%。
- 缩放圆角：取消选择它（默认设置）。
- 比例缩放描边和效果：取消选择它（默认设置）。
- 变换对象：取消选择它。
- 变换图案：选择它。

9 选择"预览"，查看更改。
   单击"确定"。

10 选择"对象">"显示全部"，效果如图 10-63 所示。

图10-63

11 选择"选择">"取消选择"，然后选择"文件">"存储"。
12 选择"文件">"关闭"。

10.5 复习

复习题

1 什么是渐变？
2 如何调整渐变中的颜色混合？
3 指出两种在渐变中添加颜色的方法。
4 如何调整渐变的方向？
5 渐变和混合之间有什么不同？
6 在 Illustrator 中将图案保存在哪里？

复习题答案

1 渐变是两种或多种颜色（或同一种颜色的不同色调）之间的过渡混合。渐变可应用于对象的填色或描边。
2 要调整渐变中的颜色混合，可选中渐变工具（▣），将鼠标指针放在渐变批注者或"渐变"面板中的渐变滑块上，再拖动菱形图标或色标。
3 要为渐变添加颜色，可以在"渐变"面板中单击渐变滑块下方添加色标。然后双击该色标以编辑颜色，方法是在出现的面板中直接应用现有色板或创建新颜色。还可以在工具面板中选择渐变工具，将鼠标指针放在渐变填充的对象上，然后单击图稿中渐变滑块的下方添加色标。
4 要调整渐变方向，使用渐变工具在图稿中拖动即可。长距离拖动将逐渐改变颜色；短距离拖动会让颜色急剧变化。还可以使用渐变工具旋转渐变，更改半径、长宽比和渐变的起点等。
5 渐变和混合之间的区别是颜色的混合方式不同。渐变混合的是颜色，而混合指的是混合对象。
6 在 Illustrator 中保存图案时，它作为色板保存在"色板"面板中。默认情况下，色板与当前打开的文件保存在一起。

第11课 使用画笔制作海报

课程概述

在本课中，您将学习如何执行下列操作：

- 使用4种类型的画笔——书法画笔、艺术画笔、毛刷画笔和图案画笔；
- 将画笔应用于路径；
- 使用画笔工具绘制和编辑路径；
- 使用栅格图像创建艺术画笔；
- 更改画笔颜色并调整画笔设置；
- 使用 Adobe Illustrator 图稿创建新画笔；
- 使用斑点画笔工具和橡皮擦工具。

 学习本课内容大约需要60分钟，请从配套资源中将素材 Lesson11 复制到您的硬盘中。

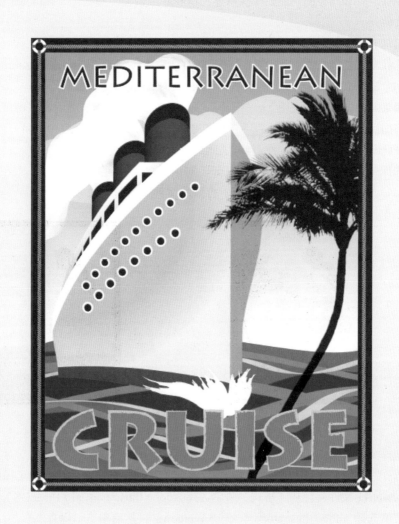

Adobe Illustrator CC 提供了各种类型的画笔，这样仅使用画笔工具或绘图工具进行上色或绘画，就可以创建各种效果。可使用斑点画笔工具，或选择艺术、书法、图案、毛刷和散点画笔，还可以基于图稿创建新画笔。

11.1 开始本课

在本课中，将通过"画笔"面板学习如何使用不同类型的画笔、更改画笔选项和创建自定义画笔。但在此之前需要恢复 Adobe Illustrator CC 的默认首选项。然后，打开本课最终完成的图稿文件，以便查看最终效果。

1 确保工具和面板的功能如本课所述，请删除或禁用（重命名）Adobe Illustrator CC 首选项文件。

2 启动 Adobe Illustrator CC。

3 选择"文件">"打开"，在"打开"对话框中，找到 Lessons>Lesson11 文件夹，并选择 L11_end.ai 文件。单击"打开"，打开此文件，如图 11-1 所示。

4 如果需要，选择"视图">"缩小"，使完成的图稿变小，然后调整窗口大小，并在工作时将图稿留在屏幕上（使用抓手工具 [🖐] 将图稿移到文档窗口中的目标位置）。如果不想打开此图稿，则选择"文件">"关闭"。

5 选择"文件">"打开"，在"打开"对话框中，找到 Lessons> Lesson11 文件夹，并选择 L11_start.ai 文件。单击"打开"，打开此文件，如图 11-2 所示。

图11-1

图11-2

6 选择"视图">"画板适合窗口大小"。

7 选择"文件">"存储为"。在"存储为"对话框，将文件命名为 CruisePoster.ai，选择 Lesson11 文件夹。从"格式"菜单选择 Adobe Illustrator（ai）（macOS），或从"保存类型"菜单选择 Adobe Illustrator（*.AI）（Windows），然后单击"保存"。

 注意： 如果在工作区菜单中没有看到"重置基本功能"，请在选择"窗口">"工作区">"重置基本功能"之前，选择"窗口">"工作区">"基本功能"。

8 在"Illustrator 选项"对话框中，保留 Illustrator 默认选项，然后单击"确定"。

9 在应用程序栏从工作区菜单中选择"重置基本功能"。

11.2 使用画笔

通过使用画笔（类型见图 11-3），可以用图案、图像、画笔描边或纹理装饰路径。用户可以修改 Illustrator 提供的画笔，还可以创建自定义画笔。

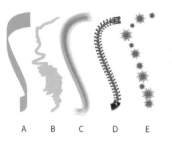

画笔类型

A. 书法画笔

B. 艺术画笔

C. 毛刷画笔

D. 图案画笔

E. 散点画笔

A. 画笔

B. 画笔库菜单

C. 库面板

D. 移去画笔描边

E. 所选对象的选项

F. 新建画笔

G. 删除画笔

图11-3

可以将画笔描边应用于现有路径，也可以在使用画笔工具绘制路径的同时应用画笔描边。用户可以修改画笔的颜色、大小和其他属性，还可以在应用画笔后（包括添加填色）再编辑路径。

 提示：要了解有关散点画笔的更多信息，请在 Illustrator 帮助（"帮助" > "Illustrator 帮助"）中搜索"散点画笔"。

在"画笔"面板（"窗口" > "画笔"）中，有 5 种类型的画笔：书法画笔、艺术画笔、毛刷画笔、图案画笔和散点画笔（见图 11-3）。在本课中，将学习如何使用除散点画笔外的所有画笔。

11.3 使用书法画笔

首先介绍的画笔是书法画笔（见图 11-4）。书法画笔模拟使用书法钢笔笔尖绘制的描边。书法画笔是由椭圆定义的，该椭圆的中心位于路径上。使用这种画笔可以创建外观类似于使用平而尖的钢笔手绘的描边。

书法画笔示例

图11-4

11.3.1 为图稿应用书法画笔

首先，会过滤"画笔"面板显示的画笔类型，只显示书法画笔。

1 选择"窗口" > "画笔"，显示"画笔"面板。单击"画笔"面板菜单图标（▤），并选择"列表视图"。

2 再次单击"画笔"面板菜单图标（▤），取消选择"显示艺术画笔""显示毛刷画笔"和"显示图案画笔"，使得"画笔"面板中仅显示书法画笔。不能一次取消选择它们，因此，您会必须持续单击此菜单图标（▤）来访问菜单。

 注意：在"画笔"面板中，画笔类型旁出现勾选符号表明了该类型的画笔将会在面板中显示。

3 在工具面板择选中选择工具（▶），按住 Shift 键，单击橘黄色船形状上方的两条粉色曲线路径，选中这两个对象。

4 在"画笔"面板中选择 5 pt. Flat 画笔，将它应用于粉色路径，如图 11-5 所示。

图11-5

5 在"属性"面板中，将描边粗细更改为 6 pt。在"属性"面板中单击描边色，确保选择了"色板"选项（▦）并选择 White，如图 11-6 所示。如果有必要的话，按 Esc 键，隐藏"色板"面板。

图11-6

 注意：就像在使用真正的书法钢笔一样，比如应用 5 pt. Flat 画笔时，线条越垂直，路径描边就会越细。

---

6 选择"选择"＞"取消选择"。

7 使用选择工具单击较小的白色路径（图 11-7 中箭头指示的位置），刚刚为它应用了画笔。在"属性"面板中，将描边色更改为浅灰色（我所选颜色的工具提示是"C = 0 M = 0 Y = 0 K = 10"）。

8 选择"选择"＞"取消选择"，然后选择"文件"＞"存储"。

图11-7

11.3.2 使用画笔工具绘制

如前所述，画笔工具可以在绘画时应用画笔。而用画笔工具绘制的矢量路径既可以使用画笔工具编辑，也可以使用其他绘图工具编辑。下面，将使用画笔工具应用默认画笔库中的书法画笔，为水中的波浪上色。如果自己绘制的波浪线与本课图中所示不完全一致，这没有关系。

1 使用选择工具（▶）单击船下的深蓝色海水形状。

2 选择"选择"＞"取消选择"。

海水形状所在的图层是船的子图层。选中该形状，也就在"图层"面板中选中了它所在的子图层，这样之后绘制的所有波浪线都会与海水形状位于同一子图层。

3 在工具面板中选择画笔工具（✎）。

4 单击"画笔"面板底部的"画笔库菜单"按钮（▥），选择"艺术效果"＞"艺术效果＿书法"，如图 11-8 所示。这时将出现一个包含了多种描边的画笔库面板。

Illustrator 提供了多种可在图稿中使用的画笔库。而每个类型的画笔都有一系列可选择的画笔库。

5 单击"艺术效果＿书法"面板菜单图标（▤），选择"列表视图"。单击"50 点扁平"画笔，将其添加到"画笔"面板上，如图 11-9 所示。

图11-8

图11-9

6 关闭"艺术效果＿书法"面板。

在画笔库，比如"艺术效果＿书法"库，将画笔添加到"画笔"面板，就会将其添加到现用文档上。

7 在"属性"面板中，填色更改为"[无]"（▱），将描边色更改为 Dark Blue 色板，将描边粗细设为 1 pt（如果需要的话）。

注意到画笔鼠标指针旁边出现了一个星号（✎），这表明可以开始绘制新路径。

8 将鼠标指针指向画板左侧、船的下方。从左向右绘制一条长的曲线，在海水形状大约中间位置处停止，如图 11-10 所示。再在水中绘制另外 3 条贯穿海水的曲线路径。

图11-10

9 选择"选择">"取消选择"（如果需要的话），然后选择"文件">"存储"。

11.3.3 使用画笔工具编辑路径

下面将使用画笔工具来编辑一条选定的路径。

1 在工具面板择选中选择工具（▶），单击选择之前在海水形状中绘制的第一条路径（位于船体底部下方）。

2 在工具面板中选择画笔工具（✐）。将鼠标指针放置在选定路径的右端附近，此时画笔图标旁没有星形。向右拖动将路径延伸到画板右侧边缘。这将从开始拖动鼠标的地方编辑选定路径，如图 11-11 所示。

图11-11

3 按住 Command（macOS）或 Ctrl（Windows）键，暂时切换到选择工具，然后单击选择另一条画笔工具绘制的路径。单击后再松开按键，返回到画笔工具。

4 用画笔工具指向所选路径的任意部位，鼠标指针旁的星形消失时，向右拖动重新绘制路径。

5 选择"选择">"取消选择"（如果需要的话），然后选择"文件">"存储"。

接下来，将编辑画笔工具选项。

6 在工具面板中双击画笔工具（✐），显示"画笔工具选项"对话框，并进行图 11-12 所示的更改。

- 保真度：将滑块拖动到平滑一端（向右拖动）。

- 保持选定：选择它。

7 单击"确定"按钮。

图11-12

"画笔工具选项"对话框可以修改画笔工具工作的方式。对于"保真度"选项，平滑度越大，创建的路径越平滑，路径中的锚点就会越少。由于选中了"保持选定"复选框，因此编辑完路径后，它将仍保持被选中的状态。

8　在"属性"面板中，将描边色设为 Medium Blue 色板，将描边粗细设为 0.5 pt。

9　选择画笔工具，在船下的海水形状中再绘制另外 3 ～ 4
条贯穿的曲线路径。

图11-13

注意，每条路径绘制完成后，它仍保持被选中的状态，
因此，可以对其进行编辑。我在图 11-13 中已经取消选
择了路径。

10　在工具面板中双击画笔工具。在"画笔工具选项"对话框
中，取消选择"保持选定"选项，然后单击"确定"按钮。

现在路径在完成绘制后不会被选中，并且可以在不改变先前绘制的路径的情况下绘制
重叠路径。

 注意：取消选中"保持选定"复选框后，要编辑某条路径，可使用选择工具（▶）
选中它，或使用直接选择工具（▷）选中路径的某一段或某个锚点，再重新使用
画笔工具绘制路径的相应部分。

11　选择"选择" > "取消选择"，然后选择"文件" > "存储"。

11.3.4　编辑画笔

要更改画笔的选项，可以在"画笔"面板中双击该画笔。编辑画笔时，还可以选择是否更新
图稿中应用了该画笔的对象。下面，将修改"50 点扁平"画笔的外观。

1　在"画笔"面板中，双击文本"50 点扁平"左侧的画笔缩览图或"画笔"面板中名称的
右侧，打开"书法画笔选项"对话框。

 注意：对画笔所做的编辑只在当前文档中有效。

2　在此对话框中，进行图 11-14 所示的更改。

图11-14

- 名称：30 点扁平。
- 角度：0°。
- 从"角度"右侧的菜单中选择"固定"（选择"随机"时，每次绘制时都会生成一个随机的画笔角度）。
- 圆度：5%（默认设置）。
- 大小：30 pt。

 提示：在对话框中"名称"文本框下方的"预览"窗口，可观察画笔的变化。

3　单击"确定"按钮。

4　在随后出现的对话框中，单击"保留描边"按钮，让修改不会作用于该画笔之前绘制的波浪路径。

5　在"属性"面板中，将描边色更改为 Light Blue 色板，将描边粗细更改为 1 pt。

6　在"画笔"面板中单击"30 点扁平"画笔，确保接下来使用它绘图。选中画笔工具（ ），在海水中再绘制另外 3 条贯穿的曲线路经，绘制时可覆盖现有路径。

7　选择"选择">"取消选择"（如果有必要的话），然后选择"文件">"存储"，如图 11-15 所示。

图11-15

 注意：这时取消选择画板上的对象，而"取消选择"命令也变成了灰色（您不能选择它）。

11.3.5　删除画笔描边

可以轻松删除为图稿应用的不需要的画笔描边。下面，将删除云朵形状的画笔描边。

1　选中选择工具（ ），单击天空中具有白色描边的蓝色云朵。

2　在"画笔"面板底部单击"移去画笔描边"按钮（ ），如图 11-16 所示。

图11-16

删除画笔描边不会删除描边色和粗细，它只是删除应用的画笔。

3 在"属性"面板中将描边粗细更改为 0 pt。

4 选择"选择">"取消选择"，然后选择"文件">"存储"。

11.4 使用艺术画笔

艺术画笔可沿路径均匀地拉伸图稿或置入的栅格图像。也可以像其他画笔那样，通过编辑画笔选项来修改画笔工作的方式，如图 11-17 所示。

11.4.1 应用现有的艺术画笔

下面，要把现有的艺术画笔应用于船前的波浪。

1 在"画笔"面板中，单击"画笔"面板菜单按钮（▤），并取消选择"显示书法画笔"。然后再从同一面板菜单中选择"显示艺术画笔"选项，在"画笔"面板中显示各种艺术画笔。

艺术画笔示例
图11-17

2 单击"画笔"面板底部的"画笔库菜单"按钮（▨.），并选择"艺术效果">"艺术效果_画笔"。

3 单击"艺术效果_画笔"面板菜单图标（▤），并选择"列表视图"。在列表中选择"画笔3"，将其添加到当前文档的"画笔"面板中，如图 11-18 所示。关闭"艺术效果_画笔"面板。

4 在工具面板中选择画笔工具（🖌）。

5 在"属性"面板中，填色更改为"[无]"（▨），将描边色更改为 White（如果有必要的话），并将描边粗细更改为 1 pt（如果有必要的话）。

6 单击工作区右侧的"图层"面板选项卡（▧），打开"图层"面板。单击 Spray/Tree 子图层，以便在该图层上绘图，如图 11-19 所示。单击"属性"面板选显卡，再次显示此面板。

图11-18

图11-19

7 将画笔鼠标指针（🖌️）指向船的底部（图 11-20 中标 × 的位置）。开始沿红色船底向左拖动沿着水位线绘制曲线，但不需要完全一致。绘制不满意时，随时可以在选择"编辑" > "还原艺术描边"后重新绘制。

图11-20

8 从上步操作的同一起点（红色 ×）向右绘制曲线。

9 从左向右绘出 U 形，覆盖住任何显露的红色部分。图 11-21 显示了绘制的两条曲线。

10 再尝试绘制一些路径，确保每次绘制的起点都与之前相同，结果如图 11-22 所示。

图11-21   图11-22

11 选择"文件" > "存储"。

11.4.2 使用栅格图像创建艺术画笔

在本节中，将要置入栅格图像并用它来创建新的艺术画笔。艺术画笔中使用的任意图像都不能被链接。

1 选择"文件" > "置入"。在"置入"对话框中，浏览到 Lesson11 文件夹并选择 tree.psd 文件，确保取消选中了"链接"选项，再单击"置入"，如图 11-23 所示。

2 在画板的右侧边缘外单击置入图像，如图 11-24 所示。

下面，将用所选图稿来新建一种艺术画笔。可以使用矢量图稿或嵌入的栅格图像来创建新的艺术画笔，但图稿中不能包含渐变、混合、画笔描边、网格对象、图形、链接文件、蒙版或尚未被转换为轮廓的文本。

图11-23

 注意：处理嵌入的图像或画笔时，Illustrator 的文档性能会受到影响。这是因为可以用于创建画笔的嵌入图像有最大尺寸的限制。而创建画笔时，可能会出现提醒图像需要重新采样的对话框。

3   选中选择工具（▶）。选择"窗口">"画笔"，打开"画笔"面板。仍选中置入的图像，单击"画笔"面板底部的"新建画笔"按钮（▣），如图 11-25 所示，这样就可以开始用选定的栅格图像创建画笔了。

图11-24   图11-25

4   在"新建画笔"对话框中，选择"艺术画笔"，然后单击"确定"按钮。
5   在出现的"艺术画笔选项"对话框中，将名称更改为"Palm Tree"，再单击"确定"，如图 11-26 所示。
6   删除在画板右侧外置入的图像，因为之后不会再用到它了。

7 使用选择工具单击选中船右侧的黑色曲线。

8 在"画笔"面板中单击"Palm Tree"画笔来应用它，如图 11-27 所示。

图11-26   图11-27

注意，原始的树形状沿着黑色曲线路经延伸了。这是艺术画笔的默认操作。

11.4.3　编辑艺术画笔

接下来，将编辑 Palm Tree 艺术画笔并更新画板上棕榈树的外观。

 提示：要了解有关"艺术画笔选项"对话框的更多信息，请参见 Illustrator 帮助（"帮助" > "Illustrator 帮助"）中的"艺术画笔选项"。

1 仍选中画板上的曲线路径。在"画笔"面板中，双击 PalmTree 文本左侧的画笔缩览图或名称右侧，如图 11-28 所示，打开"艺术画笔选项"对话框。

2 在"艺术画笔选项"对话框中，选择"预览"复选框，观察图稿中的变化。可以移动对话框，以便查看应用画笔的曲线。如图 11-29 所示，更改下列选项。

- 在参考线之间伸展：选择它。

- 起点：5 in。

- 终点：6 in。

- 纵向翻转：选择它。

图11-28

3 单击"确定"按钮。

4 在出现的对话框中，单击"应用于描边"按钮，以修改应用了 Palm Tree 画笔的曲线。

5 在"属性"面板中，单击"不透明度"一词，并从"混合模式"菜单中选择"正片叠底"，如图 11-30 所示。按 Enter 或 Return 键，关闭透明度面板。

6 选择"选择" > "取消选择"，然后选择"文件" > "存储"。

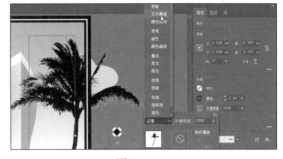

图11-29   图11-30

11.5 使用毛刷画笔

毛刷画笔（见图11-31）可以创建外观与带鬃毛的自然画笔相同的描边。使用画笔工具中的毛刷画笔绘图时创建的是矢量路径。

在本节中，首先修改画笔的选项以调整其外观，然后使用画笔工具上色并使用毛刷画笔创建浓烟效果。

11.5.1 修改毛刷画笔选项

毛刷画笔示例

图11-31

如您所见，要更改画笔的外观，可在"画笔选项"对话框中修改其设置。这可在应用画笔前，也可在应用画笔后。对于毛刷画笔，通常，最好在绘画前调整毛刷画笔的设置，这是因为更新画笔描边需要较长的时间。

 注意：要了解有关"毛刷画笔选项"对话框及其设置的更多信息，参见 Illustrator 帮助（"帮助">"Illustrator 帮助"）中的"使用毛刷画笔"。

1 在"画笔"面板中，单击面板菜单图标（▤），选择"显示毛刷画笔"，然后取消选择"显示艺术画笔"。

 提示：Illustrator 自带了一系列默认的毛刷画笔。要使用它们，可单击"画笔"面板底部的"画笔库菜单"按钮（🔖），并从中选择"毛刷画笔">"毛刷画笔库"。

2 双击默认的 Mop 画笔缩览图或其名称右侧，打开"毛刷画笔选项"对话框。在此对话框中，如图11-32 所示，更改以下选项。
   • 形状：团扇（默认设置）。

- 大小：7 mm（画笔的直径）。
- 毛刷长度：150%（默认设置）（计算长度时，以鬃毛和毛刷手柄相连的地方为起点）。
- 毛刷密度：20%（毛刷特定区域的鬃毛数）。
- 毛刷粗细：75%（默认设置）（取值范围 [1%，100%]，取值越小表示鬃毛越细）。
- 上色不透明度：75%（默认设置）（使用的颜料的不透明度）。
- 硬度：50%（默认设置）（指的是鬃毛的硬度）。

3 单击"确定"按钮。

图11-32

11.5.2 使用毛刷画笔上色

现在，将使用 Mop 画笔绘制船上方的烟。使用毛刷画笔可创建自然生动的路径。为了限定绘画范围，让烟形状成为蒙版，绘制的内容要位于烟形状内部。

1 在工具面板中选择缩放工具（🔍），在船上方的烟形状（而不是云）处缓慢地单击数次，以便放大视图。

2 在工具面板择选中选择工具（▶），单击选择烟形状。同时也就选择了烟形状所在的图层，以确保之后的绘图在同一图层，如图 11-33 所示。

3 单击工具面板底部的"内部绘图"按钮（）。

图11-33

 注意：要了解有关绘图模式的更多信息，请参见第 3 课。

 注意：如果工具面板是单栏显示的，可单击工具面板底部的"绘图模式"按钮（▣），然后从出现的菜单中选择"内部绘图"。

---

4 仍选中烟形状，在"属性"面板中将填色更改为"[无]"（▢）（按 Esc 键隐藏"色板"面板）。保留描边色。

5 选择"选择">"取消选择"，取消选择烟形状。
烟形状周围的虚线框表明接下来绘制的路径都将位于该形状内部，即烟形状成为了蒙版。

6 在工具面板中选择画笔工具（✎）。在"属性"面板的"画笔"菜单中选择 Mop 画笔（如果未选中它的话），如图 11-34 所示。

 提示：要在绘画时编辑路径，可在"画笔工具选项"对话框中，选择复选框"保持选定"，也可以使用选择工具选中路径。本课示例中不必将整个形状都填满。

图11-34

7 在"属性"面板中，确保将填色设为"[无]"（），将描边色设为白色，并确保描边粗
   细为 1 pt。按 Esc 键隐藏"色板"面板。

8 将鼠标指向最大烟囱的上部（见图 11-35 中的红色 ×），向上拖动一些，然后向左下方拖
   动，过程中大致沿着烟形状边缘即可。到达烟形状边缘时释放鼠标左键。

Ai 提示：如果对绘画效果不满意，可选择"编辑">"还原毛刷描边"。

释放鼠标左键时，注意，绘制的路径将烟形状作为蒙版，如图 11-36 所示。

图11-35

图11-36

9 使用画笔工具中的 Mop 画笔在烟形状内部绘制更多的路径。从各个烟囱尝试沿烟形状绘
   制路径。目的是使用绘制的路径填满烟形状。

Ai 注意：在图 11-35 中，我对形状路径进行了模糊化，以便更容易看到烟雾路径。

整理形状

接下来，将删除烟形状的描边。

1 选择"视图">"轮廓"，观察上色时绘制的路径。

2 选择"选择">"对象">"毛刷画笔描边"，选中所有使用 Mop 画笔绘制的路径，如

图 11-37 所示。

3 选择"对象">"编组"，然后选择"视图">"GPU 预览"（如果支持的话）或"视图">"CPU
预览"（如果不支持的话）。

4 单击工具面板底部的"正常绘图"按钮（ ）。

> **Ai** │ **注意**：如果工具面板是单栏显示的，可单击工具面板底部的"绘图模式"按钮，
> 然后从出现的菜单中选择"正常绘图"。

5 在工具面板择选中选择工具。选择"选择">"取消选择"。

6 双击烟形状的边缘进入隔离模式。单击同一烟形状的边缘选择它。在"属性"面板中将描
边色更改为"[无]"（ ⬜ ），如图 11-38 所示。

图11-37

图11-38

> **Ai** │ **注意**：小心不要双击应用了 Palm Tree 画笔的路径，因为它可能会与烟形状重叠。

7 按 Esc 键数次，隐藏面板并退出隔离模式。

> **Ai** │ **提示**：还可以在图稿外双击退出隔离模式。

8 在工作区右侧单击"图层"选项卡，显示"图层"面板。单击
Spray/Tree 子图层名称左侧的眼睛图标（ 👁 ），在画板上隐藏
该图层的内容，如图 11-39 所示。单击"属性"面板选项卡，
再次显示此面板。

9 选择"选择">"取消选择"，然后选择"文件">"存储"。
保存文档时，可能会出现一个警告对话框，提示目前保存的
文档包含多个具有透明效果的毛刷画笔路径。如前所述，使
用毛刷画笔上色时，会创建出一系列独立的矢量路径。这会
导致文档过于复杂而无法打印或保存为 EPS/PDF 或旧版格
式。为了降低复杂度、减少毛刷画笔路径，可以通过选择毛刷画笔路径和栅格化来降低复
杂度和保留外观。具体操作是选中应用了毛刷画笔的路径，再选择"对象">"栅格化"。

图11-39

毛刷画笔和绘图板

在绘图板上使用毛刷画笔时，Illustrator将对光笔在绘图板上的移动进行跟踪。它将反映光笔在路径上任意一点的方向和压力。于是，Illustrator将诠释光笔所提供的x轴位置、y轴位置、压力、倾斜度、方位和旋转。

——摘自Illustrator帮助

11.6 使用图案画笔

图案画笔（见图 11-40）用于绘制由不同部分（拼贴）组成的图案。在图稿中使用图案画笔绘画时，将根据所处的路径位置（边缘、中间或拐点）绘制图案的不同部分。创建自己的图稿时，有数百种有趣的图案画笔可以选择，从 grass 到 cityscapes。下面，将把现有的图案画笔应用于路径，创建船上的窗户。

1 选择"视图">"画板适合窗口大小"。

2 在"画笔"面板中，单击面板菜单图标（▤），选择"显示图案画笔"，然后取消选中"显示毛刷画笔"。

"画笔"面板中的 Windows 画笔是我创建并保存的。下面，将应用图案画笔，然后编辑该画笔的属性。

 提示：和其他类型的画笔一样，Illustrator 也提供了一系列的图案画笔库。要想选择一个图案画笔库，可单击"画笔库菜单"按钮（▥），并从中选择一个库（如"装饰"选项）即可。

3 选中选择工具（▶），按住 Shift 键并单击选中橘色船身上的两条黑色路径。

4 从"画笔"面板中选择"Windows"图案画笔，应用该图案画笔，如图 11-41 所示。

图案画笔示例
图11-40

图11-41

接下来，将编辑所选路径的画笔属性。

5 选择"选择">"取消选择"，然后单击应用了 Windows 画笔的底部路径选择它。

6 在"属性"面板中单击"所选对象的选项"按钮（），编辑画板上所选路径的画笔选项，如图 11-42 所示。

7 在"描边选项（图案画笔）"对话框中选择"预览"，并拖动"缩放"滑块（或直接输入数值），将"缩放"更改为 110%。单击"确定"，如图 11-43 所示。

图11-42   图11-43

 提示：在"画笔"面板的底部也可以看到"所选对象的选项"按钮（）。

 提示：要更改窗户的大小，还可以更改这两条应用了图案画笔的路径的描边粗细。

编辑所选对象的画笔选项时，只会看到一部分画笔选项。"描边选项（图案画笔）"对话框可用于编辑所选画笔路径的属性，而不会影响画笔本身。

8 选择"选择">"取消选择"，然后选择"文件">"存储"。

11.6.1 创建图案画笔

有多种创建图案画笔的方式。例如，要创建应用于直线的简单图案，可以选择相应的对象，再单击"画笔"面板底部的"新建画笔"按钮（▣）。

要创建应用于包含了曲线和尖角对象的更复杂的图案，可先在文档窗口中选定要用于创建画笔的图稿，再在"色板"面板中根据图稿创建相应的色板，还可以令 Illustrator 自动生成图案画笔的尖角。在 Illustrator 中，只有边线拼贴需要自行定义。而 Illustrator 可根据用于边线拼贴的图稿，自动生成 4 种不同类型的尖角。这 4 个自动生成的选项可以完美地适用于各种尖角。接下来，将为海报的边框创建一种图案画笔。

1 选择"视图">"Pattern objects"。这将放大画板右侧边缘的救生圈和绳子的视图。

 注意：您会在"视图"菜单底部找到"Pattern objects"。

2 使用选择工具（▶）单击选择棕色绳子对象组。

3 单击面板菜单图标（▣），并选择"缩览图视图"。

在"画笔"面板中，注意到缩览图视图中的图案画笔都是段状的。每一段对应着一个图案拼贴。

4 在"画笔"面板中，单击"新建画笔"按钮（），根据绳子来创建一个图案，如图 11-44 所示。

5 在"新建画笔"对话框中，选择"图案画笔"。单击"确定"。

不论是否选中了图稿，都可以创建图案画笔。创建图案画笔时，如果没有选中图稿，可以在创建后把图稿拖到"画笔"面板中，也可以在编辑画笔时从图案色板中选择图稿。本节稍后将介绍后一种方法。

6 在"图案画笔选项"对话框中，将画笔命名为 Border。

Ai | 注意：有些画笔没有尖角拼贴，这是因为它们只用于平滑曲线。

图案画笔最多可以包含 5 种拼贴：边线拼贴、起点拼贴、终点拼贴以及用于路径尖角上的内角拼贴和外角拼贴，如图 11-45 所示。

图11-44

图11-45

可以在对话框中的"间距"选项下面看到这 5 种拼贴按钮，这样就可以将不同的图稿应用到路径不同的部分。可以单击需要定义的拼贴按钮，再选择一个自动生成的拼贴或在出现的菜单中选择一个图案色板。

7 在"间距"选项下，单击"边线拼贴"框（左起第二个）。可以发现除了"无"选项，画板上选中的对象"原始""色板"面板中的图案色板也出现在菜单中。从菜单中选择 Pompadour，如图 11-46 所示。

Ai | 提示：将鼠标指向"图案画笔选项"对话框中的拼贴按钮，就会提示该按钮是哪种拼贴。

在拼贴下面的"预览"区域，将看到新图稿如何影响路径。

Ai | 提示：创建图案画笔时，所选图稿默认被视作边线拼贴。

---

8 再次单击"边线拼贴"框，然后选择"原始"选项。

9 单击"外角拼贴"框，显示菜单。

外角拼贴是由 Illustrator 根据原始绳子图稿自动生成的。在菜单中，可以从自动生成的 4 种尖角中选择，如图 11-47 所示。

图11-46

图11-47

- 自动居中：边线拼贴沿尖角延伸，且拼贴在尖角处的路径上居中。
- 自动居间：边线拼贴的副本一路延伸至尖角，尖角每侧都有一个边线拼贴的副本。
- 自动切片：边线拼贴被对角切片再垂直结合，类似于木质相框的边角。
- 自动重叠：拼贴的副本在边界处重叠了起来。

> **提示**：要保存画笔并在另一个文件中使用它，可以把要用到的画笔创建成一个画笔库。有关更多信息，可在 Illustrator 帮助中搜索"使用画笔库"。

10 从菜单中选择"自动居间"。这就生成了由绳子创建的图案画笔的外角。

11 单击"确定"。这样 Border 画笔就出现在"画笔"面板中了，如图 11-48 所示。

图11-48

11.6.2 应用图案画笔

在本节中，将会把 Border 图案画笔应用于图稿的矩形边界上。使用绘图工具将画笔应用于图稿时，首先使用绘图工具绘制路径，然后在"画笔"面板中选择画笔将其应用于路径即可。

1 选择"视图" > "画板适合窗口大小"。

2 使用选择工具（▶）单击选中边界处的白色矩形描边。

3 在工具面板中，先单击填色框，再单击描边框，确保填色和描边色都设为"[无]"（☑）。

4 仍选中该矩形，在"画笔"面板中单击 Border 图案画笔。

5 选择"选择">"取消选择"。

这时使用 Border 画笔绘制矩形，其中边线使用的是边线拼贴，而各个角则是外角拼贴，如图 11-49 所示。

图11-49

11.6.3 编辑图案画笔

现在将使用创建的图案色板来编辑 Border 图案画笔。

Ai | 提示：有关创建图案色板的更多信息，参见 Illustrator 帮助中的"关于图案"。

---

1 选择"窗口">"色板"，打开"色板"面板。

2 选择"视图">"Pattern objects"，放大画板右侧边缘处的救生圈。

3 使用选择工具（▶），把救生圈拖入到"色板"面板，如图 11-50 所示。这样将会在"色板"面板中生成新的图案色板。

创建了新的图案画笔后，如果之后不会在其他的图稿中再使用它，也可以在"色板"面板中将其删除。

4 选择"选择">"取消选择"。

5 在"色板"面板中，双击刚才创建的图案色板，进入图案编辑模式。

6 在"图案选项"对话框中，将色板名称改为 Corner，如图 11-51 所示。

图11-50

图11-51

命名图案色板不是必须的，但是进行命名可以在编辑画笔时更轻松地选择它。

7 单击文档窗口顶部灰色栏中的"完成"按钮，完成图案的编辑。

8　选择"视图">"画板适合窗口大小"。

9　在"画笔"面板中，双击 Border 图案画笔，打开"图案画笔选项"对话框。

10　单击"外角拼贴"框，从出现的菜单中选择"Corner"图案色板（可能需要滚动），如图 11-52 所示。将"缩放"更改为 70%，单击"确定"。

 提示：要修改图案画笔中的图案拼贴，还可按住 Alt（Windows）或 Option（macOS）键，将图稿直接从画板中拖入图案画笔对应的拼贴处。

11　在出现的对话框中，单击"应用于描边"，更新画板上的边界。

12　使用选择工具单击船身窗口所在路径中的一条，如图 11-53 所示。在"画笔"面板中单击应用 Border 画笔。

图11-52　　　　　　　　　　　　　　图11-53

 注意：在本课前些节中，已经通过单击画板面板中的"移去画笔描边"按钮（▨）删除了应用于对象的画笔。在这里则是选择"编辑">"还原应用图案画笔"。这是因为单击"移去画笔描边"按钮后，将删除该路径之前的格式，使其只有默认的填色和描边色。

注意，此时是 Border 画笔的边线拼贴，而不是将救生圈应用于该路径。这是因为该路径不包含尖角，所以外角拼贴和内角拼贴无法应用于该路径。

13　选择"编辑">"还原应用图案画笔"，从该路径上移除该画笔。

14　选择"选择">"取消选择"，然后选择"文件">"存储"。

11.7　使用斑点画笔工具

可以使用斑点画笔工具（✎）来绘制有填色的形状，并将其与其他颜色相同的形状相交或合并。使用斑点画笔工具，可以像使用画笔工具那样绘图，但画笔工具用于创建非闭合路径，而斑点画笔工具可创建只有填色、没有描边色的闭合路径，还可使用橡皮擦工具或斑点画笔工具对其进行编辑，区别如图 11-54 所示。另外，斑点画笔工具无法编辑有描边色的形状。

使用画笔工具创建的路径

使用斑点画笔工具创建的形状

图11-54

11.7.1 使用斑点画笔工具绘图

下面将使用斑点画笔工具来创建云朵。

1　单击工作区右侧的"图层"面板选项卡，显示"图层"面板。单击 Ship 子图层左侧的眼睛图标（👁），隐藏该图层的内容。再单击 Background 子图层，选中该图层，如图 11-55 所示。

2　在"色板"面板中，选择填色框，然后选择 Light Blue 色板。选择描边色框并将选择"[无]"（⬜），删除描边，如图 11-56 所示。

图11-55

图11-56

使用斑点画笔工具绘图时，如果绘画前设置了填色和描边色，则描边色将作为斑点画笔工具绘制形状时的填色。如果只设置了填色，那么该填色将填充绘制的形状。

3　在工具面板中单击并按住画笔工具（🖌），选择斑点画笔工具（📋）。双击工具面板中的斑点画笔工具。在"斑点画笔工具选项"对话框中，如图 11-57 所示更改下列内容。

- 保持选定：选择它。
- 大小：70 pt。

4　单击"确定"按钮。

图11-57

5 将鼠标指向天空中浅蓝色云朵的左侧，沿 Z 字形拖动绘制云朵形状。小心不要让该形状与其右侧的小云朵相碰，如图 11-58 所示。

图11-58

Ai 提示：要更改斑点画笔的大小，还可按住键盘右中括号键（] ）或左中括号键（[），放大或缩小画笔的尺寸。

使用斑点画笔工具绘图时，创建的是已填色的闭合形状。这些形状可包含任何类型的填色，如渐变色、纯色、图案等。注意到绘图前斑点画笔图标旁有一个圆形，这表明绘图时画笔的大小（70 pt，在前面的步骤中设置的）。

11.7.2 使用斑点画笔工具合并路径

除了可以使用斑点画笔工具绘制新形状之外，还可用它来连接、合并同一颜色的形状。而待合并的对象需要有相同的外观属性，即没有描边色、位于同一图层或图层组，如果位于同一图层组，则所属图层必须相邻。

 注意：要了解有关斑点画笔工具的更多信息，在 Illustrator 帮助（"帮助" > "Illustrator 帮助"）中搜索"对填色和描边上色"。在"帮助"页面上，转到标题为"使用斑点画笔工具绘制和合并路径"部分。

下面，将把刚刚创建的云朵形状与其右侧的小云朵合并成一个大云朵。

1　选择"选择" > "取消选择"。

2　选择斑点画笔工具（ ），将鼠标指向云朵形状的内部，向右拖动到右侧小云朵的内部，将这两个形状连接起来，如图 11-59 所示。

 注意：在图中，绘制的云有蓝色轮廓，您可能看不到。

 注意：如果两个形状没有合并，可能是它们的描边色或填色不同。这时可使用选择工具（ ）选中这两个形状，然后在"属性"面板中确保填色为 Light Blue 色板，描边色为"[无]"。之后再切换到斑点画笔工具，重新操作第 2 步。

3　继续使用斑点画笔工具在合并后的形状上绘图，使其更像云朵。
　　如果这一步中发现不小心创建了新的形状，而不是编辑现有形状，只需还原这一步。然后切换到选择工具（ ），选中合并后的形状，再取消选择后继续操作即可。

4　选择"选择" > "取消选择"，然后选择"文件" > "存储"，效果如图 11-60 所示。

图11-59

图11-60

11.7.3　使用橡皮擦工具进行编辑

　　使用斑点画笔工具绘制和合并形状时，可能需要编辑绘制结果。结合使用橡皮擦工具（ ）和斑点画笔工具可以调整形状，并纠正一些不理想的修改结果。

 提示：使用斑点画笔工具和橡皮擦工具绘制时，建议拖曳较短的距离后就松开鼠标。这样方便撤销上一步所做的编辑，否则，拖曳较长的距离仍不松开鼠标，撤销时可能会删除整个描边。

1　使用选择工具（ ）单击选择云朵形状。

在使用橡皮擦工具之前先选中形状，可约束橡皮擦的作用范围，使其只擦除选定的形状。

2　在工具面板双击橡皮擦工具（◆）。在"橡皮擦工具选项"对话框中，将"大小"更改为
　　40 pt，然后单击"确定"，如图 11-61 所示。

3　将鼠标指向云朵形状的边缘，使用橡皮擦工具沿云朵形状的下部拖动，删除部分云朵。尝
　　试在斑点画笔工具和橡皮擦工具之间切换编辑云朵。
　　选择斑点画笔或橡皮擦工具后，工具图标旁都有一个圆圈，它表明了画笔的直径，如图 11-62
　　所示。

图11-61

图11-62

4　选择"选择"＞"取消选择"。

5　单击工作区右侧的"图层"面板选项卡，显示"图层"面板（如果有必要的话）。单击所有子
　　图层左侧的可视性栏，确保面板中显示了所有内容。在"图层"面板顶部，单击选中 Mask 主
　　图层。再单击"图层"面板底部的"建立 / 释放剪切蒙版"按钮（▣），如图 11-63 所示。

图11-63

单击"建立/释放剪切蒙版"按钮后，就将现有的 Mask 矩形形状作为蒙版，遮住整个内容。有关蒙版的更多信息，请参见第 14 课。

6　选择"对象">"显示全部"，显示海报文本。

7　选择"选择">"取消选择"。

8　选择"文件">"存储"，然后关闭所有打开的文件，效果如图 11-64 所示。

图11-64

11.8 复习

复习题

1 使用画笔工具（✐）将画笔应用于图稿和使用绘图工具将画笔应用于图稿之间有什么不同？

2 描述如何将艺术画笔中的图稿应用于内容。

3 描述如何编辑那些使用画笔工具绘制的路径？"保持选定"选项又是如何影响画笔工具的？

4 要将栅格图像应用于某些画笔中，需要做什么工作？

5 对于哪些类型的画笔，要在创建之前在画板上选中图稿？

6 斑点画笔工具（✐）有什么作用？

复习题答案

1 要使用画笔工具（✐）来绘图，可在选择画笔工具后，从"画笔"面板中选择一种画笔，然后在图稿中绘图，那么画笔将直接作用于绘制的路径。要使用绘图工具来应用画笔，可先使用绘图工具在图稿中绘制路径，然后选择该路径并在"画笔"面板中选择一种画笔，即可将其应用于选定的路径。

2 可通过图稿（矢量路径、嵌入的栅格图像）来创建艺术画笔。将艺术画笔应用于对象的描边时，艺术画笔中的图稿默认将沿所选对象的描边延伸。

3 要使用画笔工具编辑路径，只需在选定路径上拖动，重新绘制它。使用画笔工具绘图时，"保持选定"选项将保持最后绘制的路径被选中。如果想便捷地编辑最后绘制的路径，则应保留"保持选定"复选框被选中；如果要使用画笔工具绘制重叠的路径而不修改之前的路径时，则应取消选择"保持选定"复选框。在没有选中"保持选定"复选框时，可以使用选择工具（▶）选中路径，然后编辑路径。

4 要在特定的画笔（艺术画笔、图案画笔和散点画笔）中使用栅格图像，首先需要置入该图像。

5 要创建艺术画笔或散点画笔时，需要先选中图稿，再使用"画板"面板底部的"新建画笔"按钮（▣）。

6 使用斑点画笔工具（✐）可以编辑带填色的形状，使其与其他颜色相同的形状相交或合并，还可以从头开始创建图稿。

第12课

效果和图形样式的创意应用

课程概述

在本课中，您将学习如何执行下列操作：

- 使用"外观"面板；
- 编辑和应用外观属性；
- 复制、禁用和启用，以及删除外观属性；
- 调整外观属性的排列顺序；
- 应用和编辑效果；
- 应用各种效果；
- 以图形样式保存和应用外观；
- 将图形样式应用于图层；
- 缩放描边和效果。

学习本课内容大约需要 60 分钟，请从配套资源中将素材 Lesson12 复制到您的硬盘中。

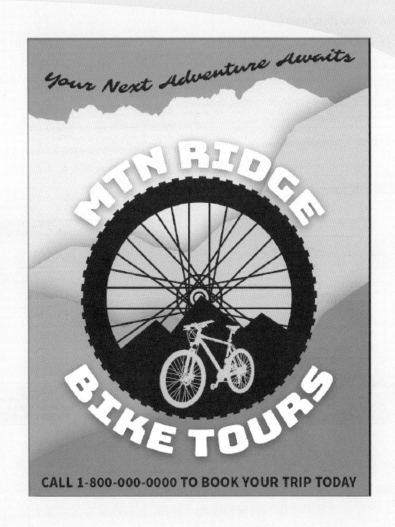

在不改变对象结构的情况下，可通过"外观"面板应用外观属性（填色、描边、效果等）来更改对象的外观。效果是实时的，也就是说可以随时修改或删除效果。这样就可以将外观属性保存为图形样式，并将它们应用于其他对象。

12.1 开始本课

在本课中，将使用"外观"面板、各种效果和图形样式来更改图稿的外观。但在此之前需要恢复 Adobe Illustrator CC 的默认首选项。然后，打开本课最终完成的图稿文件，查看最终效果。

1 为了确保工具和面板的功能如本课所述，请删除或禁用（重命名）Adobe Illustrator CC 的首选项文件。

2 启动 Adobe Illustrator CC。

3 选择"文件">"打开"，打开硬盘上 Lessons>Lesson12 文件夹中的 L12_end.ai 文件。
此文件展示了一个自行车旅游公司传单的完整插图，如图 12-1 所示。

 注意： 需要连接互联网才能同步字体。

4 很可能会出现一个"缺少字体"对话框，单击"同步字体"将所有缺少字体同步到计算机上，如图 12-2 所示。如果它们已经同步，会看到一条信息，提示没有缺少字体，单击"关闭"按钮。

图12-1

图12-2

如果无法同步字体，可以访问 Creative Cloud 桌面应用并选择"资源">"字体"查看可能出现的问题（参见第 8 课了解如何解决此问题）。

还可以单击"缺少字体"对话框中的"关闭"，忽略缺少的字体。第三种方法是在"缺少字体"对话框中单击"查找字体"按钮，并使用自己计算机上的本地字体替换这些字体。也可以访问"帮助"（"帮助">"Illustrator 帮助"）并搜索"查找缺少的字体。"

5 选择"视图">"缩小"，让最终完成图稿更小一些。调整窗口大小，并在工作时将其放在屏幕上（可以使用抓手工具 [✋] 在文档窗口中移动图稿）。如果不想打开此图像，请选择"文件">"关闭"。

要开始绘图，则需要打开一个现有的图稿文件。

注意：有关解决缺少字体的帮助，请参考步骤4。

6　选择"文件">"打开"，在"打开"对话框中，找到Lessons>Lesson12文件夹，并选择 L12_start.ai文件。单击"打开"，打开此文件，如图12-3所示。

L12_start.ai文件使用的字体与L12_end.ai文件完全相同。如果已经同步了字体，则不需要再重复操作。如果没有打开L12_end.ai文件，那么很可能会出现"缺少字体"对话框。单击"同步字体"，将所有丢失的字体同步到您的计算机上。如果它们已经同步，会看到一条信息，提示没有缺少字体，单击"关闭"按钮。

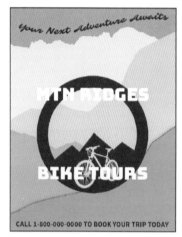

图12-3

7　选择"文件">"存储为"，将此文件命名为BikeTours.ai，选择Lesson12文件夹。从"格式"菜单选择Adobe Illustrator（ai）（macOS），或从"保存类型"菜单选择Adobe Illustrator（*.AI）（Windows），然后单击"保存"。

8　在"Illustrator选项"对话框中，保留Illustrator默认选项，然后单击"确定"按钮。

9　在应用程序栏从工作区菜单中选择"重置基本功能"，重置工作区。

 注意：如果在工作区菜单中没有看到"重置基本功能"，请在选择"窗口">"工作区">"重置基本功能"之前，选择"窗口">"工作区">"基本功能"。

10　选择"视图">"画板适合窗口大小"。

12.2　使用"外观"面板

外观属性是一种美学属性，比如填色、描边色、透明度或效果，它们影响对象的外观，而不影响对象的基本结构。到目前为止，一直在"属性"面板和"色板"面板等面板中更改外观属性。也可以在"外观"面板中找到所选图稿的这些属性。本课将重点介绍使用"外观"面板来应用和编辑外观属性。

1　使用选择工具（▶）单击选择文本"CALL 1-800..."后面的橘色形状。

2　在右侧的"属性"面板的"外观"部分中单击"更多选项"（🔳，图12-4中箭头指示的方向），打开"外观"面板。

 提示：还可以选择"窗口">"外观"来打开"外观"面板。

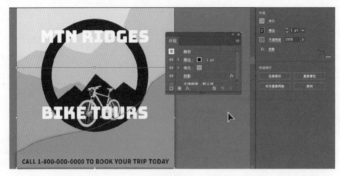

图12-4

"外观"面板显示对象的类型（路径）和应用于对象的外观属性（描边、填色、投影和不透明度）

"外观"面板中可用的不同选项如图 12-5 所示。

A. 选定的对象和缩览图   G. 添加新效果

B. 属性行   H. 清除外观

C. 可视性栏   I. 复制所选项目

D. 链接到效果选项   J. 删除所选项目

E. 添加新描边   K. 表示应用了效果

F. 添加新填色

图12-5

Ai | **提示**：您可能想要将"外观"面板组的底部向下拖动，使其更长。

可以使用"外观"面板（"窗口" > "外观"）来查看和调整所选对象、对象组或图层的外观属性。填色和描边将按堆叠顺序列出；面板中从上到下的顺序对应于图稿中从前到后的顺序。各种效果按其在图稿中的应用顺序从上到下排列。使用外观属性的优点是，可随时修改或删除对象的外观属性，而不影响底层图稿以及在"外观"面板中应用于对象的其他属性。

12.2.1 编辑外观属性

首先，将使用"外观"面板来更改图稿的基本外观。

1 选择橘色形状，在"外观"面板中，单击"填色"属性栏中的橘色填色框，直到出现色板面板。选择名为 Mountain1 的色板进行填色，如图 12-6 所示。按 Esc 键隐藏色板面板。

图12-6

注意：要打开色板面板可能会需要单击填色框多次。第一次单击会选择"填色"行中的填色框，第二次单击会显示色板面板。

2　单击描边行中的"1 pt"，将出现"描边粗细"选项。将描边粗细更改为0pt，消除描边（"描边粗细"字段为0pt时将是空白），如图12-7所示。

图12-7

3　在"外观"面板中，单击"投影"属性名称左侧的可视性栏（），如图12-8所示。

图12-8

提示：在"外观"面板中，可以将属性行（如"投影"）拖到"删除所选项目"按钮（📄）以删除它，也可以选择属性行，然后单击"删除所选项目"按钮。

可以暂时隐藏或删除外观属性，使它们不再应用于所选图稿。

Ai | 提示：可在"外观"面板菜单（■）中选择"显示所有隐藏的属性"选项，以观察所有属性。

4 选中"投影"行（单击链接"投影"的右侧，如果它未选中的话），单击面板底部的"删除所选项目"按钮（■），完全删除投影，而不仅仅是关闭可视性，如图 12-9 所示。

图12-9

12.2.2 为图稿添加描边和填色

Illustrator 可以给图稿添加多个描边或填色，以便创作出有趣的设计效果。下面，将使用"外观"面板给对象添加另一种填色。

1 仍选中此形状，单击"外观"面板底部的"添加新填色"按钮（■），如图 12-10 所示。

图 12-10 显示了单击"添加新填色"按钮后的面板。"外观"面板中添加了第二个"填色"行。默认情况下，会直接在所选属性行的上方添加新的填色或描边属性，如果没有选择属性行，则会在"外观"面板列表的顶部显示新的填色或描边。

图12-10

2 单击底部"填色"属性行中的（原）填色框几次，直到色板面板出现。单击名为"USGS 22 Gravel Beach"的图案色板，将其应用于原始填色，如图 12-11 所示。按 Esc 键隐藏色板面板。

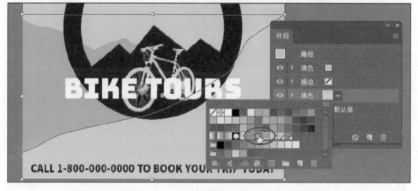

图12-11

此图案在所选图稿中不会出现，因为新的填色会覆盖原始填色。两个填色堆叠在一起。

Ai | **提示**：要关闭那些单击带下划线字样后打开的面板，除了按 Esc 键外，还可以单击其属性行，或者按 Enter 或 Return 键。

3 单击顶部"填色"属性行左侧的眼睛图标隐藏它，如图 12-12 所示。

图12-12

现在您应该看到形状中的图案填充。在下一节中，将对"外观"面板中的属性行重新排序，以便图案位于颜色填充的顶部。

4 单击顶部"填色"属性行左侧的眼睛图标显示它。

接下来，将使用"外观"面板为形状添加另一个描边。这可能是只使用一个对象就能实现有趣设计效果的一种好方式。

5 使用选择工具（▶），单击选择作为自行车轮胎的黑色圆。

6 单击"外观"面板底部的"添加新描边"按钮（▣），如图 12-13 所示。

图12-13

在"外观"面板中，将添加一个新的描边属性行，它是原始描边属性行的副本。这是为设计稿添加趣味的一种好方式，无须制作形状的副本，更改格式（在本例中是描边）并将它们堆叠起来。

7 选择新的"描边"属性行，将描边粗细更改为 10 pt。

8 单击同一属性行的"描边",打开"描边"面板。单击"使描边居中对齐"按钮（ ），选择"虚线",并确保"虚线"设置为 12 pt,如图 12-14 所示。按 Esc 键隐藏"描边"面板。

图12-14

与在"属性"面板中一样,在"外观"面板（通常是"色板"或"描边"面板）中单击带有下划线的单词会显示更多格式化选项。外观属性（比如填色或描边）可以有其他选项,比如仅应用于此属性的不透明度或效果。这些其他选项作为子集列在属性行下方,并且可以通过单击属性行左侧的三角形（ ▶ ）来显示或隐藏属性。

9 选择"选择">"取消选择"。

12.2.3 为文本添加描边和填色

为文本添加多个描边和填色是为文本添加趣味的好方法。接下来,将为文本添加填色。

1 选择文字工具（ **T** ）,并选择文本"MTN RIDGES。"

注意,"文字:无外观"出现在"外观"面板的顶部（见图 12-15）。这指的是文本对象,而不是内部的文本。

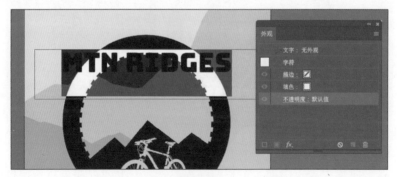

图12-15

还可以看到"字符"字样。在此字样下列出了文本（而不是文本对象）的格式。应该会看到描边（无）和填色（白色）。还注意到,无法为文本添加新的描边和填色,因为面板底部的"添加新描边"和"添加新填色"按钮是灰色的。要为文本添加新的描边和 / 或填色，需要选择文本对象而不是其内部的文本。

2 使用选择工具（▶），选中文本对象（而不是文本）。

 提示：还可以在"外观"面板的顶部单击"文字：无外观"来选择文本对象（而不是其内部的文本）。

3 单击"外观"面板底部的"添加新填色"按钮（▣），在"字符"字样上方添加另一个填色，如图 12-16 所示。

图12-16

"字符"是指文本对象内文本的格式。如果双击"字符"字样，会选择文本并看到其格式选项（填色、描边等）。

4 单击"填色"属性行选择它（如果它尚未被选中）。单击"填色"框，选择"USGS 8B Intermit. Pond"色板，如图 12-17 所示。按 Esc 键隐藏色板。

图12-17

 注意："USGS 8B Intermit.Pond"色板实际上并不是我命名的，它是 Illustrator 默认提供的图案色板（"窗口" > "色板库" > "图案" > "基本图形" > "基本图形_纹理"）。

5 单击同一填色行左侧的三角形（▶），显示其他属性（如果需要的话）。单击"不透明度"

一词，显示"透明度"面板，并将"不透明度"更改为 20%，如图 12-18 所示。按 Esc 键隐藏"透明度"面板。

图12-18

> **提示**：根据在属性面板中选择的属性行，面板（如"属性"面板、渐变面板等）中的选项将影响所选属性。

每个外观行（描边、填色）都有子集可以调整的不透明度。底部的不透明度外观行会影响整个所选对象的透明度。

6 保持选中文本对象。

12.2.4 调整外观属性的排列顺序

外观属性行的不同排列顺序将会改变图稿的样子。在"外观"面板中，填色和描边色是按它们在图稿中的堆叠顺序排列的：面板中从上到下对应了图稿从上层到下层的顺序。就像在"图层"面板中那样，可通过在"外观"面板中拖动各个属性行来重新排列其顺序。下面，将通过在"外观"面板中调整属性的排列顺序来更改图稿的外观。

1 使用选择工具（▶），单击选择底部"CALL 1-800..."文本背后的形状。
2 在"外观"面板中，将底部的填色属性行（应用了图案色板）拖动到原始填色属性行的上方。当填色属性行上方出现一条蓝线时，则释放鼠标左键，查看结果，如图 12-19 所示。

图12-19

将新填色属性移动到原始填色属性上方将改变图稿的样子，如图 12-20 所示。图案填充现在位于纯色填充的顶部。

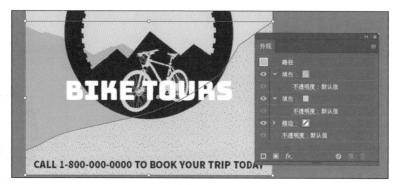

图12-20

3　选择"选择" > "取消选择"，然后选择"文件" > "存储"。

12.3　应用实时效果

"效果"菜单中的命令可在不修改对象本身的情况下修改其外观。将效果应用于对象时，该效果将成为对象的外观属性。可以随时通过"外观"面板编辑、移动、删除和复制该效果，图 12-21 为应用了投影效果的图稿。

应用了投影效果的图稿

图12-21

在 Illustrator 中，有两种类型的效果：矢量效果和栅格效果。它们包含在"效果"菜单中。

- Illustrator 效果（矢量）："效果"菜单的上半部分为矢量效果。在"外观"面板中，只能将这些效果应用于矢量对象或位图对象的填色、描边。可应用于矢量或位图对象的矢量效果具体为 3D 效果、SVG 滤镜、变形效果、变换效果、投影、羽化、内发光和外发光。
- Photoshop 效果（栅格）："效果"菜单的下半部分为栅格效果，也可将其应用于矢量对象和位图对象。

在本节中，首先将探讨如何应用和编辑效果。然后，将探讨 Illustrator 中常使用的一些效果。

12.3.1 应用效果

通过"属性"面板、"效果"菜单或"外观"面板可以将效果应用于对象、编组或图层。下面，将学习如何使用"效果"菜单应用效果，再通过"属性"面板来应用效果。

1 选中选择工具（▶），按住 Shift 键并在画板上单击黄色背景形状及其下方的灰褐色背景形状，如图 12-22 中箭头指示的位置。

2 选择"对象">"编组"。

图12-22

通过在应用效果之前对对象进行编组，会将该效果应用于该组而不是单个对象。稍后会了解到，如果取消编组，将会删除效果。

3 选择"效果">"风格化">"投影"。在"投影"对话框中，如图 12-23 所示，更改下列选项。

- 模式：正片叠底（默认设置）。
- 不透明度：50%。
- X 位移：0 in。
- Y 位移：0 in。
- 模糊：0.25 in。
- 颜色：选择它。

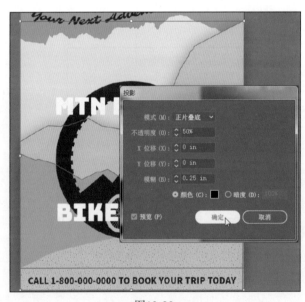

图12-23

4 选择"预览"，以便查看应用于该组的投影。单击"确定"。

由于投影被应用于该组，因此它出现在该组（而不是各个对象）的周围。如果现在在"外观"面板中查看，会在顶部看到"编组"一词并应用了"投影"效果，如图 12-24 所示。
"内容"一词是指编组中的内容。组中的每个对象都可以有自己的外观属性。

图12-24

5 选择"文件">"存储"，并保持选中该组。

12.3.2 编辑效果

效果是实时的，因此可在效果应用于对象后对其进行编辑。可以使用"属性"面板或"外观"
面板编辑效果，方法是选择应用了效果的对象，然后单击效果名称，或者是在"外观"面板中双
击该属性行，打开对应效果的对话框。而修改效果后，图稿将会及时更新。在本节中，将编辑应
用于背景形状组的投影效果。

 注意：如果试图对已经有同样效果的图稿应用效果，Illustrator 会警告您已经应用
了同一效果。

1 仍选中该组，选择"对象">"取消编组"，取消编组形状，并
保持选中它们。
注意，编组的投影效果没有了。当效果应用于对象组后，它作
用的是这个整体。取消编组这个对象组后，该效果就不存在了。
在"外观"面板，您会看到"混合外观"（见图 12-25），这意
味着当前选中了多条路径，并且它们有不同的外观（例如不同
的填色）。

图12-25

2 仍选中这两个形状（已取消编组），选择"效果">"应用投影"，
如图 12-26 所示。

 提示：如果选择"效果">"投影"，则会出现"投影"对话框，允许您在应用效
果之前进行更改。

这是一种快速应用具有相同选项集的上一次效果的方式。投影效果现在单独应用于每个选
中的对象。

3 仍选中这两个形状，在"外观"面板中单击文本"投影"。

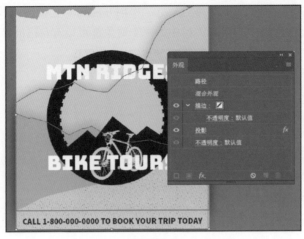

图12-26

Ai **注意**：也可以在"外观"面板中单独选择每个形状，编辑"投影"效果。

4 在"投影"对话框中，将"不透明度"更改为 75%。选择"预览"，查看更改，然后单击"确定"。

12.3.3 使用变形效果风格化文本

许多效果都可应用于文本，包括第 8 课中的"变形"效果。下面，将使用"变形"效果来变形文本。第 8 课中使用的变形与此处"变形"效果之间的区别是，可以轻松地打开和关闭、编辑或删除此效果。

1 使用选择工具（▶），单击文本"MTN RIDGES"，按住 Shift 键并单击"BIKE TOURS"文本。

2 在"属性"面板的"外观"部分中单击"选取效果"选项（ *fx.* ），选择"变形">"弧形"，如图 12-27 所示。

图12-27

3 在"变形选项"对话框中，将"弯曲"设为 65% 以创建一种弧形效果。选择"预览"复选框以观察修改的效果。尝试从"样式"菜单中选择其他选项，最后恢复到"弧形"即可。尝试调整"扭曲"部分的"水平"和"垂直"滑块，并查看效果。确保"扭曲"部分的值均为 0%，然后单击"确定"，如图 12-28 所示。

图12-28

4 选择"选择" > "取消选择"。

5 单击"BIKE TOURS"文本。在"属性"面板（或"外观"面板）中，单击"变形：弧形"文本以编辑效果。在"变形选项"对话框中，将"弯曲"更改为 –65%，单击"确定"，如图 12-29 所示。

图12-29

12.3.4 编辑具有变形效果的文本

可以编辑应用了"变形"效果的文本，但有时关闭效果，更改文本，然后再启用效果更简单一些。

1 使用选择工具（▶），单击选择"MTN RIDGES"文本对象。在"外观"面板中，单击"变形：弧线"左侧的可视性图标（◉），暂时关闭此效果，如图 12-30 所示。

注意，画板中的文本此时没有变形（见图 12-31）。

2 在工具面板中选择文字工具（T），并将文本更改为"MTN RIDGE"。

图12-30 图12-31

3 在工具面板择选中选择工具（▶）。这会选择文本对象，而不是文本。

4 在"外观"面板中单击"变形：弧线"左侧的可视性栏，以便显示该效果，注意，文本会再次变形。

Ai | **注意**：您可能希望按几次箭头键，移动文本使其离黑色车轮形状更近或更远。

5 在"外观"面板中，单击"变形：弧线"文本以编辑此效果。在"变形选项"对话框中，将"弯曲"更改为 64%。单击"确定"。

6 选择"选择">"取消选择"，然后选择"文件">"存储"。

12.3.5 应用位移路径效果

下面，将相对于自行车轮胎（黑色圆）移动虚线描边。这样可以营造出多个形状堆叠的效果。

1 使用选择工具（▶）单击选择黑色圆。

2 在"外观"面板中单击描边粗细为 10 pt 的"描边"行。

3 在"外观"面板中选择描边属性行，单击面板底部的"添加新效果"按钮（*fx*），如图 12-32 所示，选择"路径">"位移路径"。

图12-32

4 在"偏移路径"对话框中，将"位移"更改为 0.57 in，选择"预览"，然后单击"确定"，如图 12-33 所示。

图12-33

5 在"外观"面板中，单击"描边：10pt 虚线"字样左侧的三角形（ ），打开其中的内容（如果未打开的话），如图 12-34 所示。

图12-34

注意到"位移路径"效果是"描边"的子集。这表明该"位移路径"效果只作用于该描边。

6 选择"选择" > "取消选择"。

7 选择"文件" > "存储"。

12.4 应用 Photoshop 效果

如本课前面所述，栅格效果将生成像素而不是矢量数据。栅格效果包括 SVG 滤镜、"效果"菜单下半部分的所有效果以及"效果" > "风格化"子菜单中的投影、内发光、外发光和羽化效果。可将其应用于矢量对象或位图对象。

下面，将对一些背景形状应用 Photoshop（栅格）效果。

1 在"图层"面板（"窗口" > "图层"）中，单击 Mountains 图层右侧的选择列，选择图层内容，如图 12-35 所示。

2 单击"属性"面板选项卡，再次显示此面板。

3 在"属性"面板的"外观"部分中单击"效果"选项（ ）。选择"纹理" > "纹理化"。

大多数栅格（Photoshop）效果被选中时，都会打开"滤镜库"

图12-35

对话框。和 Adobe Photoshop 中的滤镜相似，在 Illustrator 的滤镜库中，可以尝试各种栅格效果以观察图稿的变化。

4　当"滤镜库"对话框打开时，可以看到滤镜类型（纹理化）显示在顶部。在对话框左下角的视图菜单中选择"符合视图大小"。这会使图稿适合预览区，以便观察效果的作用。

"滤镜库"对话框是可调整大小的，它包括了预览区（A 部分）、可以单击应用的效果缩览图（B 部分）、当前所选效果的设置（C 部分）以及已应用效果列表（D 部分），如图 12-36 所示。要应用不同的效果，可展开对话框中间面板的各个类别（B 部分）并单击效果的缩览图。

5　在对话框右上角的"纹理化"设置中，如图 12-37 所示，更改下列选项（如果有必要的话）。

- 纹理：砂岩。
- 比例：145%。
- 凸现：4。
- 光照：上。

图12-36

图12-37

 提示：可以在标为 D 的部分中单击"纹理化"名称左侧的眼睛图标（👁），查看没有应用效果的图稿。

 注意：滤镜库一次只能应用一种效果。如果想要应用多种 Photoshop 效果，可单击"确定"按钮以应用当前效果，然后在"效果"菜单中选择另一种效果。

6　单击"确定"，将栅格效果应用于所有 4 个形状。

7　选择"选择" > "取消选择"。

12.5　使用图形样式

图形样式是一组保存了的外观属性，这样可重复使用它。通过应用不同的图形样式，可以快速、全面地修改对象和文本的外观。

可以使用"图形样式"面板（"窗口" > "图形样式"）创建、命名、保存、应用和删除各种效果和属性，并将其应用于对象、图层或对象组。还可以断开对象与图形样式之间的链接并编辑对象自身的属性，而不影响使用了同一图形样式的其他对象。

图 12-38 描述了"图形样式"面板中可用的不同选项。

A. 图形样式缩览图

B. 图形样式库菜单

C. 断开图形样式链接

D. 新建图形样式

E. 删除图形样式

图12-38

例如，如果有一幅使用形状表示城市的地图，可以创建一种图形样式将该形状设置为绿色，并对其添加投影，然后将该图形样式应用于地图中的所有城市形状。如果决定要使用不同的颜色，可以直接将图形样式的填色修改为蓝色。这样使用该图形样式的所有对象的填色都将自动更新为蓝色。

12.5.1 应用现有的图形样式

可直接从 Illustrator 默认的图形样式库中选择图形样式，将其应用于图稿。下面，将了解一些内置的图形样式并将其应用于图稿。

1 选择"窗口">"图形样式"，单击此面板底部的"图形样式库"菜单按钮（ ），并选择"Vonster 图案样式"。

Ai | 提示：使用"Vonster 图案样式库"面板底部的箭头按钮来加载上一个或下一个图形样式库。

---

2 使用选择工具（ ▶ ），选择底部的背景山形状。

3 在"Vonster 图案样式"面板中，单击"溅泼 2"样式，然后单击"溅泼 3"图形样式，如图 12-39 所示。关闭"Vonster 图案样式"面板。

图12-39

单击这些样式会将外观属性应用于所选图稿，并将这两种图形样式添加到活动文档的"图形样式"面板中。

4　仍选中图稿，在"外观"面板查看应用于所选图稿的填色。还要注意"路径：溅泼 3"出现在面板的顶部，如图 12-40 所示。这表明应用了名为"溅泼 3"的图形样式。

5　单击"图形样式"面板选项卡，再次显示此面板。

现在，应该会看到在面板中列出了两种图形样式：溅泼 2 和溅泼 3。

6　在"图形样式"面板中，右键单击并按住"溅泼 2"图形样式缩览图，以便预览该图形样式在所选图稿中的效果，如图 12-41 所示。预览后，释放鼠标左键。

图12-40

图12-41

预览图形样式在不真正应用它的情况下，对于观察它对所选对象的效果很有帮助。

12.5.2　创建和应用图形样式

现在，将创建一个新的图形样式并将此图形样式应用于图稿。

1　使用选择工具单击图 12-42 中箭头指向的黄色形状。

 提示：要创建图形样式，还可以单击选中将要用于创建图形样式的对象。在"外观"面板中，将列表顶部的外观缩览图拖曳到"图形样式"面板中去。这些面板不能位于同一面板组中。

2　单击"图形样式"面板底部的"新建图形样式"按钮（█），如图 12-42 所示。

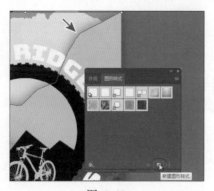

图12-42

这样就将所选形状的外观属性保存为一个图形样式。

3 在"图形样式"面板中，双击新图形样式的缩览图。在"图形样式选项"对话框中，将其命名为 Mountain。单击"确定"。

4 单击"外观"面板选项卡，在"外观"面板的顶部可以看到"路径：Mountain"，如图 12-43 所示。

这表明，Mountain 图形样式已经应用于所选图稿。

5 使用选择工具单击选中背景中的底部矩形形状（在"Call 1-800..."文本下方）。在"图形样式"面板中，单击 Mountain 图形样式，如图 12-44 所示。

图12-43

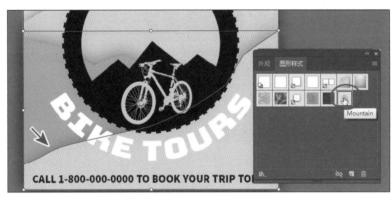

图12-44

6 保持选中此形状，然后选择"文件">"存储"。

将图形样式应用于文本

将图形样式应用到文本区域时，图形样式的填充颜色默认将覆盖文本的填色。如果从"图形样式"面板菜单（▤）中取消选择"覆盖字符颜色"，则文本的填色将覆盖图层样式的颜色。

如果从"图形样式"面板菜单（▤）中选择"使用文本进行预览"，则可以右键单击并按住图形样式，预览文本的图形样式。

12.5.3 更新图形样式

创建了图形样式后，还可以更新图形样式，这样所有应用了该样式的图稿都将自动更新它的外观。如果编辑应用了图形样式的图稿外观，则图形样式会被覆盖，并且在图形样式更新后图稿不会变化。

1. 仍选中底部的黄色形状，在"图形样式"面板中，您会看到，Mountain 图形样式缩览图呈高亮显示（周围有边框），如图 12-45 所示，这表明它被应用于该对象。

2. 单击"外观"面板选项卡。注意文本"路径：Mountain"出现在此面板顶部，这表明应用了 Mountain 图形样式。就像您前面看到的，这是另一种告知图形样式是否应用于所选图稿的方式。

图12-45

3. 单击几次黄色填色框，打开色板面板，选择名为 Mountain2 的色板，如图 12-46 所示。按 Esc 键，隐藏色板。

图12-46

请注意，"外观"面板顶部的"路径：Mountain"文本现在变为了"路径"，这表示图形样式不再应用于所选图稿。

4. 单击"图形样式"面板选项卡，查看该图形样式，发现它不再呈高亮显示，这意味着此时没有应用该图形样式。

5. 按住 Option（macOS）或 Alt（Windows）键，将所选形状拖动到"图形样式"面板中 Mountain 图形样式缩览图上，如图 12-47 所示。在该缩览图呈高亮显示后，依次松开鼠标和修饰键。这样两个山形状将会一致，因为两个对象都应用了 Mountain 图形样式。

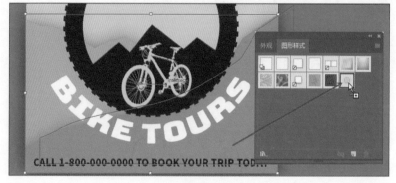

图12-47

6. 选择"选择">"取消选择"。

7 单击"外观"面板选项卡。可以看到面板顶部为"未选择对象：Mountain"（可能需要向上滚动）。

将外观设置、图形样式等应用于图稿后，下一个绘制的形状也会有出现在"外观"面板中的相同属性。

8 单击在背景中选择具有 Mountain 图形样式的顶部形状，如图 12-48 中箭头指向的位置。

图12-48

9 单击"填色"外观行的填色，在出现的色板面板中，选择 Mountain1 色板。

10 选择"选择">"取消选择"，然后选择"文件">"存储"。

12.5.4　将图形样式应用于图层

将图形样式应用于图层后，该样式将应用于该图层中的所有对象，包括之后再添加的对象。下面，将把投影图形样式应用于名为 Block Text 的图层，以便一次就将该样式应用于该图层的所有内容。

 注意：如果先将图形样式应用于对象，再将该样式应用于内容所在的图层（或子图层），那么图形样式格式将会被添加到对象的外观属性中——而对象的外观属性是累计叠加的。这会以意想不到的方式更改图稿，因为给图层应用图层样式会为图稿添加格式。

1 在"图层"面板中，单击 Block Text 图层的目标图标（■），如图 12-49 所示。

图12-49

这将选择图层内容并将所有外观属性都应用于此图层。

2 单击"图形样式"面板选项卡，然后单击名为"Shadow"的图形样式，如图 12-50 所示，这样就将该样式应用于图层及其所有内容。

图12-50

 提示：在"图层"面板中，可以将目标图标拖动到"删除所选项目"按钮（🗑）上，删除外观属性。

"图层"面板中 Block Text 图层的目标图标变为环形了。

3 单击"外观"面板选项卡，您应该看到，仍选中了 Block Text 图层的所有图稿，并出现了"图层：Shadow"，如图 12-51 所示。

图12-51

 提示：在"图形样式"面板中，图形样式缩览图显示了一个带红色斜线的小方框（▨），这表明图形样式不包含描边或填色。例如，它可能只是一个投影或外发光。

这表示在"图层"面板中选中了图层目标图标并且为此图层应用了"Shadow"图形样式。

 注意：如果您想编辑应用于文本对象的投影，可以使用以下几种方法。可以在"图层"面板中单击目标图标，以在"外观"面板中查看投影效果；或者可以选择图稿（在本例中是文本对象），并在"外观"面板中单击"图层：Shadow"，查看此图层的外观属性，然后单击"投影"。

4 选择"选择">"取消选择",然后选择"文件">"存储"。

应用多种图形样式

可以将图形样式应用于已经具有图形样式的对象。如果想为对象添加另一种图层样式的属性,这可能很有用。为所选图稿应用了图形样式后,可以选择按住Option(macOS)或Alt(Windows)键并单击另一种图形样式缩览图,为现有格式添加图形样式格式,而不是取代它。

12.5.5 缩放描边和效果

在 Illustrator 中,默认情况下,缩放内容时,应用于该内容的描边和效果不会改变。例如,一个描边粗细为 2 pt 的圆形,将其从很小放大到画板的尺寸。圆形的形状放大了,但默认情况下,它的描边粗细仍为 2 pt。这样,缩放后图稿外观就产生了不希望出现的变化。因此在变换图稿时需要注意这样的情况。下面将使辐条组变得更大一些。

图12-52

1 选择"视图">"画板适合窗口大小"。

2 在"图层"面板中,单击名为"Spokes"的图层的可视性栏,显示图稿,如图 12-52 所示。

这会在画板上显示一个大辐条组。

3 单击辐条图稿,注意,"属性"面板中的描边粗细为 6 pt,如图 12-53 所示。

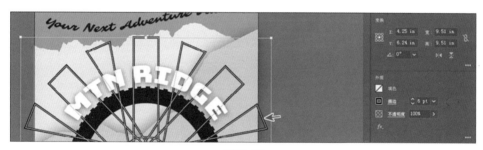

图12-53

4 在"属性"面板的"变换"部分单击"更多选项",并在出现的面板底部选择"缩放描边和效果",如图 12-54 所示。

如果不选中此选项,缩放辐条时不会影响描边粗细或效果。我们选中了此选项,这样在缩小辐条时,描边粗细也会变小。

5 单击"约束宽度和高度比例"按钮(▨),确保启用它(▩),将"宽度(W)"更改为 5 in,如图 12-55 所示。按 Tab 键移动到下一个字段。高度应随宽度变化。

缩放了辐条后,如果在"属性"面板中查看描边粗细,会看到它已经改变了。

图12-54

图12-55

6   选择"选择">"取消选择",效果如图 12-56 所示。

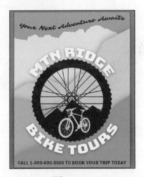

图12-56

7   选择"文件">"存储",然后选择"文件">"关闭"。

12.6 复习

复习题

1 如何给图稿添加第二种填色或描边？
2 指出将效果应用于对象的两种方法。
3 将 Photoshop（栅格）效果应用于矢量图稿时，图稿将会有何变化？
4 在哪里可以访问应用于对象的效果选项？
5 将图形样式应用于图层和将图层样式应用于所选图稿之间有什么不同？

复习题答案

1 要给图稿添加第二种填色或描边，请单击"外观"面板底部的"添加新描边"
   按钮（■）或"添加新填色"按钮（▢），也可以从"外观"面板菜单中选择
   "添加新描边 / 添加新填色"。这样将在外观属性列表顶部添加一个描边，它与
   原始描边的颜色和描边粗细相同。
2 要将效果应用于对象，可以选中对象，再从"效果"菜单中选择要应用的效
   果。也可以选中对象，在"外观"面板底部单击"添加新效果"按钮（fx），
   再从菜单中选择要应用的效果。
3 将 Photoshop 效果应用于图稿后，将会生成像素，而不是矢量数据。Photoshop
   效果包括 SVG 滤镜、"效果"菜单下半部分的所有效果以及菜单"效果"＞"风
   格化"子菜单中的投影、内发光、外发光和羽化效果。可以将它们应用于矢量
   对象或位图对象。
4 可以编辑应用于所选图稿的效果，方法是在"属性"面板或"外观"面板中单
   击效果链接以访问效果选项。
5 将图层样式应用于单个对象时，该对象所在图层中的其他对象却不受影响。例
   如，将"粗糙化"效果应用于一个三角形路径，再将该三角形移动到另一个图
   层中，它会保留"粗糙化"的效果。
   图形样式应用于图层后，该样式应用于该图层中添加的所有对象。例如。在
   "图层 1"中创建了一个圆形，再将它移动到应用了投影效果的"图层 2"中，
   那么该圆形也会有投影效果。

第13课 创建T恤图稿

课程概述

在本课中，您将学习如何执行下列操作：

- 使用现有符号；
- 创建、修改和重新定义符号；
- 在"符号"面板中存储和获取图稿；
- 了解 Creative Cloud Library；
- 使用 Creative Cloud Library。

 学习本课内容大约需要 45 分钟，请从配套资源中将素材 Lesson13 复制到您的硬盘中。

本课中，您将了解各种在 Illustrator 中更智能更快速地工作的概念，包括使用符号、Creative Cloud 库，令设计资源随处可用。

13.1 开始本课

在本课中，将通过创建 T 恤图稿来了解几个概念，比如符号和"库"面板。但在此之前需要恢复 Adobe Illustrator CC 的默认首选项。然后，打开本课最终完成的图稿文件，查看最终效果。

1 为了确保工具和面板的功能如本课所述，请删除或禁用（重命名）Adobe Illustrator CC 首选项文件。

2 启动 Adobe Illustrator CC。

3 选择"文件">"打开"，打开硬盘中 Lessons>Lesson13 文件夹中的 L13_end.ai 文件。将创建一个 T 恤设计图稿，如图 13-1 所示。

 注意：如果出现"缺少字体"对话框，单击"关闭"。

4 选择"视图">"画板适合窗口大小"，保持文件打开以供参考，或者选择"文件">"关闭"。

5 选择"文件">"打开"，在"打开"对话框中，找到 Lessons>Lesson13 文件夹，并选择 L13_start.ai 文件，如图 13-2 所示。单击"打开"，打开此文件。

图13-1

图13-2

6 选择"视图">"全部适合窗口大小"。

7 选择"文件">"存储为"，在"存储为"对话框中，找到 Lesson13 文件夹，将此文件命名为 TShirt.ai。从"格式"菜单选择 Adobe Illustrator（ai）（macOS），或从"保存类型"菜单选择 Adobe Illustrator（*.AI）（Windows），然后单击"保存"。

8 在"Illustrator 选项"对话框中，保留 Illustrator 默认选项，然后单击"确定"。

9 在应用程序栏从工作区菜单中选择"重置基本功能"。

 注意：如果在工作区菜单中没有看到"重置基本功能"，请在选择"窗口">"工作区">"重置基本功能"之前，选择"窗口">"工作区">"基本功能"。

13.2 使用符号

符号是存储在"符号"面板（"窗口">"符号"）中可重复使用的图稿对象。如果将绘制的花朵形状创建为符号，便可快速地将该花朵形符号的多个实例添加到图稿中，而无须分别绘制每个花朵形状。文档中的所有花朵形实例都将链接到"符号"面板中的花朵形符号。编辑原始符号时，链接到符号的所有花朵形实例都将自动更新。这样可以快速地将所有花朵从白色全部变为红色。通过使用符号，不仅可以节约时间，还可以极大地缩减文件。

 注意：Illustrator 自带了一系列可供用户使用的符号库，从"提基"符号库到"毛发和毛皮"，都可在"符号"面板或通过选择"窗口" > "符号库"访问它们。

- 选择"窗口" > "符号"，打开"符号"面板。在"符号"面板中看到的符号就是当前文档可以使用的符号。每个文档都有自己保存的一个符号集。图 13-3 所示是"符号"面板中可用的不同选项。

A. 符号缩览图　　E. 符号选项
B. 符号库菜单　　F. 新建符号
C. 置入符号实例　G. 删除符号
D. 断开符号链接

图13-3

13.2.1　利用现有的 Illustrator 符号库

首先会从现有的符号库向图稿添加符号。

1 在文档右侧的"属性"面板中单击"画板"菜单并从中选择 1，如图 13-4 所示。文档窗口中将显示带有黑色 T 恤的较大画板。

2 在"属性"面板中单击"隐藏智能参考线"选项，暂时禁用智能参考线，如图 13-5 所示。

图13-4

图13-5

 提示：还可以选择"视图" > "智能参考线"来关闭智能参考线。

3 单击"图层"面板选项卡，显示"图层"面板。单击 Content 图层，确保选择它，如图 13-6 所示。确保两个图层都是折叠的，方法是单击图层名称左侧的三角形（如果有必要的话）。向文档中添加符号时，它将成为当前选定图层的一部分。

4. 在"符号"面板("窗口">"符号")中，单击底部的"符号库菜单"按钮（），并从菜单中选择"提基"，如图 13-7 所示。提基库是一个自由浮动面板。此库中的符号不在当前文件中，但仍可以将任何符号导入到文档中并在图稿中使用它们。

5. 将鼠标放在"提基"面板的符号上，工具提示将显示其名称。单击名为"吉他"的符号，将它添加到"符号"面板中，如图 13-8 所示。关闭"提基"面板。

图13-6

图13-7

图13-8

提示：如果想看到符号名称而不是符号图片，可以单击"符号"面板菜单图标（▤），然后选择"小列表视图"或"大列表视图"。

将符号添加到"符号"面板中时，它只保存到当前文档中。

6. 使用选择工具（▶），将"吉他"符号从"符号"面板拖动到画板上黑色 T 恤的中心，如图 13-9 所示。执行此操作两次，在 T 恤上创建两个吉他实例。

图13-9

提示：也可以根据需要复制并粘贴画板上的符号实例。这与将符号实例从"符号"面板拖动到画板实现的效果相同。

每次将符号拖动到画板上时，都会创建一个"吉他"符号实例。下面将重新调整其中一个符号实例的大小。

7. 单击选择右侧的吉他实例（如果它未被选中的话）。按住 Shift 键，并将右上角的边界点向中心拖动，使其更小一些，同时限制其比例，如图 13-10 所示。释放鼠标左键，然后释放 Shift 键。

符号实例被视为一组对象并且具有可以更改的变换和外观属性（如缩放、旋转、移动、透明度等）。无法在断开与原始符号链接的情况下编辑组成实例的各个图稿。注意，在画板上选中符号实例，在"属性"面板中就能看到"符号（静态）"和符号相关的选项。

 注意： 虽然可以使用多种方式来变换符号实例，但不能编辑实例的具体属性。例如，它的填色被锁定，这是因为它是由"符号"面板中的原始符号控制的。

8　仍选中同一实例，在"属性"面板中单击"水平轴翻转"选项（ ），以便水平翻转吉他，如图 13-11 所示。

图13-10　　　　　　　　　　　　　　　　　　图13-11

13.2.2　编辑符号

在本节中，将编辑"吉他"符号，并且文档中的所有实例都会更新。编辑符号的方式有很多种，本节重点介绍其中一种方法。

1　使用选择工具（ ），双击刚才调整的"吉他"符号实例，会出现一个警告对话框，表明将编辑原始符号，并且所有实例都会更新，单击"确定"，如图 13-12 所示。

 提示： 另一种编辑符号的方法是，选择画板中的符号实例并单击"属性"面板中的"编辑符号"按钮。

这会进入符号编辑模式，此时无法编辑此页的任何其他对象。刚才双击的"吉他"符号实例会显得更大，并且不再是镜像。这是因为在符号编辑模式下，看到的是原始符号图稿。现在可以编辑组成符号的图稿。

2　选择缩放工具（ ），拖曳选框选中符号内容，以便放大视图。

3　选择直接选择工具（ ），单击选择吉他图稿的蓝色琴身。

4　在"属性"面板中单击填色框，确保选择了"色板"选项，选择工具提示为"C = 25 M= 40 Y = 65 K = 0"的棕色色板，如图 13-13 所示。

5　双击符号内容以外的位置，或者单击画板左上角的"退出符号编辑模式"按钮（ ），直到退出符号编辑模式，这样就可以编辑其他内容了。

图13-12 图13-13

6 选择"视图">"画板适合窗口大小",注意,画板上的两个"吉他"符号实例都改变了。

13.2.3 使用动态符号

如您所见,编辑符号会更新所有文档中的实例。符号也可以是动态的,这意味着使用直接选择工具(▶)可以更改实例的一些外观属性,而无须编辑原始符号。在本节中,将编辑"吉他"符号的属性,让它变为动态的,以便之后可以单独编辑每个实例。

1 在"符号"面板中,单击"吉他"符号缩览图选择它(如果它未被选中的话)。单击"符号"面板底部的"符号选项"按钮(圖),如图13-14所示。

2 在"符号选项"对话框中,选择"动态符号",并单击"确定",如图13-15所示。符号与实例现在都是动态的。

图13-14

图13-15

提示:可以在"符号"面板中查看缩览图来了解符号是否是动态的。如果符号缩览图的右下角有一个小加号(+),则表示它是一个动态符号,如图13-16所示。

图13-16

3 选择缩放工具（🔍），拖动选框，选择符号内容（吉他）进行放大。

4 在工具面板中选择直接选择工具（▷）。单击选中右侧吉他实例的蓝色曲线琴身，如图 13-17 所示。

图13-17

选中部分符号时，注意，"属性"面板顶部会出现"符号（动态）"字样，表示这是一个动态符号。

5 在"属性"面板中，将填色更改为深棕色色板。

 提示：使用直接选择工具编辑动态符号实例后，可以使用选择工具重新选择整个实例，并在"属性"面板中单击"重置"按钮，将外观重置为与原始符号相同的外观。

现在，右侧的吉他看起来与左侧的有点不同。要知道，如果您像以前一样编辑原始符号，那么两个符号实例仍会更新，但是右侧吉他实例中的深棕色部分仍保持不变。

13.2.4　创建符号

在 llustrator 中，可以创建和保存自定义符号。可以使用对象来创建符号，包括路径、复合路径、文本、嵌入（而不是链接）的栅格图像、网格对象和对象组。符号甚至可包含活动的对象，比如画笔描边、混合、效果或其他符号实例。下面，将使用现有的图稿来创建自定义符号。

1 在文档窗口的左下角从画板菜单中选择"2 Symbol Artwork"。

2 使用选择工具（▶）单击画板顶部的"音符"形状选择它。

 提示：也可以将所选内容拖动到"符号"面板的空白区域来创建符号。

3 单击"符号"面板底部的"新建符号"按钮（▣），根据所选图稿创建一个符号，如图 13-18 所示。

4 在打开的"符号选项"对话框中，将名称更改为 Note1。确保选中了"动态符号"，以防稍后想编辑其中一个实例的外观。单击"确定"，创建符号，如图 13-19 所示。

在"符号选项"对话框中，会看到一个提示，表

图13-18

明 Illustrator 中的影片剪辑和图形类型之间没有差异。如果不打算将此内容导出到 Adobe Animate CC，则无须担心选择哪种导出类型。创建符号后，画板上的音符图稿将转化为 Note1 符号的实例。此符号也会出现在"符号"面板中。

图13-19

Ai 提示：可以在"符号"面板中拖动符号缩览图来更改其顺序。在"符号"面板重新排列符号不会影响图稿。这是一种组织符号的简单方式。

5 在文档窗口的左下角从画板菜单中选择"1 T-Shirt"。

6 将 Note1 符号从"符号"面板拖动到画板上，拖动 4 次，并将实例放在吉他周围，如图 13-20 所示。

图13-20

7 使用选择工具在画板上调整 Note1 实例的大小。

8 选择"选择">"取消选择"，然后选择"文件">"存储"。

13.2.5 复制符号

通常会想为图稿添加一系列的符号实例。毕竟，使用符号的一个原因就是存储和更新频繁使用的内容，比如树木或云朵。在本节中，将会创建、添加和复制另一个音符符号。

1 在文档窗口左下角从画板菜单中选择"2 Symbol Artwork"。

2 使用选择工具（▶），单击底部的"音符"形状，并将其从画板拖动到"符号"面板的空白区域，创建一个新符号，如图 13-21 所示。

3 在"符号选项"对话框中，将名称更改为 Note2，并确保选中了"动态符号"。其余设置保留其默认值，并单击"确定"，创建符号，如图 13-22 所示。

图13-21   图13-22

4 在文档窗口左下角从画板菜单中选择 1 T-Shirt，以便返回到 T 恤图稿。

5 将 Note2 符号的实例从"符号"面板拖动到 T 恤上，放在其他音符附近。

6 按住 Option（macOS）或 Alt（Windows）键，并拖动画板上的 Note2 符号实例，创建一个副本。将新实例放到恰当的位置后（见图 13-23），释放鼠标左键，然后释放修饰键。

Ai | **注意**：您的符号实例可能与图中不一样。

---

7 按住 Option（macOS）或 Alt（Windows）键并拖动其中任何一个音符符号实例，创建更多副本。

8 调整几个音符符号实例的大小，让它们大小不一，看起来各不相同，如图 13-24 所示。

图13-23   图13-24

9 选择"文件">"存储"。

13.2.6 替换符号

可以使用另一个符号代替文档中的符号实例。下面将替换几个 Note2 符号实例。

1 使用选择工具（▶），选择画板上的一个 Note2 符号实例，如图 13-25 所示。

选择符号实例时，可以在"符号"面板中了解符号的出处，因为所选实例的符号呈高亮显示。

2 在"属性"面板中，单击"替换符号"字段右侧的箭头，在"符号"面板中显示符号。在"符号"面板中单击 Note1 符号，如图 13-26 所示。

如果替换的原始符号实例应用了变换，比如旋转，则替换的符号实例将具有相同的变换，如图 13-27 所示。

图13-25

图13-26

图13-27

3 在"符号"面板中双击 Note2 符号缩览图，编辑此符号，如图 13-28 所示。
在文档窗口的中心会出现一个临时的符号实例。在"符号"面板中双击符号进行编辑，隐藏除符号图稿之外的所有画板内容。这只是另一种编辑符号的方式。

4 在工具面板择选中选择工具（▶），并单击音符形状。按"Command＋＋"（macOS）或"Ctrl＋＋"（Windows）组合键几次，放大视图。

5 在"属性"面板中将填色更改为浅灰色，工具提示为"C = 0 M= 0 Y = 0 K = 30"，如图 13-29 所示。

图13-28

6 在符号内容外双击退出符号编辑模式，这样就可以编辑其余内容了。

7 选择"视图">"画板适合窗口大小"，效果如图 13-30 所示。

图13-29

图13-30

8 使用选择工具（▶），单击其中一个音符符号实例。无论是哪个符号（Note1 或 Note2）都可以。选择"选择">"相同">"符号实例"。
这是选择文档中符号的所有实例的一种好方法。可以看到，还选中了右侧画板上的符号实例。

9 选择"选择">"取消选择"。

符号图层

使用前面介绍的方法来编辑符号时，打开"图层"面板就可以看到各个符号图层，如图13-31所示。

与在隔离模式下处理编组一样，只能看到与该符号相关联的图层，而看不到文档的图层。在"图层"面板中，可以重命名、添加、删除、显示/隐藏符号图层，还可调整这些图层的顺序。

图13-31

13.2.7　断开符号链接

有时需要编辑画板中特定的符号实例，而不是所有的实例。如您所见，只可以对符号实例进行某些更改，如缩放、设置不透明度、翻转，而将符号保存为动态符号则支持使用直接选择工具编辑某些外观属性。在一些情况下，可能需要断开符号和实例之间的链接。这将会在画板上把实例拆解为原始图稿，并且如果编辑此符号，则其实例将不再更新。

下面，将要断开吉他符号与它的一个实例之间的链接。

1　使用选择工具（▶），单击选择左侧的吉他符号实例。在"属性"面板中，单击"断开链接"按钮，如图 13-32 所示。

图13-32

这个对象现在是一系列路径，如果单击选择图稿，则会在"属性"面板的顶部看到"编组"字样，可以直接编辑。如果编辑"吉他"符号，此内容将不再更新。

2　选择缩放工具（🔍），拖动选框选中所选吉他图稿的顶部，以便放大视图。

3　选择"选择" > "取消选择"。

4　使用直接选择工具单击吉他顶部上方的小蓝色圆形，如图 13-33所示。按住 Option（macOS）或 Alt（Windows）键，并将此

图13-33

圆形向上拖动，创建一个副本。先释放鼠标左键，然后释放修饰键。

 注意：我选择了直接选择工具而不是选择工具，因为吉他是一个编组。使用直接选择工具通常支持选择编组中的各个图稿。

5　选择"选择" > "取消选择"。

6　选择"文件" > "存储"

符号工具

工具面板中的符号喷枪工具（▢）能够在画板中喷绘符号，从而创建符号组。

符号组是一组使用符号喷枪工具创建的符号实例。符号组很有用，例如，需要为一片草地创建草时，就可以使用符号组。因为使用喷枪创建草坪将会加速该过程，而且可以更加方便地编辑单个实例或对象组（喷枪喷出的草）。可以对一个符号使用"符号喷枪"工具，然后对另一个符号再次使用，来创建符号实例混合集。

使用符号工具可修改符号组中的多个符号实例。例如，可以使用符号紧缩器工具在较大的区域中分布实例，或逐步调整实例颜色的色调，使其看起来更加逼真。

——摘自Illustrator帮助

13.3　使用 Creative Cloud Library

Creative Cloud Library 是创建存储内容并在许多 Adobe 应用程序（比如 Adobe Photoshop CC、Adobe Illustrator CC、Adobe InDesign CC 和某些 Adobe 移动应用）之间共享存储内容的一种简单方法。这些内容包括图像、颜色、文本样式、Adobe Stock 资源和 Creative Cloud Market 资源等。

Creative Cloud Library 连接到您的 Creative 文档，使您关注的创意资源触手可得。在 Illustrator 中创建内容并将它保存到 Creative Cloud Library 时，所有自己的 Illustrator 文件都可以使用此资源。这些资源都是自动同步的，可与具有 Creative Cloud 账户的任何人进行共享。当您的创意团队在 Adobe 桌面应用和移动应用上工作时，您的共享库资源始终可以保持最新并随处可用。

 注意：为了使用 Creative Cloud Library，需要使用自己的 Adobe ID 登录并连接互联网。

在本节中，将了解 CC 库并在您的项目中使用它们。

13.3.1　为 Creative Cloud Library 添加资源

首先要了解的是在 Illustrator 中如何使用"库"面板（"窗口" > "库"）并将资源添加到 Creative Cloud Library。将在 Illustrator 中打开一个现有文档，以便捕获资源。

1　选择"文件" > "打开"，在"打开"对话框中，找到 Lessons>Lesson13 文件夹并选择

Sample.ai 文件。单击"打开"。

 注意：可能会出现一个"缺少字体"对话框，需要连接互联网才能同步字体。同步过程可能需要几分钟。单击"同步字体"将所有缺少字体同步到计算机上。如果它们已经同步，会看到一条信息，提示没有缺少字体，单击"关闭"。如果无法同步字体，可以访问帮助（"帮助" > "Illustrator 帮助"）并搜索"查找缺少字体"。

2　选择"视图" > "全部适合窗口大小"。

使用此文件，您将捕获图稿、颜色和文本格式，将它们用于 TShirt.ai 文档。

3　选择"窗口" > "库"或者单击"库"面板选项卡，打开"库"面板。

默认情况下，您有一个名为"My Library"的库。可以为此默认库添加自己的设计资源，或者也可以创建无数个库（可能会根据客户或项目保存资源）。

4　选择"选择" > "取消选择"（如果有必要的话）。

5　使用选择工具（▶），单击包含文本"Rock On"的文本区域。在"库"面板中，单击"添加内容"图标（+）并确保选中了除"图形"之外的其他选项，如图 13-34 所示。单击"添加"，捕获文本格式并将它保存到默认库中。如果看到了一个有关文本外观的警告框，单击"确定"。

图13-34

 注意：单击"添加内容"图标（+）之后出现的菜单是上下文相关的。这取决于所选图稿可以保存的内容。

文本对象和填色将被保存在当前所选库中。在本例中，是添加到 My Library 库中。将资源保存在"库"面板中时，注意资源类型是如何分类的。

 提示：可以单击"库"面板右上角的按钮来更改项目（图标或列表）的外观。

6 在"库"面板中双击名称"文本 1"，并将其更改为 Heading，按 Enter 或 Return 键，接受
名称更改，如图 13-35 所示。

图13-35

在"库"面板中还可以更改保存的颜色、字符样式和段落样式的名
称。如果保存了字符样式和段落样式，可以将鼠标指针移动到资源
上并看到显示所保存格式的工具提示。

7 拖动选框，选择右下角带 Guitar 文本的黑色图稿，如图 13-36 所示。

8 将所选图稿拖动到"库"面板中。当出现一个加号（+）和名称（如
"图稿 1"）时，释放鼠标左键，将此图稿作为图形添加进去，如图 13-37
所示。

图13-36

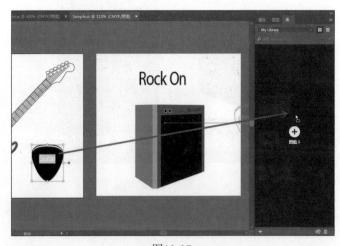

图13-37

作为图形保存在 Creative Cloud Library 中的资源会保留其矢量形式。

9 将文本 Rock On 下方的放大器图稿拖动到"库"面板中，将它保存为图形资源，如图 13-38
所示。

10 选择"文件">"关闭"，关闭 Sample.ai 文件并返回到 TShirt.ai 文件。如果询问是否保存

文件，选择"否"。

图13-38

注意，"库"面板仍会显示所选库中的资源。此库及其资源适用于在 Illustrator 中打开的所有文档。

 提示：可以与其他人分享您的库，方法是在"库"面板中选择想要分享的库，然后从面板菜单中选择"分享链接"。

13.3.2 使用库资源

现在，"库"面板中已经有了一些资源，一旦同步，这些资源将可供支持库的其他应用程序使用，只要您使用同一 Creative Cloud 账户进行登录。接下来，会在 TShirt.ai 文件中使用这些资源。

1 仍选择 1 T-Shirt 画板，选择"视图">"画板适合窗口大小"。

2 将 Heading 文本资源从"库"面板拖动到画板上，如图 13-39 所示。

图13-39

 提示：如下一节所述，从"库"面板拖动的图形是链接的。如果按住 Option（macOS）或 Alt（Windows）键，并将图稿从"库"面板拖入文档，默认会将它嵌入。

3 单击以置入文本，如图 13-40 所示。

图13-40

4　按 Esc 键，选中选择工具和文本对象。单击"属性"面板选项卡并将填色更改为白色。

5　双击 Rock On 文本以切换到文字工具。按"Command+A"（macOS）或"Ctrl+A"（Windows）组合键选择文本。

6　将文本更改为 ROCK ON！，如图 13-41 所示。

7　单击"库"面板选项卡，显示面板。从"库"面板将图稿 2 图形资源和放大器图形资源拖到画板上，如图 13-42 所示。现在不用担心位置。

图13-41

图13-42

13.3.3　更新库资源

将图形从 Creative Cloud Library 拖动到 Illustrator 项目中时，它会自动作为链接资源置入。如果更改库资源，则项目中的链接实例会更新。下面将介绍如何更新资源。

1　选中选择工具（▶），单击画板上的图稿 1 资源，查看"属性"面板的顶部（需要单击"属性"面板选项卡以显示它），如图 13-43 所示。单击"链接的文件"字样，打开"链接"面板。

图13-43

Ai | 注意：第14课将介绍有关"链接"面板的更多信息。

Ai | 提示：单击"链接"面板底部的"编辑原稿"（✎），可以编辑链接的库资源，比如吉他。

在出现的"链接"面板中，会看到名为图稿1的资源，并且名称右侧有一个云图标。云图标表示此图稿是一个链接的库资源。

2　返回到"库"面板中，双击图稿1资源缩览图，如图 13-44 所示。此图稿将出现在一个新的临时文档中。

3　使用直接选择工具单击选择黑色形状。在"属性"面板中将填色更改为灰色，工具提示为"C = 0 M= 0 Y = 0 K = 70"，如图 13-45所示。

图13-44

图13-45

4　选择"文件">"存储"，然后选择"文件">"关闭"，如图 13-46 所示。

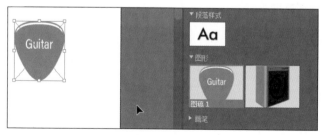

图13-46

在"库"面板中，图形缩览图应该更新以反映所做的外观变化。返回到 TShirt.ai 文件，画板上的图稿 1 图形应该已经更新。如果没有更新，选中画板上的图稿 1 图稿，在"属性"面板中单击"链接的文件"链接。在显示的"链接"面板中，选择图稿 1 资源行，单击面板底部的"更新链接"按钮（）。

5　仍选中此图稿，在"属性"面板中单击"嵌入"按钮，如图 13-47 所示。

图13-47

图稿不再链接到原来的库项目并且如果图稿 1 库更新此图稿将不会更新。这也意味着它目前在 TShirt.ai 文件中是可编辑的。只需要知道，置入后嵌入的库面板图稿通常会应用剪切蒙版。

6　使用选择工具，单击放大器图稿并将它放置在其他内容之后，方法是在"属性"面板中单击"排列"按钮并选择"置于底层"。

7　按照图 13-48 拖动所有图稿。您可能想要调整图稿 1 和放大器图稿的大小，使它们更小一些。如果调整任意图稿的大小，确保在缩放时按住 Shift 键，保持其比例，完成后依次释放鼠标左键和 Shift 键。

图13-48

8　选择"选择"＞"取消选择"，然后选择"文件"＞"存储"。

13.4 复习

复习题

1 使用符号有哪 3 个优点。
2 如何更新现有的符号？
3 什么是动态符号？
4 在 Illustrator 中，哪种内容可以保存在库中？
5 解释如何嵌入链接的库图形资源。

复习题答案

1 使用符号的 3 个优点。

- 编辑一个符号，它所有的符号实例都将自动更新。
- 可以将图稿映射到 3D 对象（本课中并未介绍这一内容）。
- 使用符号可以缩减整个文件的大小。

2 要更新现有的符号，可以在"符号"面板中双击该符号图标。也可以双击画板中该符号的实例，或者选择画板上的实例，然后在"属性"面板中单击"编辑符号"按钮，然后在隔离模式下编辑它。

3 当符号被保存为动态符号时，则可以使用直接选择工具（▷）更改实例的某些外观属性，无须编辑原始符号。

4 在 Illustrator 中，可以保存颜色（填色和描边）、文本对象、图形资源和文本格式。

5 默认情况下，在 Illustrator 中，将图形资源从"库"面板拖动到文档中时，就会创建一个到原始库资源的链接。为了嵌入图形资源，在文档中选择资源，然后在"属性"面板中单击"嵌入"。一旦嵌入，如果编辑了原始库资源，则图形将不再更新。

第14课 将Illustrator CC和其他 Adobe应用程序相结合

课程概述

在本课中，您将学习如何执行下列操作：

- 在 Illustrator 文件中置入链接和嵌入图像；
- 变换和裁剪图像；
- 创建和编辑剪切蒙版；
- 使用文本做图像的蒙版；
- 创建和编辑不透明蒙版；
- 使用"链接"面板；
- 嵌入和取消嵌入图像；
- 打包文件。

 学习本课内容大约需要 60 分钟，请从配套资源中将素材 Lesson14 复制到您的硬盘中。

可以轻松地将图像编辑程序中创建的图像添加到 Adobe Illustrator 文件中。这是将栅格图像与矢量图稿合并的一种好方法。

14.1 开始本课

开始之前，需要恢复 Adobe Illustrator CC 的默认首选项。然后，打开本课最终完成的图稿文件，以便查看最终效果。

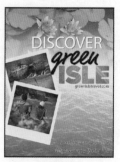

1 为了确保工具和面板的功能如本课所述，请删除或禁用（重命名）Adobe Illustrator CC 首选项文件。

2 启动 Adobe Illustrator CC。

3 选择"文件">"打开"。打开硬盘上 Lessons>Lesson14 文件夹中的 L14_end.ai 文件。

这是一个旅游胜地的小海报，如图 14-1 所示。

4 选择"视图">"画板适合窗口大小"，保留该文件为打开状态，以便参考，或者选择"文件">"关闭"。

图14-1

 注意：L14_end.ai 文件中的字体已被转换为轮廓（"文字">"创建轮廓"），避免缺少字体，并且图像也是嵌入的。

5 选择"文件">"打开"，在"打开"对话框中，找到 Lessons>Lesson14 文件夹，并选择 L14_start.ai 文件。单击"打开"，打开此文件。

如图 14-2 所示，这是一个旅游公司的海报，是一个未完成的版本。在本课中将为它添加图形并编辑图形。

6 很可能会出现一个"缺少字体"对话框，单击"同步字体"将所有缺少字体同步到计算机上，如图 14-3 所示。如果它们已经同步，会看到一条信息，提示没有缺少字体，单击"关闭"。

图14-2

图14-3

 注意：需要连接互联网才能同步字体。同步过程可能需要几分钟。

如果无法同步字体，可以访问 Creative Cloud 桌面应用并选择"资源">"字体"，查看可能出现的问题（参见第 8 课了解如何解决此问题）。

还可以单击"缺少字体"对话框中的"关闭"，忽略缺少的字体。第三种方法是在"缺少字体"对话框中单击"查找字体"按钮，并使用自己计算机上的本地字体替换这些字体。

 注意：也可以访问"帮助"（"帮助" > "Illustrator 帮助"），搜索"查找缺少字体"。

7 选择"文件" > "存储为"，在"存储为"对话框中，找到 Lesson14 文件夹并打开它。将此文件命名为 GreenIsle.ai。从"格式"菜单选择 Adobe Illustrator（ai）（macOS），或从"保存类型"菜单选择 Adobe Illustrator（*.AI）（Windows），然后单击"保存"。在"Illustrator 选项"对话框中，保留 Illustrator 默认选项，然后单击"确定"。

8 选择"视图" > "画板适合窗口大小"。

9 选择"窗口" > "工作区" > "重置基本功能"来重置基本功能。

使用Adobe Bridge

可以在Adobe Creative Cloud订阅中查找到Adobe Bridge CC应用程序。Bridge为您提供了集中访问自己的创意项目所需的所有媒体资源。

Bridge简化您的工作流程并让您保持有条不紊。可以轻松地批量编辑，添加水印，并集中设置颜色首选项。可以在Illustrator中访问Adobe Bridge，方法是选择"文件" > "在Bridge中浏览"。

14.2 合并图稿

可使用多种方式合并 Illustrator 图稿和来自其他图形应用程序的图像，从而获得各种创造性的结果。通过在应用程序之间共享图稿，可将连续色调图稿和矢量图稿合并。虽然 Illustrator 可以创建一些种类的栅格图像，但是 Photoshop 在完成多图像编辑的任务方面更出众。因此，可在 Photoshop 中编辑或创建图像后，将其置入 Illustrator 中。

本课将创建一幅合成图像，这需要使用不同的应用程序来合并位图图像和矢量图稿。首先，要把 Photoshop 中创建的照片图像添加到在 Illustrator 中创建的小海报中。然后，给图像添加蒙版，更新置入的图像，然后打包文件。

 注意：要了解有关使用矢量图像和栅格图像的更多信息，请参见第 1 课。

14.3 置入图像文件

可使用"打开""置入""粘贴"命令、拖放操作和"库"面板，将 Photoshop 或其他应用程序中的栅格图稿添加到 Illustrator 文档中。Illustrator 支持大部分的 Adobe Photoshop 数据，包括图层复合、图层、可编辑的文本以及路径。这意味着可在 Photoshop 和 Illustrator 之间传输文件，并且仍可以编辑它们。

使用"文件">"置入"命令置入文件时，无论图像是哪种类型（JPG、GIF、PSD、AI 等），都可以嵌入或链接该图像。嵌入文件将在 Illustrator 文件中保存该图像的副本，这样就会使 Illustrator 文件所占内存变大。链接文件仍保留了独立的外部文件，Illustrator 文档中包含的是一个指向该外部文件的链接。通过链接图像，可确保 Illustrator 文件能够及时反映出图像的更新，但是需要随 Illustrator 文档一起提供被链接的文件，否则链接将断开，置入的文件也就不会出现在 Illustrator 图稿中。

 注意：Illustrator 支持设备 N 通道格栅。例如，在 Photoshop 中创建一个双色调的图像，并将其置入 Illustrator 中，可将图稿与图像正确分离并打印专色。

14.3.1 置入图像

首先，要向文档中置入一个 JPEG（.jpg）图像。

1 单击"图层"面板选项卡，打开"图层"面板。在"图层"面板中，选择名为 Pictures 的图层，如图 14-4 所示。

置入图像时，会将它添加到所选图层。此图层已包含文档中的几个形状。

2 选择"文件">"置入"。

Ai **注意**：可能需要在"置入"对话框中单击"选项"按钮来显示"链接"选项。

3 导航到 Lessons>Lesson14>images 文件夹，选择 Kayak.jpg 文件。确保在"置入"对话框中选中了"链接"，单击"置入"，如图 14-5 所示。

图14-4

图14-5

现在鼠标指针应显示一个载入图形鼠标指针。

可以在鼠标指针旁看到 1/1，这表示置入的图像数量，并且可以看到正在置入的图像的缩览图，如图 14-6 所示。

4　将载入图形鼠标指针放在画板的左上角附近，单击置入图像，如图 14-7 所示。保持选中图像。

放置载入图形鼠标指针

图14-6

单击置入图像

图14-7

> **Ai** 提示：如果勾选了显示边缘选项（"视图" > "显示边缘"），所选图像中会出现"×"。这表明该图像是链接的图像。

这样画板上单击的位置（也就是画板的左上角）就出现了图像，此时图像是原尺寸的100%。还可以在置入时，用载入图像鼠标指针拖曳一个区域以放置图像。

选中该图像，注意，"属性"面板中出现了"链接的文件"字样，这表明该图像链接到了源文件，以及其他有关该图像的信息。默认情况下，置入的图像文件是链接到源文件的。因此，如果编辑了源文件（在 Illustrator 外），Illustrator 中的置入图像也会相应地更新。如果取消选择"链接"选项，该图像文件将会嵌入到 Illustrator 文件中。

14.3.2　变换置入图像

可以像复制和变换 Illustrator 文件中的其他对象那样复制和变换置入的图像。与矢量图稿不同的是，需要考虑文档中该栅格图像的分辨率，因为栅格图像分辨率不够的话，无法正确打印。在 Illustrator 中，缩小图像就可提高它的分辨率，放大图像就会降低其分辨率。下面，将变换 Kayak.jpg 图像。

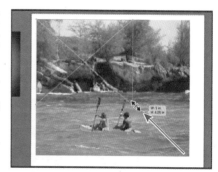

1　按住 Shift 键，使用选择工具（▶）将图像右下角的边界点向其中心拖动，直到度量标签显示宽约为 5 in，如图 14-8 所示。释放鼠标左键，然后释放 Shift 键。

图14-8

> **Ai** 注意：在 Illustrator 中对链接的图像进行变换而导致分辨率发生变化时，并不会影响原始图像的分辨率。修改只发生在 Illustrator 中。

提示:要变换置入的图像,也可以打开"属性"或"变换"面板("窗口">"变换")并更改设置。

 提示:与其他图稿一样,也可以按"Option+ Shift"(macOS)或"Alt + Shift"(Windows)组合键并拖动图像周围的边界点来从图像中心调整大小,同时保持图像的比例。

2 单击"属性"面板选项卡,显示此面板。

3 在"属性"面板顶部单击文本"链接的文件",查看"链接"面板。在"链接"面板中选择Kayak.jpg 文件,单击左下角的"显示链接信息"箭头,查看有关图像的信息,如图 14-9 所示。

图14-9

可以看到缩放比例、旋转信息和尺寸等信息。注意,调整图像的大小后 PPI 值(像素数 / 英寸)大约为 150。PPI 指的是图像分辨率。也可以使用第 5 课介绍的各种方法来为图像应用旋转等其他变换。

4 按 Esc 键隐藏面板。

5 在"属性"面板中单击"水平轴翻转"选项( ),沿着中心水平翻转图像,如图 14-10 所示。

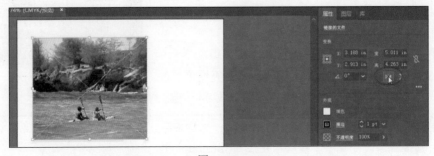

图14-10

6 保持选中此图像，然后选择"文件">"存储"。

14.3.3 裁剪图像

在 Illustrator 中，可以遮挡或隐藏部分图像，如本课稍后所述，但是还可以裁剪图像以永久删除部分图像。裁剪图像时，可以定义分辨率，这是缩减文件并提升性能的一种有效方式。下面将裁剪部分皮艇图像。

1 仍选中此图像，在"属性"面板中单击"裁剪图像"按钮，如图 14-11 所示。在出现的警告对话框中单击"确定"。

图14-11

![Ai] 提示：要裁剪所选图像，还可以选择"对象">"裁剪图像"或者从上下文菜单（右键单击或按住 Ctrl 键并单击图像）中选择"裁剪图像"。

裁剪后，链接的图像（比如皮艇图像）将变为嵌入图像。这表示如果在 Illustrator 外部更新原始图像 Kayak.jpg，则 Illustrator 中的图像不会改变。现在，在所选图像的周围应看到一个虚线框和 8 个手柄。其余图稿变为灰色，在裁剪完成之前无法选择它们。

2 将顶部的裁剪手柄向下拖动裁掉图像顶部的部分树木，如图 14-12 所示。

可以拖动图像周围的手柄来裁剪不同的图像部分，还可以在"属性"面板中定义裁剪大小（高和宽）。

3 在"属性"面板中单击 PPI（分辨率）菜单，如图 14-13 所示。

图14-12

图14-13

PPI 是图像的分辨率。PPI 菜单中比正在裁剪的图像原始分辨率高的设置都被禁用了。可以输入的最大值与原始图像分辨率相同或者是 300（链接图像）。如果想缩减文件，则选择比原始分辨率低的分辨率会很有效。

Ai 注意：低 PPI 可能会使图像不适合打印。

Ai 注意：根据皮艇图像的大小，中等选项（150 ppi）仍可用。

---

4 将鼠标指针移动到图像上，将裁剪区域拖动到中心，如图 14-14 所示。

图14-14

5 在"属性"面板中单击"应用"，永久裁剪图像。

6 选择"选择">"取消选择"，然后选择"文件">"保存"。

14.3.4 使用显示导入选项置入 Photoshop 图像

在 Illustrator 中置入图像文件时，可以设置各种选项来确定文件导入的方式。例如，置入 Photoshop 文件（.psd）时，可以选择拼合图像或保留原文件中的图层。下面，将要置入一个 Photoshop 文件，然后设置导入选项将该图像嵌入到 Illustrator 文件中。

图14-15

1 在"图层"面板中，单击 Pictures 图层的眼睛图标（👁），隐藏内容，然后选择 Background 图层，如图 14-15 所示。

2 选择"文件">"置入"。

3 在"置入"对话框中，找到 Lessons>Lesson14>images 文件夹，并选择 Lilypads.psd 文件。在"置入"对话框中，如图 14-16 所示，设置下列选项（如果看不到选项，单击"选项"按钮）。

• 链接：取消选中（取消选中"链接"选项会在 Illustrator 文件中嵌入图像文件。稍后会看到，嵌入 Photoshop 文件在置入时支持更多选项）。

- 显示导入选项：选中它（选择此选项将打开一个导入选项对话框，可以在置入前设置导入选项）。

4 单击"置入"。

这会显示"Photoshop 导入选项"对话框，因为在"置入"对话框中选中了"显示导入选项"。

图14-16

 注意：虽然在"置入"对话框中选择了"显示导入选项"，但如果图像没有多个图层，就不会显示"导入选项"对话框。

5 在"Photoshop 导入选项"对话框对话框中，如图 14-17 所示，设置下列选项。

- 图层复合：All（图层复合是 Photoshop 中"图层"面板状态的快照。在 Photoshop 中，可以在一个 Photoshop 文件中创建、管理或浏览图层的布局。Photoshop 中图层复合相关的所有注释都将出现在"注释"区域）。
- 显示预览：选择它（预览显示所选图层复合的预览）。
- 将图层转换为对象：选择它（仅有这一项和下一个选中的选项是可用的，因为上一步取消选择"链接"选项，选择了嵌入 Photoshop 图像）。
- 导入隐藏图层：选择它（以导入 Photoshop 中隐藏的图层）。

图14-17

提示：要了解有关图层复合的更多信息，请在 Illustrator 帮助（"帮助" > "Illustrator 帮助"）中查看"导入 Photoshop 图稿"。

6 单击"确定"。

7 将载入图形鼠标指针放在画板的左上角，单击置入图像，如图 14-18 所示。

与拼合文件相反，这样就将 Photoshop 文件 Lilypads.psd 中的图层全部导入 Illustrator 中，可以显示或隐藏它的各图层内容。如果置入 Photoshop 文件时选中了"链接"选项（链接到原 PSD 文件），那么在"Photoshop 导入选项"对话框中仅有唯一可选的选项"将图层拼合为单个图像"。

8 在"图层"面板中，单击"定位对象"按钮（ ），显示图像内容，如图 14-19 所示。

图14-18

图14-19

注意 Lilypads.psd 的子图层，它们在 Photoshop 中都是 Photoshop 图层，现在出现在了 Illustrator 的"图层"面板中，这是因为置入时选择了不拼合图层。同时，在仍选中该图像的情况下，"属性"面板的顶部显示了"编组"字样。

将图层随 Photoshop 图像一起置入，在"Photoshop 导入选项"对话框中选择"将图层转换为对象"时，Illustrator 会将各个图层视作对象组中各个独立的子图层。此图像在 Photoshop 中为 Layer 0 应用了一个图层蒙版，这就是图像淡化的原因。

9 在"图层"面板中，单击 Color Fill 1 子图层左侧的眼睛图标（ ）隐藏它，如图 14-20 所示。可以要拖动"图层"面板的左侧边缘，查看完整的图层名称。

10 选择"选择" > "取消选择"，然后选择"文件" > "存储"。

图14-20

14.3.5　置入多个图像

在 Illustrator 中，还可以一次置入多个图像。下面，将一次置入两幅图像，然后将其放置在画板上。

1　在"图层"面板中，单击 Background 图层左侧的三角形（），折叠图层内容。单击 Pictures 和 Text 图层的可视性栏，显示其内容，并确保选中了 Background 图层，如图 14-21 所示。

2　选择"文件">"置入"。

3　在"置入"对话框中，在 Lessons>Lesson14>images 文件夹中选择 Water.jpg 文件。按住 Command（macOS）或 Ctrl（Windows）键并单击名为 Text.psd 的图像，选择两个图像文件，如图 14-22 所示。如果有必要的话，单击"选项"按钮，显示其他选项。取消选中"显示导入选项"并确保未选中"链接"选项。单击"置入"。

图14-21

图14-22

 提示：按住 Shift 键，也可以在"置入"对话框中选择一系列连续的文件。

 注意：在 Illustrator 中看到的"置入"对话框可能会以不同的视图显示图像，比如"列表视图"。

4　将载入图形鼠标指针放在画板的左侧。按住键盘向左 / 右键（或向上 / 下键）数次，观察鼠标旁的图像缩览图在两幅图像之间的切换。确保出现的是 water 图像缩览图后，单击画板左侧的下半部分置入图像，如图 14-23 所示。

图14-23

Ai 提示：要删除已经载入或正待置入的图像，使用键盘方向键切换到该图像后，按 Esc 键即可将其删除。

单击置入图像缩览图显示的图像就是单击后在文档窗口中置入的图像。

5 按住空格键并向左拖动，以便查看画板右侧外的区域。释放空格键。

6 将载入图形鼠标指针放在画板右侧外。单击并向右下方拖动，当图像大小与图 14-24 类似时停止拖动。保持选中此图像。

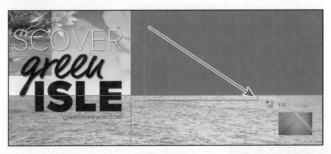

图14-24

在文档窗口中置入图像时，可以单击 100% 的比例置入图像，也可以单击拖曳选框，在文档中置入图像的同时调整图像的大小。在 Illustrator 中调整图像大小很可能会导致与原图的分辨率不同。

7 仍选中 Text.psd 图像（绿色叶子图像），在"图层"面板中将选定图稿指示器（彩色框）向上拖动到 Text 图层上，将此图像移动到 Text 图层，如图 14-25 所示。

稍后，将使用 Text 图层的文本为图像添加蒙版。

8 选择"视图">"画板适合窗口大小"。

图14-25

14.4 给图像添加蒙版

为了达到一定的设计效果，可以为内容应用剪切蒙版（剪贴路径），使得只有图像的一部分通过蒙版形状显示出来。图 14-26 的第一个图是顶部为白色圆形的图像。在第二个图中，白色圆形用于遮挡部分图像。

顶部为白色　　　　　圆形遮挡了
圆形的图像　　　　　部分图像

图14-26

只有矢量对象才能成为剪贴路径，但是可以对任何图稿添加蒙版。还可导入 Photoshop 文件作为蒙版。剪贴路径和被遮盖的对象统称为剪切组。

 注意：短语"剪切蒙版""剪贴路径"和"蒙版"大多数时候是一样的。

14.4.1　为图像应用简单的蒙版

在本节中，您会了解如何让 Illustrator 为 Kayak.jpg 图像创建一个简单的蒙版，以便隐藏部分图像。

1　使用选择工具（▶），单击选择 Kayak.jpg 图像（第一个置入的图像）。
2　单击"属性"面板选项卡，显示"属性"面板。在"属性"面板中单击"蒙版"按钮，如图 14-27 所示。

图14-27

 提示：要应用剪切蒙版，还可选择"对象"＞"剪切蒙版"＞"建立"。

单击"蒙版"按钮，可将一个形状和大小均与图像相同的剪切蒙版应用于图像。在本例中，图像本身看不出有什么不同。

3　在"图层"面板中，单击底部的"定位对象"按钮（🔎），如图 14-28 所示。

图14-28

注意包含在＜剪切组＞子图层中的＜剪贴路径＞和＜图像＞子图层。＜剪贴路径＞对象是创建的剪贴路径（蒙版），并且＜剪切组＞是包含了蒙版和被遮盖对象（被裁剪的嵌入图像）的一个剪切组。

 注意：可以将"图层"面板的左侧边缘向左拖动，查看完整的名称。

14.4.2 编辑剪贴路径（蒙版）

为了编辑剪贴路径，需要选中该路径。Illustrator 有多种实现它的方式。接下来，将编辑刚才创建的蒙版。

1 单击"属性"面板选项卡，显示"属性"面板。仍选中画板上的皮艇图像，在"属性"面板顶部单击"编辑内容"按钮（▣），如图 14-29 所示。

 提示：也可以双击剪切组（使用剪贴路径遮挡的对象）进入隔离模式。然后，可以单击选择被遮盖对象（在本例中是图像），或者单击剪贴路径边缘，选择剪贴路径。完成编辑，可以使用之前介绍的多种方法退出隔离模式（比如按 Esc 键）。

2 单击"图层"面板选项卡，会注意到"＜剪切组＞"子图层中＜图像＞子图层名称的最右侧出现了选定图稿指示器（小彩色框），如图 14-30 所示。

图14-29

图14-30

3 返回到"属性"面板中，单击顶部的"编辑剪贴路径"按钮（▣），则会在"图层"面板中选中＜剪贴路径＞，如图 14-31 所示。

图14-31

当对象被遮盖时，既可以编辑蒙版，又可以编辑被遮盖的对象。使用以上的两个按钮可选择要编辑的对象。首次单击被遮盖的对象时，可编辑这两种对象。

4 选择"视图">"轮廓"。

5 使用选择工具（▶），将所选蒙版顶部中间点向下拖动，直到度量标签显示高度约为 3.25in 为止，如图 14-32 所示。

6 选择"视图">"GPU 预览"（或"预览"）。

图14-32

> **Ai** 提示：要编辑剪贴路径，还可使用变换选项，如旋转、倾斜等，还可以使用直接选择工具（▷）。

7 在"属性"面板中确保选中参考器定位点的中心（▦）。确保"约束宽度和高度比例"是关闭的（🔗），并将"宽"更改为 3.5 in，如图 14-33 所示。如果您看到的高度不是 3.25 in，请进行修改。

 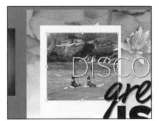

图14-33

8 在"属性"面板的顶部，单击"编辑内容"按钮（◉），编辑 Kayak.jpg 图像而不是蒙版。

9 使用选择工具（▶），在蒙版内小心地向下稍微拖动一点，并释放鼠标左键，如图 14-34 所示。注意，移动的是图像而不是蒙版。

图14-34

提示：也可以按键盘上的方向键来定位图像。

选中"编辑内容"按钮（◉），可以对图像应用多种变换，包括缩放、移动和旋转等。

10 选择"选择">"取消选择"，然后再次单击图像，选择整个剪切组。将图像拖动到浅灰色矩形上，并重新放置图像，如图 14-35 所示。

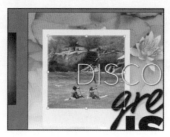

图14-35

11 选择"选择">"取消选择"，然后选择"文件">"存储"。

14.4.3 使用文本做对象的蒙版

在本节中，将使用文本做置入图像的蒙版。为了从文本创建蒙版，需要将文本放在图像顶部。

1 使用选择工具（▶），将绿色叶子图像（Text.psd）从画板右侧拖动到文本"ISLE"的上方。

 注意：如果 Text.psd 图像与文本"ISLE"的宽不一样，按住 Shift 键来调整图像大小以限制比例。

2 选择"对象">"排列">"置于底层"。现在应该能看到"ISLE"文本。确保图像位置如图 14-36 所示。

3 仍选中此图像，按住 Shift 键并单击"ISLE"文本。

4 在"属性"面板中单击"建立剪切蒙版"按钮，如图 14-37 所示。

图14-36　　　　　　　　　　　　　　　　　图14-37

可以单独编辑 Text.psd 图像和剪切蒙版，与上一节中遮盖 Kayak.jpg 图像的方法相似。

 提示：也可以右键单击所选内容并从上下文菜单中选择"建立剪切蒙版"，或者是选择"对象">"剪切蒙版">"建立"。

5　仍选中文本，选择"窗口" > "图形样式"，打开"图形样式"面板。选择"Text Shadow"图形样式来应用投影，如图 14-38 所示。关闭"图形样式"面板。

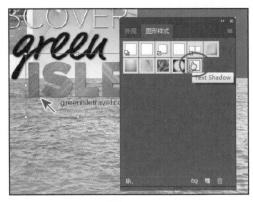

图14-38

6　选择"选择" > "取消选择"，然后选择"文件" > "存储"。

使用多个形状遮盖对象

可以使用一个或多个形状来创建蒙版。要使用多个形状创建剪切蒙版，需要先将形状转换为复合路径。实现方法为选择将用作蒙版的形状，然后选择"对象" > "复合路径" > "建立"。确保复合路径位于被遮挡内容的顶部，然后选择"对象" > "剪切蒙版" > "建立"。

14.4.4　创建不透明蒙版

不透明蒙版不同于剪切蒙版，它不仅能够遮盖对象，还可以修改图稿的透明度。不透明蒙版是通过"透明度"面板创建和编辑的。在本节中，将要为 Water.jpg 图像创建不透明蒙版，让图像逐渐融入睡莲池中。

1　在"图层"面板中，单击所有图层的三角形（　），折叠内容（如果有必要的话）。单击 Text 和 Pictures 图层左侧的眼睛图标（　），隐藏其内容，如图 14-39 所示。

图14-39

2　选择"视图" > "缩小"。

3　选中选择工具，将水图像拖到画板中心。确保图像的底部与画板的底部对齐，如图 14-40 所示。

4　在工具面板中选择矩形工具（　），并在画板的近似中心单击。在"矩形"对话框中，确保"约束宽度和高度比例"是关闭的（　），将"宽度"更改为 9 in 并将"高度"更改为 8 in，单击"确定"，如图 14-41 所示。此矩形将成为蒙版。

5　按 D 键，为新矩形设置默认的描边（黑色，1 pt）和填色（白色），以便选择并移动它。

图14-40

6 选中选择工具（▶），拖动此矩形使它与画板底部中心对齐，如图 14-42 所示。

图14-41

图14-42

 注意：在画板上，要作为不透明蒙版的对象必须位于被遮盖对象的上层。如果不透明蒙版是单个对象（如矩形），则不需要将其转换为复合路径，如果不透明蒙版由多个对象组成，则需要将这些对象编组。

7 按住 Shift 键，并单击 Water.jpg 图像选择它。

8 选择"窗口" > "透明度"，打开"透明度"面板。单击"制作蒙版"按钮，并保持选中图稿，如图 14-43 所示。

图14-43

单击"制作蒙版"按钮后，按钮显示为"释放"。如果再次单击此按钮，图像将不再被遮盖。

 注意：如果想创建与图像大小相同的蒙版，而不是绘制一个形状，可以在"透明度"面板中单击"制作蒙版"按钮。

 提示：还可以在"属性"面板中单击"不透明度"一词来显示"透明度"面板。

14.4.5　编辑不透明蒙版

接下来，将调整刚才创建的不透明蒙版。

1　在"透明度"面板中，按住 Shift 键并单击蒙版缩览图（黑色背景上的白色矩形），禁用蒙版。

注意，"透明度"面板中出现红色的"×"，如图 14-44 所示，而且整个 Water.jpg 图像重新出现在文档窗口中。

 提示：要禁用或启用不透明蒙版，还可以从"透明度"面板菜单中选择"禁用不透明蒙版"或"启用不透明蒙版"。

2　在"透明度"面板中，按住 Shift 键并单击蒙版缩览图，再次启用蒙版，如图 14-45 所示。

图14-44

图14-45

3　单击选择"透明度"面板右侧的蒙版缩览图。如果在画板上没有选择蒙版，使用选择工具（▶）单击选择蒙版。

在"透明度"面板中单击不透明蒙版以选择画板上的蒙版（矩形路径）。选中蒙版时，无法编辑画板上的其他图稿。另外，请注意文档选项卡中显示了"< 不透明蒙版 >/ 不透明蒙版"，这表明正在编辑蒙版。

 提示：要在画板上通过自身展示蒙版（灰度，如果原始蒙版有颜色的话），还可以按住 Option（macOS）或 Alt（Windows）键并在"透明度"面板中单击蒙版缩览图。

4　单击"图层"面板选项卡并单击 < 不透明蒙版 > 图层的三角形（▸），显示其内容（如果有必要的话），如图 14-46 所示。

在"图层"面板中，出现了图层"<不透明蒙版>"，这表明此时选中的是蒙版而不是被遮盖的图稿。

5 在"透明度"面板和画板上仍选中蒙版，在"属性"面板中将填色更改为白黑线性渐变，如图 14-47 所示。

图14-46

图14-47

现在可以看到蒙版中白色的部分出现了 Water.jpg 图像，蒙版中黑色的部分隐藏了 Water.jpg 图像。这样将图像逐渐由黑色到白色显示出来。

6 确保在工具面板的底部选中了填色框。

7 在工具面板中选择渐变工具（▨），按住 Shift 键，将鼠标指针放在 Water.jpg 图像的底部附近。单击并向上拖动至蒙版形状的上边缘，如图 14-48 所示。释放鼠标左键，然后释放 Shift 键。

图14-48

观察"透明度"面板中蒙版外观的变化。接下来，将要移动图像，而不是移动不透明蒙版。在"透明度"面板中选中图像缩览图，默认情况下图像和蒙版将链接在一起。这时如果移动画板中的图像，蒙版也将随之移动。

8 在"透明度"面板中，单击图像缩览图，停止编辑蒙版。单击图像缩览图和蒙版缩览图之间的链接图标（▨），如图 14-49 所示。这样就可以只移动图像或蒙版，而不会同时移动它们。

图14-49

注意：仅当在"透明度"面板中选择了图像缩览图而不是蒙版缩览图时，链接图标才处于活动状态。

9 使用选择工具，向下拖动 Water.jpg 图像。向下拖动一点，然后释放鼠标左键，观察图像的位置。

 注意：Water.jpg 图像的位置不需要与图中完全一致。

10 在"透明度"面板中，单击图像缩览图和蒙版缩览图之间断开的链接图标（▨），如图 14-50 所示，再次链接图像和蒙版。

图14-50

11 选择"对象">"排列">"置于底层"，将 Water.jpg 图像放在 Lilypads.psd 图像后面。看起来可能没有任何变化，但稍后尝试选择 Lilypads.psd 图像时，则需要让它位于 Water. jpg 图像顶部。

12 选择"选择">"取消选择"，然后选择"文件">"存储"。

14.5 使用图像链接

将图像置入 Illustrator 时，可链接图像也可以嵌入图像。另外，还可以在"链接"面板中看到这些图像的列表。可使用"链接"面板来观察和管理所有的链接或嵌入图像。"链接"面板显示了图稿的缩览图，并使用各种图标来表明该图稿的状态。在"链接"面板中，可浏览链接或嵌入的图像、替换置入的图像、更新在 Illustrator 外部被编辑的链接图像，还可以在链接图像的原始应用程序（如 Photoshop）中编辑它。

 注意：有关使用链接和 Creative Cloud Library 的更多信息，请参见第 13 课。

14.5.1 查找链接信息

置入图像时，了解源图像的位置、图像应用过哪些变换（如旋转、缩放）等信息很重要。接下来，将探索"链接"面板来了解一些图像的信息。

1 在"图层"面板中，确保所有图层都是折叠的，然后单击 Text 和 Pictures 图层左侧的可视性列，显示画板上的图层内容，如图 14-51 所示。

2 选择"窗口">"工作区">"重置基本功能"。

3 选择"窗口">"链接"，打开"链接"面板。

4 在"链接"面板中选择 Kayak.jpg 图像。单击"链接"面板左下角的切换箭头，在面板底部显示链接信息，如图 14-52 所示。

图14-51

图14-52

Ai | 提示：也可以在"图层"面板列表中双击图像来查看图像信息。

查看"链接"面板，可看到一系列已置入的图像。可以观察图像右侧的嵌入图标（▣）来判断该图像是否是嵌入图像。还可以查看有关图像的信息，比如嵌入文件、分辨率和变换信息等。

Ai | 注意：您看到的链接信息可能与图中不一样。

5 单击图像列表下方的"转至链接"选项（📲），如图 14-53 所示。

图14-53

在文档窗口中将选中 Kayak.jpg 图像且置于文档中央。

6 选择"选择">"取消选择"，然后选择"文件">"存储"。

14.5.2 嵌入和取消嵌入图像

如前所述，如果在置入图像时不选中"链接"复选框，那么该图像将嵌入到 Illustrator 文件中，这意味着该图像数据存储在 Illustrator 文档中。而置入图像时如果选中了"链接"复选框，还可以再改为嵌入图像。另外，可能需要在 Illustrator 外部使用嵌入图像，或需要在图像编辑程序（如 Photoshop）中编辑图像，此时 Illustrator 允许取消嵌入图像。这时将会把嵌入的图稿保存为 PSD 或 TIFF 文件存储到文件系统中，并自动将它链接到 Illustrator 文件。下面，将在文档中取消嵌入一个图像。

1 选择"视图">"画板适合窗口大小"。

2 单击选择画板底部的水图像。

最初置入水图像时它是嵌入图像。嵌入图像后，可能仍需要在其他程序（如 Adobe Photoshop）中编辑该图像。下面就将取消嵌入水图像。

3 在"属性"面板中单击"取消嵌入"按钮，如图 14-54 所示。

4 在"取消嵌入"对话框中，浏览到 Lessons>Lesson14>images 文件夹。从"文件格式"菜单（macOS）或"保存类型"（Windows）菜单中选择 Photoshop (*.PSD)，然后单击"保存"，如图 14-55 所示。

图14-54

图14-55

 提示：也可以从"链接"面板菜单（▤）中选择"取消嵌入"。

 注意：从文件中将 Water.jpg 图像数据取消嵌入并在 images 文件夹中保存为 PSD 文件。现在画板上的水图像链接到 PSD 文件。

---

5 选择"选择">"取消选择"。

14.5.3 替换链接的图像

在 Illustrator 中，可以轻松地将置入的图像替换为另一幅图像以更新文档。替换的图像将放置在原始图像的位置，因此无须进行任何调整。如果缩放了原始图像，可能需要调整替换图像的大小，使其与原始图像匹配。下面，将替换一个图像。

1 选中选择工具（▶），将画板左边缘外的渐变填充矩形拖动到 Kayak.tif 图像上，使用智能参考线将它放置在中心，如图 14-56 所示。

2 选择"对象">"排列">"置于顶层"将渐变填充矩形置于图像顶部。

3 在"图层"面板中，单击 Background 图层左侧的编辑栏，锁定画板上的图层内容，如图 14-57 所示。

图14-56

图14-57

4 拖动选框选择皮艇图像、渐变填充矩形及其下方的浅灰色矩形。确保不要选中文本，如图 14-58 所示。

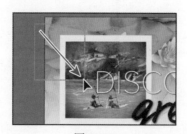
图14-58

5 选择"对象">"编组"。

6 选择"编辑">"复制"，然后选择"编辑">"粘贴"，粘贴副本。

7 在"链接"面板中，选择其中一个皮艇图像，单击图像列表下方的"重新链接"按钮（🔗）。在"置入"对话框中，找到 Lessons>Lesson14>images 文件夹并选择 People.psd。确保选择了"链接"选项。单击"置入"，使用新图像替换皮艇图像。

Ai 注意：图 14-59 显示了已替换的图像。鼠标指针放在"重新链接"按钮上以便参考。

图14-59

8 拖动皮艇图像组和带有人的图像组，将其放在如图所示的位置。

9 将鼠标指针放在右上角外，看到旋转箭头（↖）时，单击并拖动进行旋转。
交替旋转，如图 14-60 所示。

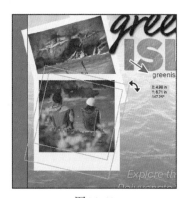

图14-60

10 选择"文件" > "存储"。

14.6 打包文件

打包文件时，将创建一个文件夹，其中包括 Illustrator 文档的副本、所需字体、链接图像的副本以及一个关于打包文件信息的报告。这样可以简单方便地从 Illustrator 项目中获得所需文件。下面，将要打包海报文件。

Ai 注意：如果需要保存文件，会显示一个对话框提示您。

1 选择"文件">"打包"，如图 14-61 所示，在"打包"对话
框中，设置下列选项。
  • 单击文件夹图标（），导航到 Lesson14 文件夹。单击
    "选择"（macOS）或"选择文件夹"（Windows），返回
    到"打包"对话框。
  • 文件夹名称：GreenIsle（从名称中去掉"_Folder"）。
  • 选项：保持默认设置。
2 单击"打包"。

图14-61

"复制链接"选项会把所有链接文件复制到新创建的文件夹
中。"收集不同文件夹中的链接"选项将会创建一个名为"Links"的文件夹，并将所有链
接复制到该文件夹。"将已链接的文件重新连接到文档"选项将会更新 Illustrator 文档中的
链接，使其链接到打包时新创建的副本中。

Ai **注意**：选中"创建报告"选项时，将创建一个 .txt（文本）文件形式的打包报告（摘
要），它默认放在 package 文件夹中。

---

3 接下来出现的对话框是提示字体方面的授权问题，单击"确定"按钮即可。
  单击"返回"按钮支持取消选择"复制文档中使用的字体（CJK 和 Typekit 字体除外）"
  选项。
4 在最后出现的对话框中，单击"显示文件包"，查看打包的文件夹。
  打包的文件夹应该是 Links 文件夹，其中包含所有链接的图像。GreenIsle Report（.txt 文件）
  包含有关文档内容的信息。
5 返回到 Illustrator。

14.7 创建 PDF

便携文档格式（PDF）是一种通用的文件格式，这种文件格式保留在各种应用程序和平台上
创建的字体、图像和版面。Adobe PDF 是对全球使用的电子文档和表单进行安全可靠的分发和交
换的标准。Adobe PDF 文件小而完整，任何使用免费 Adobe Reader 软件的人都可以对其进行共享、
查看和打印。

可以从 Illustrator 中创建不同类型的 PDF 文件。可以创建多页 PDF、分层 PDF 和 PDF/x 兼
容的文件。分层 PDF 允许您存储一个包含可在不同上下文中使用的图层的 PDF。PDF/X 兼容的
文件可减少颜色、字体和陷印问题的出现。下面会将此项目保存为 PDF，以便可以将它发送给
别人查看。

1 选择"文件">"存储为"，在"存储为"对话框中，从"格式"菜单选择"Adobe PDF
  （pdf）"（macOS），或者从"保存类型"菜单选择 Adobe PDF（*.PDF）（Windows）。导航
  到 Lessons > Lesson14 文件夹（如果有必要的话）。注意，对话框底部有以 PDF 格式保存

所有画板或部分画板的选项。单击"保存"。

2 在"存储 Adobe PDF"对话框中，单击"Adobe PDF 预设"菜单，查看所有可用的不同 PDF 预设。确保选择了"[Illustrator 默认值]"，单击"存储 PDF"，如图 14-62 所示。

图14-62

 注意：如果想了解有关"存储 Adobe PDF"对话框中选项和其他预设的更多信息，请选择"帮助">"Illustrator 帮助"，并搜索"创建 Adobe PDF 文件"。

有多种自定义 PDF 创建的方式。使用 [Illustrator 默认值] 预设创建 PDF 会创建保存所有 Illustrator 数据的 PDF。在 Illustrator 中重新打开使用此预设创建的 PDF 文件时，不会丢失任何数据。如果出于特定目的保存 PDF，比如在 Web 上查看或打印，则可能需要选择另一种预设或调整选项。

 注意：您可能会注意到，目前打开的是 PDF 文件（GreenIsle.pdf）。

3 选择"文件">"存储"（如果需要的话），然后选择"文件">"关闭"。

14.8 复习

复习题

1 指出在 Illustrator 中链接和嵌入之间的不同。
2 哪些类型的对象可以作为蒙版？
3 如何为置入的图像创建不透明蒙版？
4 描述如何替换文档中置入的图像。
5 描述什么是打包。

复习题答案

1 链接文件是一个独立的外部文件，它通过链接与 Illustrator 文件相关联。链接文件不会显著地增大 Illustrator 文件；为保留链接并且确保置入的文件出现在打开的 Illustrator 文件中，必须随 Illustrator 文件一起提供被链接的文件。嵌入文件包含在 Illustrator 文件中，因此 Illustrator 文件将会相应地增大；由于嵌入文件是 Illustrator 文件的一部分，因此不存在断开链接的问题。无论是链接文件还是嵌入文件，都可使用"链接"面板中的"重新链接"按钮（🔗）来更新。
2 蒙版可以是简单路径，也可以是复合路径。可以通过置入 Photoshop 文件来导入蒙版（比如不透明蒙版），还可以使用位于对象组或图层最顶层的形状创建剪切蒙版。
3 要创建不透明蒙版，可以将要作为蒙版的对象放在被遮盖对象的上层。然后选中蒙版和要遮盖的对象，在"透明度"面板中单击"制作蒙版"按钮或从"透明度"面板菜单中选择"建立不透明蒙版"选项。
4 要替换置入的图像，可以在"链接"面板中选择该图像。然后单击"重新链接"按钮（🔗），选择用于替换的图像后，单击"置入"。
5 打包可用于收集一个 Illustrator 文档所需的东西。打包文件时，将创建一个文件夹，其中包括 Illustrator 文档的副本、链接图像的副本和所需字体。

第15课 导出资源

课程概述

在本课中，您将学习如何执行下列操作：

- 创建像素级优化的图稿；
- 使用"导出为多种屏幕所用格式"命令；
- 使用"资源导出"面板；
- 生成、导出和复制／粘贴 CSS（层叠样式表）代码。

 学习本课内容大约需要 30 分钟，请从配套资源中将素材
Lesson15 复制到您的硬盘中。

可以使用多种方法优化 Illustrator CC 内容，以便用于 Web、应用程序和屏幕演示。例如，可以轻松导出资源并保存它们以供 Web 或应用程序使用，导出 CSS 和图像文件，并生成 SVG (可缩放矢量图形)。

15.1 开始本课

开始之前,需要恢复 Adobe Illustrator CC 的默认首选项,并打开课程文件。

1 为了确保工具和面板的功能如本课所述,请删除或禁用(重命名)Adobe Illustrator CC 首选项文件。

2 启动 Adobe Illustrator CC。

3 选择"文件">"打开",在"打开"对话框中,找到 Lessons>Lesson15 文件夹。选择 L15_start.ai 文件,然后单击"打开"。本课包含一个虚构的公司名称、地址和网站,如图 15-1 所示。

4 很可能会出现一个"缺少字体"对话框,单击"同步字体"将所有缺少的字体同步到计算机上,如图 15-2 所示。如果它们已经同步,会看到一条信息,提示没有缺少字体,单击"关闭"。

图15-1

图15-2

 注意:如果无法同步字体,可以访问 Creative Cloud 桌面应用并选择"资源">"字体",查看可能出现的问题(参见第 8 课了解如何解决此问题)。
还可以单击"缺少字体"对话框中的"关闭",忽略缺少的字体。第三种方法是在"缺少字体"对话框中单击"查找字体"按钮并使用自己计算机上的本地字体替换这些字体。

5 选择"窗口">"工作区">"重置基本功能",确保工作区设置为默认设置。

 注意:如果在工作区菜单中没有看到"重置基本功能",请在选择"窗口">"工作区">"重置基本功能"之前选择"窗口">"工作区">"基本功能"。

6 选择"视图">"画板适合窗口大小"。

7 选择"文件">"存储为",在"存储为"对话框中,找到 Lessons>Lesson15 文件夹,并将此文件命名为 AssetExport.ai。从"格式"菜单选择 Adobe Illustrator(ai)(macOS),或从"保存类型"菜单选择 Adobe Illustrator(*.AI)(Windows),然后单击"保存"。在"Illustrator 选项"对话框中,保留 Illustrator 默认选项,然后单击"确定"。

8 选择"选择">"取消选择"（如果有必要的话）。

15.2 创造像素级优化的图稿

创建在 Web、移动应用和屏幕演示等使用的内容时，根据矢量图稿保存的图像看起来清晰是很重要的。为了让设计师创建像素准确的设计，可以使用"对齐像素"选项将图稿与像素网格对齐。像素网格是一个每英寸（无论垂直、水平方向）72 单元格的网格，这样使用"像素预览"模式（"视图">"像素预览"）将其放大到 600% 或更高时，就可以查看像素网格。

如果对象拥有了对齐像素的属性，则对象中所有水平和垂直方向的元素都将与像素网格对齐。修改对象时会保留此属性。对象中所有水平和垂直方向的元素都将与像素网格对齐，只要为对象设置了此属性。

15.2.1 将新图稿与像素网格对齐

启用对齐像素（"视图">"对齐像素"）时，绘制、修改或变换的形状看起来很清晰。这使得大多数图稿（包括大多数实时形状）能自动与像素网格对齐。在本节中，将了解像素网格和如何将新内容与像素网格对齐。

1 在 AssetExport.ai 文件中，选择"文件">"文档颜色模式"，您会发现选择了"RGB 颜色"。在 Illustrator 中，针对屏幕查看（网站和应用程序等）设计时，RGB（红、绿、蓝）是文件首选的颜色模式。创建新文档（"文件">"新建"）时，可以通过"颜色模式"选项选择使用的颜色模式。在"新建文档"对话框中，选择除"打印"外的任意文档配置文件，默认会将"颜色模式"设置为"RGB 颜色"。

 提示：创建文档后，可以使用"文件">"文档颜色模式"命令更改文档的颜色模式。这会为所有新创建的颜色和现有色板设置默认的颜色模式。针对 Web、应用和屏幕演示创建内容时，RGB 是理想的颜色模式。

2 选中选择工具（▶），单击选择图 15-3 中的棕色圆形。按"Command + +"（macOS）或"Ctrl + +"（Windows）组合键几次，放大所选图稿。

3 选择"视图">"像素预览"，查看此设计的栅格版本，图 15-3 为预览模式和像素预览模式的区别。

预览模式

像素预览模式

图15-3

以 GIF、JPG 或 PNG 等格式导出资源时，任何矢量图稿在生成的文件中都会被栅格化。启用"像素预览"是一种查看图稿被栅格化时外观的好方法。

> **提示**：可以关闭像素网格，方法是选择 Illustrator CC >"偏好设置">"参考线和网格"（macOS）或"编辑">"首选项">"参考线和网格"（Windows），并取消选中"显示像素网格（放大 600% 以上）"。

4 在文档窗口的左下角（在状态栏）从视图菜单选择 600%，并确保仍可以看到"ACCESSORIES"文本上方的棕色圆形。

放大到至少 600% 并启用"像素预览"，就可以看到一个像素网格。像素网格将画板以 1 pt（1/72 英寸）为增量进行划分。对于后续步骤，需要查看像素网格（放大到 600% 或更大）。

5 单击选择棕色圆形上的一个白色路径，如图 15-4 所示。

这是为绘制的下一个对象设置描边和填色格式，匹配所选图稿的简单方式。

6 在工具面板中选择矩形工具（▢）。在棕色圆形上绘制一个简单的矩形，如图 15-5 所示。

图15-4

图15-5

> **注意**：编写本书时，受"对齐像素"影响的工具包括钢笔工具、曲率工具、椭圆工具和矩形工具等形状工具、直线段工具、弧线工具、网格工具和画板工具。

您可能会注意到，该矩形的边缘看起来有点"模糊"，那是因为在此文档中，"对齐像素"是关闭的。

7 按 Delete 或 Backspace 键删除此矩形。

8 选择"视图">"对齐像素"，启用对齐像素。

现在，绘制、修改或变换的任意形状都将与像素网格对齐。默认情况下，创建使用 Web 或"移动设备"文档配置文件的新文档时，会启用"对齐像素"。

> **提示**：还可以在未选中任何内容并选中选择工具的情况下，在"属性"面板中单击"对齐像素"选项，或者可以在控制面板（"窗口">"控制"）右端选择"将贴图对齐到像素网格"选项（▣）。

9 选择矩形工具，在棕色圆形上绘制一个简单的矩形，以便完成咖啡杯的绘制，注意，边缘是清晰的，如图 15-6 所示。

所绘制图稿的水平和垂直线段都与像素网格对齐。在下一节中，您会发现可以将现有图稿与像素网格对齐。在本例中重新绘制形状，只是为了让您了解它们的区别。

10 选中选择工具（▶），将矩形拖动到如图 15-7 所示的位置。可能需要调整矩形大小，使杯子看起来更漂亮。

图15-6

图15-7

15.2.2　将现有图稿与像素网格对齐

还可以使用几种方式将现有图稿与像素网格对齐，本节中的示例就将这样操作。

1 选中选择工具（▶），单击选择刚才绘制的矩形上方的圆角矩形，如图 15-8 所示。
2 在右侧的"属性"面板中单击"对齐像素网格"按钮（或者选择"对象">"设为像素级优化"），如图 15-9 所示。

图15-8

图15-9

圆角矩形是在未选中"对齐像素网格"选项的情况下创建的。水平和垂直方向的直边都与其最近的像素网格线对齐。将图稿与像素网格对齐时，会保留实时形状和实时转角。

不会将没有任何垂直或水平线段且设为像素级优化的对象与像素网格对齐。例如，由于旋转矩形没有垂直或水平直线段，因此为它设置像素对齐属性时不会生成清晰的路径。

3 单击圆角矩形上方的一个白色波浪线，会选择一组线条。选择"对象">"设为像素级优化"。
很有可能会在文档窗口中看到一条消息："选区包含无法设为像素级优化的图稿"，如图 15-10 所示。在本例中，这意味着没有垂直或水平的直线边缘能与像素网格对齐。

图15-10

注意：选中开放路径时，"属性"面板中的"对齐像素网格"按钮将不会显示。

4 单击咖啡杯右侧的白色"杯柄"形状。按"Command＋＋"（macOS）或"Ctrl＋＋"（Windows）组合键几次，放大所选图稿。

5 拖动右上角的边界点，使杯柄变大，如图 15-11 所示。

拖动后，使用角点或边控点调整形状大小会解决对应边缘（但不是所有边缘）的问题（将它们与像素网格对齐）。

 注意：使用选择工具、直接选择工具、实时形状中心部件、箭头键和画板工具对图稿进行变换时，移动的是所有像素。根据路径的描边设置，直接选择工具会将锚点和杯柄与像素或子像素对齐。这种对齐类似于使用钢笔工具绘制时的对齐。

6 选择"对象">"设为像素级优化"，确保所有垂直或水平直线都与像素网格对齐，如图 15-12 所示。

图15-11

图15-12

7 选择"选择">"取消选择"，然后选择"文件">"存储"。

15.3 导出画板和资源

在 Illustrator 中，使用"文件">"导出">"导出为多种屏幕所用格式"和"资源导出"面板，可以导出整个画板，或者显示正在进行的设计或所选资源。导出内容可以不同的文件格式进行保存，比如 JPEG、SVG、PDF 和 PNG。这些格式适用于 Web、设备和屏幕演示，并且与大多数浏览器都兼容，但各有不同的功能。所选图稿会自动与设计的其他内容隔离并作为单独的文件保存起来。

 提示：要了解有关使用 Web 图形的更多信息，请在 Illustrator 帮助（"帮助">"Illustrator 帮助"）中搜索"导出图稿的文件格式"。

将内容切片

在"导出为多种屏幕所用格式"命令或"资源导出"面板出现之前，需要隔离想要导出的图稿，如图15-13所示。方法是将图稿放在自己的图稿上或者对内容切片。

在Illustrator中，可以创建切片在图稿中定义不同Web元素的边界。使用"文件">"导出">"存储为Web所用格式（旧版）"命令保存图稿时，可以选择将每个切片保存为单独的文件并具有自己的格式和设置。

图15-13

使用"文件">"导出">"导出为多种屏幕所用格式"或"资源导出"面板切片时，不需要隔离图稿，因为程序会自动隔离图稿。

 注意：要了解有关创建切片的更多信息，请在 Illustrator 帮助（"帮助">"Illustrator 帮助"）中搜索"创建切片"。

15.3.1 导出画板

在本节中，将了解如何导出文档中的画板。如果您想给某人展示自己的设计，或者是捕获设计以便在演示、网站、应用或其他内容中使用，可以导出画板。

1 选择"视图">"画板适合窗口大小"。

2 选择"文件">"导出">"导出为多种屏幕所用格式"。

在出现的"导出为多种屏幕所用格式"对话框中，可以选择导出画板或导出资源，如图 15-14 所示。确定导出内容后，可以在此对话框的右侧设置导出设置。

图15-14

3 选中"画板"选项卡，在对话框的右侧，确保选中了"全部"。

可以选择导出所有画板或一系列特定的画板。本文档只有一个画板，因此选择"全部"和"范围"为 1 的效果是一样的。选择"整篇文档"会将所有图稿导出为一个文件。

4 单击"导出至"字段右侧的文件夹图标（■）。导航到 Lessons>Lesson15 文件夹并单击

"选择"（macOS）或"选择文件夹"（Windows）。

5 单击"格式"菜单并选择 JPG 80，如图 15-15 所示。

图15-15

在"导出为多种屏幕所用格式"对话框的"格式"部分，可以设置导出资源的"缩放"因子，为文件名创建后缀（在本例中是编辑后缀），并更改格式。还可以通过单击"+ 添加缩放"按钮来使用不同的缩放因子和格式导出多个版本。

6 单击"导出画板"。

Lesson15 文件夹将打开，应该会看到一个新文件夹 1x，并且此文件夹中有一个名为 Artboard 1-80.jpg 的图像。后缀"-80"指导出时设置的品质。

 提示：为了避免创建子文件夹，比如文件夹 1x，可以在导出时在"导出为多种屏幕所用格式"对话框中取消选中"创建子文件夹"。

7 关闭文件夹并返回到 Illustrator。

15.3.2 导出各个资源

使用"资源导出"面板可以快速且轻松地以多种文件格式（如 JPG、PNG 和 SVG）导出各个资源。"资源导出"面板支持您收集可能会频繁导出的资源，并且适用于 Web 和移动工作流程，因为它支持一次导出多种资源。在本节中，将打开"资源导出"面板，了解如何在面板中收集图稿并导出收集的图稿。

 注意：有多种格式可以导出图稿。可以选择 Illustrator 文档中的图稿，选择"文件"＞"导出所选项目"。这会将所选图稿添加到"资源导出"面板中并打开"导出为多种屏幕所用格式"对话框。可以从之前看到的相同格式中进行选择。

1 使用选择工具（▶），单击选择画板顶部白色的"Pluralist"徽标。
2 按"Command＋＋"（macOS）或"Ctrl＋＋"（Windows）组合键几次放大徽标。
3 选中徽标，选择"窗口"＞"资源导出"，打开"资源导出"面板。
"资源导出"面板是现在或以后保存导出内容的位置。可以将它和"导出为多种屏幕所用格式"对话框结合起来使用，设置所选资源的导出选项。

4 将选中的 Pluralist 徽标拖动到"资源导出"面板的上半部分。看到一个加号（＋）出现时，释放鼠标左键，将图稿添加到"资源导出"面板，如图 15-16 所示。

图15-16

 提示：要将图稿添加到"资源导出"面板，也可以在文档窗口中右键单击图稿并选择"收集以导出"＞"作为单个资源"或"作为多个资源"。

 提示：要从"资源导出"面板删除资源，可以删除文档中的原始图稿，也可以在"资源导出"面板中选择资源缩览图并单击"从该面板删除选定的资源"按钮。

添加到此面板的图稿被称为"pluralist"或类似的名称。此资源与文档中的原始图稿绑在一起。换句话说，如果更新文档中的原始图稿，则"资源导出"面板中的此资源也会更新。添加到"资源导出"面板的所有资源都与此面板保存在一起，除非将它从文档或"资源"面板中删除。还可以将多个对象拖动到"资源导出"面板中，每个对象都将保存为一个单独的资源。

提示：如果按住 Option（macOS）或 Alt（Windows）键并将多个对象拖入"资源导出"面板中，则所选内容在"资源导出"面板中将成为单独的资源。

5 在"资源导出"面板中单击该资源的名称并将它重命名为 PluralistLogo，如图 15-17 所示。

图15-17

注意：可能需要双击才能编辑名称。

资源名称取决于"图层"面板中图稿的名称。在"资源导出"面板中如何命名资源也取决于自己。我喜欢对资源命名，这样以后我可以更轻松地了解每种资源的用途。

6 在"资源导出"面板中单击选择 Pluralist 徽标资源缩览图。

使用各种方法将更多资源添加到面板中时，导出之前需要选择资源。

7 在"资源导出"面板的"导出设置"区域，从"格式"菜单中选择"SVG"（如果有必要的话），如图 15-18 所示。

SVG 是网站的理想选择，但在本例中，合作者要求提供同一徽标的 PNG 版本。

 注意：如果针对在 iOS 或 Android 上使用创建资源，默认情况下，还可以单击 iOS 或 Android 选项，创建一系列缩放导出选项。

8 单击 SVG 选项下面的"+ 添加缩放"按钮，以另一种格式导出图稿（在本例中）。将"缩放"更改为 1x，并确保"格式"为"PNG"，如图 15-19 所示。

这会设置"资源导出"面板中所有所选资源的格式，如图 15-20 所示。如果需要所选资源的多个缩放版本（例如，针对 JPEG 或 PNG 等格式的视网膜屏幕显示或非视网膜屏幕显示），也可以设置缩放（1x、2x 等）。还可以为导出的文件名添加后缀。后缀可能是 @1x 等类似内容，表示导出资源的 100% 缩放版本。

图15-18   图15-19   图15-20

9 单击"资源导出"面板顶部 PluralistLogo 的缩览图，确保选择了它。单击"资源导出"面板底部的"导出"按钮，导出所选资源。在出现的对话框中，找到 Lessons>Lesson15 > Asset_Export 文件夹，然后单击"选择"（macOS）或"选择文件夹"（Windows），导出资源，如图 15-21 所示。

图15-21

SVG 文件（Pluralist Logo.svg）和 PNG 文件（Pluralist Logo.png）都将导出到 Asset_
Export 文件夹。

也可以单击"资源导出"面板底部的"启动'导出为多种屏幕所用格式'对话框"按钮
（■）。这将打开"导出为多种屏幕所用格式"对话框，在这里可以设置所有相同的选项和
更多选项。

15.4 根据自己的设计创建 CSS

如果正在构建网站或想要将内容提交给开发工具，可以使用"CSS 属性"面板（"窗口"＞"CSS
属性"）或"文件"＞"导出"＞"导出为"命令将在 Illustrator 中创建的视觉设计转换为层叠样式表。
层叠样式表（CSS）是一组格式设置规则，与 Illustrator 中的段落样式或字符样式相似的是，它是
在网页中控制内容的外观属性。而与它们的不同之处在于，CSS 可以控制 HTML 中文本的外观、
页面元素的格式及位置，图 15-22 所示为一般 CSS 代码。

```
1   html {
2       font-family: sans-serif;
3       -webkit-text-size-adjust: 100%;
4       -ms-text-size-adjust: 100%;
5   }
6   body {
7       margin: 0;                          I
8   }
9   a:focus {
10      outline: thin dotted;
11  }
12  a:active, a:hover {
13      outline: 0;
14  }
15  h1 {
16      font-size: 2em;
17      margin: 0 0 0.2em 0;
18  }
```

CSS代码示例

图15-22

注意：从 Illustrator CC 导出或复制 CSS 不会创建 HTML 网页。它旨在创建应用于 HTML（在其他位置创建，如 Adobe Dreamweaver）的 CSS。

根据 Illustrator 图稿生成 CSS 的一大好处在于，它适用于灵活可变的 Web 工作流。可以导出文档的所有样式，也可以对 Illustrator 中的单个或多个对象复制样式代码，再将其粘贴到一个外部的网页编辑器（如 Adobe Dreamweaver）中。这是一种将 Illustrator 中的 Web 设计搬移到 HTML 编辑器或网页开发工具中去的便捷方式。但要想创建 CSS 样式并快速高效地使用它，需要在 Illustrator CC 文档中做一些设置，这就是接下来要学习的东西。

 注意：要了解有关 CSS 的更多信息，请访问 Adobe Dreamweaver 帮助的"了解层叠样式表"部分。

15.4.1 为生成 CSS 进行各种设置

如果要从 Illustrator CC 中导出或复制、粘贴 CSS，在创建 CSS 之前要适当地设置 Illustrator CC 文件，以命名将要创建的 CSS 样式。在本节中，将会了解"CSS 属性"面板，并学习如何通过命名的或未命名的内容来设置导出样式的内容。

1　选择"窗口">"工作区">"重置基本功能"。

2　选择"选择">"取消选择"（如果可用的话）。

3　选择"视图">"画板适合窗口大小"，然后按"Command+–"（macOS）或"Ctrl +–"（Windows）组合键缩小视图。

4　选择"窗口">"CSS 属性"，打开"CSS 属性"面板，如图 15-23 所示。使用"CSS 属性"面板，可以执行下列操作。

- 预览所选对象的 CSS 代码。
- 复制所选对象的 CSS 代码。
- 将所选对象的样式（和使用的图像一起）导出到 CSS 文件中。
- 修改要导出的 CSS 代码的选项。
- 将所有对象的 CSS 代码导出到一个 CSS 文件。

5　使用选择工具（▶），单击选中画板顶部导航和徽标后面的蓝色矩形（见图 15-24）。

图15-23

图15-24

在"CSS属性"面板中，可以看到预览区域出现的信息。这并不是预览区域通常会出现的 CSS 代码。该信息说明了该对象需要在"图层"面板中命名，或者需要设置，以便让 Illustrator 可以对未命名的对象创建样式。

6　打开"图层"面板（"窗口"＞"图层"），然后单击底部的"定位对象"按钮（🔍），以便在面板中找到所选对象，如图 15-25 所示。

7　在"图层"面板中双击所选＜矩形＞对象，并将名称更改为 navbar，按 Enter 或 Return 键接受更改，如图 15-26 所示。

图15-25

图15-26

Ai 注意：可能需要将"图层"面板的左边缘向左拖动来查看对象的完整名称。

Ai 注意：子图层 pluralist 的内容可能显示在"图层"面板中。

8　再次查看"CSS属性"面板，应该会在预览区域看到一个名为 .navbar 的样式，如图 15-27 所示。将面板向下拖动来查看更多内容。

当"图层"面板中的内容未命名时，默认情况下无法为其创建 CSS 样式。如果在"图层"面板中命名该对象，那么将会生成 CSS，样式的名称也会和"图层"面板中对象的名称一致。Illustrator 中大多数内容的样式被称为"类"。

Ai 注意：如果看到样式的名称为".navbar_1_"，通常是因为"图层"面板中 navbar 后有多余的空格。

图15-27

对于图稿中的对象（不包括文本对象），"图层"面板中的名称应该和与之独立的 HTML 编辑器（如 Dreamweaver）生成的 HTML 中的类名称一致。但是，也可以不命名"图层"面板中的对象，生成一般的样式，再导入或粘贴到 HTML 编辑器中，在编辑器中对其命名。

> **Ai** 提示：在 CSS 中可以辨别样式是否为"类"，"类"名称的前面会有一个英文句号(.)。

9 使用选择工具，单击选择之前处理的咖啡杯后面的棕色圆形，如图 15-28 所示。在"CSS 属性"面板中没有出现样式，这是因为该对象在"图层"面板中没有命名（面板中的名称仅为"＜路径＞"通称）。

10 单击"CSS 属性"面板底部的"导出选项"按钮（🔲）。

出现的"CSS 导出选项"对话框包含了所有可以设置的导出选项，比如使用哪种单位、样式中要包含哪种属性，以及其他属性（如包含哪些提供商前缀）。

11 选择"为未命名的对象生成 CSS"，并单击"确定"，如图 15-29 所示。

图15-28

图15-29

12 仍选中棕色圆形，在"CSS 属性"面板的预览区域会出现一个名为".st0"的样式，如图 15-30 所示。

.st0 是 style 0 的缩写，它是生成后的格式的通称。在"图层"面板中没有命名的对象在勾选"为未命名的对象生成 CSS"选项后，就会生成 .st1、.st2 等通称。自行创建网页时，可以从 Illustrator 中导出 CSS 代码并在 HTML 编辑器中对其命名，还可以为已存在于 HTML 编辑器中的样式另外再获得一些 CSS 格式。

13 选择"选择">"取消选择"，然后选择"文件">"存储"。

图15-30

15.4.2 使用字符样式和 CSS 代码

Illustrator 会基于文本格式创建 CSS 样式。格式包括字体系列、字体大小、行距（在 CSS 中称作 line-height）、颜色、字距调整和字距（在 CSS 中统称为 letter-spacing）等，这些都可以在 CSS 代码中获得。在图稿中应用了的字符样式都将列在 CSS 属性列表中，并且名称与字符样式本身的名称一致。当 Illustrator 生成样式时，则应用了格式但未应用字符样式的文本将具有通用 CSS 样式名称。

  注意：目前，在 CSS 代码中有名称的样式不包括段落样式。

接下来，将创建字符样式并将其应用于文本。

1 在"CSS 属性"面板中，注意面板顶部名为"[Normal Character Style]"的样式。
在"CSS 属性"面板中，只出现了能应用于文字的字符样式。默认情况下，Normal Character Style 是应用于文本的，因此它出现在"CSS 属性"面板。如果创建不应用于文本的字符样式，则它们不会出现在"CSS 属性"面板中。

2 选择"窗口">"文字">"字符样式"，打开"字符样式"面板。

3 使用选择工具（▶），单击选择左下角标题为 Brand 的文本。

4 按"Command+ +"（macOS）或"Ctrl + +"（Windows）组合键几次，放大文本。

5 在工具面板中选择文字工具（**T**）。选择以"The Pluralist is a lifestyle brand..."开头的整个段落。

6 在"字符样式"面板中单击名为 p 的样式，将它应用于所选文本，如图 15-31 所示。

7 选中选择工具（▶），仍选中此文本对象，您会在"CSS 属性"面板列表中看到名为"P"的字符样式，如图 15-32 所示。这表明它已应用于图稿中的文本。还可以在此面板的预览区域看到 CSS 代码。

图15-31

图15-32

 提示：也可以将"CSS 属性"面板列出的字符样式作为一种样式应用于文本。

选中文本对象（而不是文本），可以显示出整个文本区域中所使用样式的 CSS 代码。选中文本，不会在"CSS 属性"面板中显示 CSS 代码。

8 使用选择工具，单击页脚中标题为 Shopping 的文本对象。查看"CSS 属性"面板，会看到一系列的 CSS 样式。这些都是应用于文本区域中所有文本的样式。您可能想要将"CSS 属性"面板的底部向下拖动，查看完整的 CSS 代码。

 注意：您在"CSS 属性"面板中看到的样式顺序可能与图中不一样。

选中文本区域，可以观察由样式生成的整个 CSS 代码，如图 15-33 所示。这样还可以从所选文本区域中复制或导出所有文本格式。

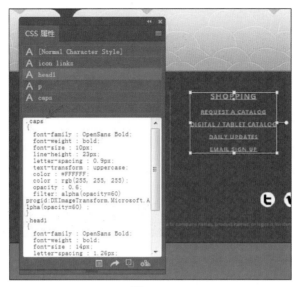

图15-33

15.4.3 使用图形样式和 CSS 代码

还可以从内容中复制或导出所有图形样式的 CSS 代码。下面，将应用图形样式并观察它的 CSS 代码。

1 选择"视图">"画板适合窗口大小"。使用选择工具（▶），单击选择船后面的蓝色矩形，将它缩小一点。

2 选择"窗口">"图形样式"。在"图形样式"面板中，单击名为"GradientBox"的图形样式，如图 15-34 所示。可以关闭"图形样式"面板组。

图15-34

> **Ai** 提示：与在"CSS 属性"面板中选择一种字符样式来应用格式一样，也可以选择内容和并在"CSS 属性"面板中选择一种图形样式来应用此图形样式。

观察"CSS 属性"面板，可以看到其中出现名为"GradientBox"的样式，因为它已应用于文档中的内容，如图 15-35 所示。

图15-35

还可以查看样式的 CSS 代码。我的名称是 .content_1_，但您的名称可能不同。CSS 代码是根据刚才应用的 GradientBox 图形样式生成的。但 CSS 代码中样式的名称并不是 GradientBox，这是因为图形样式只是应用格式的一种方法。记住，这是一个未命名的 CSS 样式，因为没有在"图层"面板中重命名该所选对象。

3 保持选中此矩形，然后选择"文件">"存储"。

15.4.4 复制 CSS

有时需要从图稿的内容中获取一些 CSS 代码，将其粘贴到 HTML 编辑器中或发送到 Web 开发工具中。而 Illustrator 可以很方便地复制、粘贴 CSS 代码。下面，将复制一些对象的 CSS 代码，并学习编组是如何影响 CSS 代码的生成的。

1 仍选中此矩形，单击"CSS 属性"面板底部的"复制所选项目样式"按钮（▥），如图 15-36 所示。这将复制当前显示在面板中的 CSS 代码。

下面，将选择多个对象，并一次复制它们所有的 CSS 代码。

2 选中选择工具（▶）并仍选中此矩形，按住 Shift 键并单击棕色圆形，选中这两个对象。在"CSS 属性"面板中，将不会出现 CSS 代码。这是因为选中了多个对象来生成代码。

 注意：选中某些内容时,您可能会在面板底部看到一个生成符号图标(▵)。这表明,对于所选内容,并不是所有的 Illustrator 外观属性（如应用于形状的多个描边）都能以 CSS 代码的形式编写。

3 单击"CSS 属性"面板底部的"生成 CSS"按钮（▦），如图 15-37 所示。

 提示：当所选内容的 CSS 代码出现在"CSS 属性"面板中时,还可以选择部分代码,右键单击所选代码,然后选择"复制",仅复制所选内容。

注意：您看到的样式或名称可能不一样。

图15-36

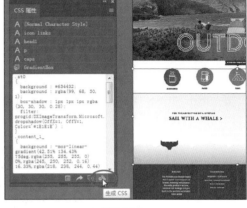
图15-37

两个 CSS 样式的代码 .st0 和 .content_1_，将出现在"CSS 属性"面板的预览区域中（您的样式名称可能不一样）。要查看这两个样式，可能需要向下滚动面板（您的样式顺序可能不一样）。

在"CSS 属性"面板中显示两种样式，就可以将这些样式复制、粘贴到 HTML 编辑器代码中，或将它们粘贴到电子邮件中以发送到 Web 开发工具。

4 使用选择工具单击选择船，如图 15-38 所示。

图15-38

在"CSS 属性"面板中，可以看到 .image 样式的 CSS 代码。这段代码包含了一个 background-image 属性。当 Illustrator 处理不能生成 CSS 代码的图稿（或栅格图像）时，它将会在导出 CSS 代码时把导出的内容（而不是画板上的图稿）栅格化。生成的 CSS 代码可用于 HTML 对象，比如分区（div），而 PNG 图像则可以作为 HTML 对象的背景图像。

5　拖动选框选择棕色圆形和咖啡杯形状，如图 15-39 所示。

图15-39

6　单击"CSS 属性"面板底部的"生成 CSS"按钮（🌐），生成所选图稿的 CSS 代码，如图 15-40 所示。

图15-40

在"CSS 属性"面板中，可以观察所选对象的 CSS 代码。如果要复制其中的 CSS 代码，将不会生成图像，仅有的只是代码而已。要生成图像，需要导出 CSS 代码。

7　选择"对象">"编组"，将选中的对象编组。保持该对象组为选中状态，以便下一节使用。请注意，在"CSS 属性"面板中，此时显示的是一个 CSS 样式（.image）。编组内容就会让 Illustrator 创建一个图像，在本例中则是将对象组创建成一个图像。而生成一个图像则可以很方便地将它导入到网页中。

15.4.5　导出 CSS

从网页设计图稿中，既可以导出部分 CSS 代码，也可将其全部导出。相对于创建 CSS 文件（.css）或者从不支持 CSS 的内容中导出 PNG 文件，导出 CSS 代码有着它与众不同的优势。在本节中，将会看到两种导出 CSS 的方式。

1　仍选中此对象组，单击"CSS 属性"面板底部的"导出所选 CSS"按钮（➡），如图 15-41 所示。

图15-41

2 在"导出 CSS"对话框中，确保文件名是 AssetExport。导航到 Lessons>Lesson15> CSS_Export 文件夹，并单击"保存"以保存名为 AssetExport.css 的 CSS 文件和一个 PNG 图像文件。

3 在"CSS 导出选项"对话框中，保留所有默认设置值，并单击"确定"。

4 访问硬盘上的 Lessons>Lesson15>CSS_Export 文件夹。在该文件夹中，现在应该看到 AssetExport.css 文件和一个名为 image.png 的图像。

 提示：还可以在"CSS 导出选项"对话框中选择光栅图稿的分辨率。默认情况下，应用的是"使用文档栅格效果分辨率"（"效果">"文档栅格效果设置"）。

 注意：要从图稿中导出所有的 CSS，还可以从"CSS 属性"面板菜单中选择"全部导出"。如果想要先修改导出选项，可以单击"CSS 属性"对话框底部的"导出选项"按钮（▣）。

如前所述，此时生成了 CSS 代码，那么可以将这个 CSS 样式应用于 HTML 编辑器中的对象，将图像变成对象的背景图像。而生成了图像后，还可将它用于网页中的其他地方。下面，将从图稿中导出所有的 CSS。

5 返回到 Illustrator 中，选择"文件">"导出">"导出为"。在"导出"对话框中，将"格式"选项设置为 CSS（css）（macOS）或将"保存类型"选项设置为 CSS（*.CSS）（Windows）。将文件名更改为 AssetExport_all，并确保浏览的是 Lessons>Lesson15>CSS_Export 文件夹。单击"导出"。

6 在"CSS 导出选项"对话框中，保留所有默认设置后单击"确定"。您很可能会看到一个对话框，告诉您，图像将会被覆盖。单击"确定"。

默认情况下，位置属性和大小属性是不会添加到 CSS 代码中的。但某些情况下，需要导出带有这些选项的 CSS 代码。默认情况下，"供应商前缀"选项是启用的。"供应商前缀"可以为特定浏览器（已列于对话框中）的一些 CSS 新功能提供支持。还可以通过取消选择该选项来排除这些前缀。

7 导航到 Lessons>Lesson15>CSS_Export 文件夹，您会看到名为 AssetExport_all.css 的新 CSS 文件和创建的一系列图像，如图 15-42 所示。这是因为在 "CSS 导出选项" 对话框中勾选了 "栅格化不支持的图稿" 选项。

图15-42

 注意：您的文件排序和图标可能与此 CSS_Export 文件夹中的看起来不同。

8 返回到 Illustrator，并选择 "选择" > "取消选择"。

9 选择 "文件" > "关闭"，关闭文件。如果询问，请保存此文件。

15.5　复习

复习题

1　为什么需要将内容与像素网格对齐？
2　指出"导出为多种屏幕所用格式"对话框和"资源导出"面板中可以选择的 3 种图像文件类型。
3　描述使用"资源导出"面板导出资源的一般过程。
4　什么是 CSS？
5　描述生成 CSS 时命名内容和未命名内容之间的不同。

复习题答案

1　将内容与像素网格对齐对提供清晰的图稿边缘很有用。为支持的图稿启用"对齐像素"时，对象中的所有水平和垂直线段都会与像素网格对齐。
2　在"导出为多种屏幕所用格式"对话框和"资源导出"面板中可以选择的图像文件类型有 PNG、JPEG、SVG 和 PDF。
3　为了使用"资源导出"面板导出资源，需要在"资源导出"面板中收集导出的图稿。在"资源导出"面板中，可以选择要导出的资源，设置导出设置，然后导出资源。
4　如果正在构建网站或想要将内容提交给开发工具，可以使用"CSS 属性"面板（"窗口" > "CSS 属性"）或"文件" > "导出" > "导出为"命令将在 Illustrator 中创建的视觉设计转换为层叠样式表。层叠样式表（CSS）是一组格式设置规则，与 Illustrator 中的段落样式或字符样式相似的是，它是在网页中控制内容的外观属性。而与它们的不同之处在于，CSS 可以控制 HTML 中文本的外观、页面元素的格式及位置。
5　命名内容是在"图层"面板中修改了图层名称的内容。当"图层"面板中的内容未命名时（使用的是默认图层名称），默认情况下无法为其创建 CSS 样式。如果在"图层"面板中命名该对象，那么将会生成 CSS，样式的名称也会和"图层"面板中对象的名称一致。要为未命名内容生成 CSS 样式，可以在"CSS 属性"面板中单击"导出选项"按钮（▤），然后在"CSS 导出选项"对话框中启用这一功能。

附录

Adobe Illustrator CC 2018 增加了许多创新性的新功能，无论是印刷品制作、网页设计，还是数字视频发布方面，都能更有效地帮助用户制作图形文件。本书中的功能和练习都基于 Illustrator CC 2018。在本部分中，将会展示这些新功能——它们如何生效以及如何在作品中使用它们。

新的"属性"面板

Illustrator 中的新"属性"面板允许您查看当前任务或工作流的设置和控件。此新面板使用简单，确保您在需要时可以访问正确的控件。

"属性"面板在基本功能工作区中默认可用。您可以选择"窗口">"属性"来查看它。

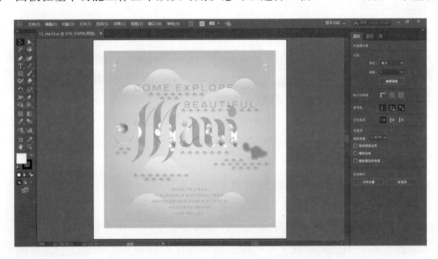

操控变形工具

操控变形支持扭曲和变形部分图稿，让变换看起来更自然。在 Illustrator 中，使用新的操控变形工具可以添加、移动和旋转点，以便将图稿无缝变换成不同的姿势。

画板改进

在 Illustrator CC 2018 中有很多画板改进。下面列出了这些改进和新功能。

- 画板的使用变得更简单。
- 现在，根据画板大小，每个文档可以创建 1 ～ 1000 个画板。
- 现在可以选择多个画板。
- 现在可以对齐和分布画板。

变量字体

现在，Illustrator 支持变量字体，这是一种新的 OpenType 字体格式，支持粗细、宽度、倾斜、成像面积等自定义属性。这个版本的 Illustrator 随附提供了几种变量字体，可以在"字符"面板、"字符样式"面板和"段落样式"面板中使用简单的滑块控件来调整字体粗细、宽度和倾斜度。

改善的导出体验

现在可以在"资源导出"面板中收集对象，并将它们作为单个资源或多个资源导出。您只需将图稿拖到"资源导出"面板即可。另外，可以右键单击图稿，然后从上下文菜单中选择"收集以导出">"作为多个资源"。

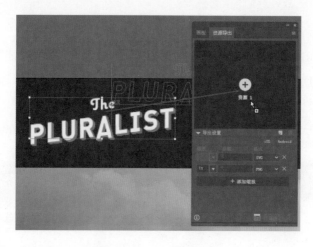

使用 Creative Cloud Library 添加和分享文本资源

现在，可以将 Illustrator 文档中的文本对象添加到 Creative Cloud 库，然后与其他用户和应用程序共享它们。库中的文本资源会保留最初应用于它们的字符 / 段落样式和其他属性。用户可以在 Illustrator 或 InDesign 文档的库中重复使用文本资源。但是，如果文本对象应用了效果和外观，则必须将其作为图形资源添加到库中，以便保留这些属性。

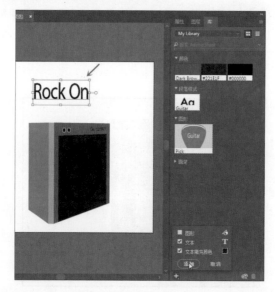

其他改进

- 现在可以禁用缩放至选区。其方法是选择 Illustrator CC>"偏好设置">"选择和锚点显示"（macOS）或"编辑">"首选项">"选择和锚点显示"，然后取消选中"缩放至选区"选项。
- 现在可以实时预览字体特性，比如大小、样式、行距和字距。其方法是将鼠标指针悬停在"属性"面板、控制面板和"字符"面板中的字体特性上。

- 现在创建的新色板默认是全局色板。

- "新建文档"对话框在文本框中显示了测量单位，比如"宽度"和"高度"。在"新建文档"对话框中，可以使用公式来进行加减乘除以快速计算预设尺寸。还可以设置文档的"颜色模式""栅格效果"和"预览模式"。

- 现在，在 Illustrator 中，可以使用"路径">"连接"命令 ["Command+J"（macOS）或"Ctrl+J"（Windows）组合键] 来连接不同组中复合路径和图稿的端点。

虽然此列表仅提及了 Illustrator CC 2018 的几个新功能和增强功能，但足以证明 Adobe 公司为满足用户的出版需求提供最佳工具的决心！希望本书的读者在使用 Illustrator CC 2018 时能和我们一样愉快！

——Adobe Illustrator CC 2018 经典教程团队